新时代生态文明建设实践案例

生态环境部环境与经济政策研究中心◎主编

全国生态环境系统
干部教育培训学习教材

中国环境出版集团·北京

图书在版编目（CIP）数据

新时代生态文明建设实践案例 / 生态环境部环境与经济政策研究中心主编. -- 北京 : 中国环境出版集团, 2025. 4. -- ISBN 978-7-5111-6219-9

Ⅰ. X321.2

中国国家版本馆 CIP 数据核字第 2025UY1240 号

责任编辑 田 怡 赵惠芬
封面设计 庄 琦

出版发行 中国环境出版集团
（100062 北京市东城区广渠门内大街 16 号）
网 址：http: //www.cesp.com.cn.
电子邮箱：bjgl@cesp.com.cn.
联系电话：010-67112765（编辑管理部）
发行热线：010-67125803，010-67113405（传真）
印 刷 北京中科印刷有限公司
经 销 各地新华书店
版 次 2025 年 4 月第 1 版
印 次 2025 年 4 月第 1 次印刷
开 本 787 × 1092 1/16
印 张 25.25
字 数 291 千字
定 价 85.00 元

编写委员会名单

总 顾 问：任　勇

主　　编：胡　军

执行主编：俞　海

副 主 编：刘春燕　田春秀　黄　威

编　　委：（按姓氏笔画排序）

于　飞　王　雪　王付瑜　刘友宾　孙　峰

李　蕾　李丽平　杨小明　吴国增　别　涛

何家振　宋旭娜　张　强　张　蕾　陈　芳

金　旻　耿润哲　郭红燕　梁佩韵　韩文亚

阚　枫

编 写 组：耿润哲　和夏冰　崔　奇　张　蒙　王　萌

姜欢欢　张媌姮　周　楷

序　言

促进人与自然和谐共生是中国式现代化的本质要求，准确理解和把握这一重要论断的理论内涵和实践要求，对全面建成社会主义现代化强国至关重要。党的十八大以来，以习近平同志为核心的党中央深刻把握生态文明建设在新时代中国特色社会主义事业中的重要地位和战略意义，大力推进生态文明理论创新、实践创新、制度创新，提出一系列新理念新思想新战略，形成了习近平生态文明思想，为新时代生态文明建设提供了根本遵循。

习近平总书记推动生态文明建设的足迹遍及神州大地，在习近平生态文明思想的科学指引下，各地区、各部门、各单位坚决落实党中央、国务院决策部署，全方位、全地域、全过程加强生态环境保护，以更宽广的视野、更长远的眼光科学解答生态文明实践课题，推动我国生态文明建设不断取得新成效、美丽中国建设迈出新步伐。

本书以深学笃用习近平生态文明思想指导解决实际问题的地方实践为蓝本，围绕人民群众对生态文明建设的幸福感、获得感、认同感，聚焦以高水平保护推动高质量发展的典型经验做法，从加快发展方式绿色转型，深入推进环境污染防治，提升生态系统多样性、稳定性、持续性，积极稳妥推进碳达峰碳中和，健全美丽中国建设保障体系等方面，通过一个个生动鲜活的案例、一组组生态蝶变的数据、一幅幅环境优美的画卷，充分彰显习近平生态文明思想的实践伟力，也为各地区进一步推进美丽中国建设，加快推进人与自然和谐共生的现代化提供参考借鉴。

习近平生态文明思想是被实践检验的科学真理，其源自实践又指导实践，并推动实践不断向前发展。本书突出学习贯彻习近平生态文明思想主题主线，集中反映了新时代我国生态文明建设的生动实践和创新成果，展示了我们党对生态文明建设规律的认识提升。2025年2月，中共中央办公厅印发了《全国党员教育培训工作规划（2024—2028年）》，对深化学习教育、加强解读阐释等任务作出明确部署。案例实践教学是干部教育培训体系的重要内容，本书通俗易懂、深入浅出，推动理论研究与实践发展紧密结合、良性互动，为各级领导干部开展专题培训、解读阐释党关于生态文明建设的创新理论和路线方针政策提供了优质课件和读本，有助于进一步学习领会习近平生态文明思想的科学体系、核心要义和实践要求，持续推动理论武装走深走实。

时代是思想之母，实践是理论之源。时代在不断前进、事业在不断发展，理论创新和实践创新一刻也不能停止。学习党的创新理论的目的全在于运用，我们要通过解剖麻雀、典型分析等方式，深入学习各地生态文明建设实践的好点子、好经验，并在改革发展实践中不断梳理归纳、提炼总结，把“金点子”转化为解决问题的“金钥匙”，不断将学习的成效转化为认识问题、研究问题、解决问题的立场和能力，做习近平生态文明思想的坚定信仰者、忠实践行者、不懈奋斗者！

编 者

2025年3月

目　录

第一部分

加快发展方式绿色转型

第二部分

深入推进环境污染防治

第一部分

加快发展方式绿色转型

盐碱滩“长”出绿色新城

——中新天津生态城建设人与自然和谐共生之城

【引　言】2013年5月，习近平总书记在天津考察时指出，生态城要兼顾好先进性、高端化和能复制、可推广两个方面，在体现人与人、人与经济活动、人与环境和谐共存等方面作出有说服力的回答，为建设资源节约型、环境友好型社会提供示范。

【摘　要】开窗看绿、出门见景，低碳生活、安居乐业，这是时代考题，亦是人民对美好生活的期盼。开发建设以来，中新天津生态城（以下简称生态城）从盐碱滩起步，实施生态修复、水体景观再造、盐碱地绿化工程，从建筑、交通、公共服务各方面为居民践行绿色低碳生活提供保障，勇于应用新技术，为企业发展开启绿色征程。历经16年开发建设，生态城建成区面积达22平方千米，常住人口15万人，培育出智能科技服务、文化健康旅游、绿色建筑与开发等特色产业集群，蓝图渐成现实。

【关键词】生态城；绿色发展示范区；“两山”转化

一、背景情况

2008年9月28日，位于蓟运河畔、渤海之滨的生态城启动建设，是中国、新加坡两国在生态城市建设领域的重大合作项目、世界上首个国家间合作开发的生态城市。生态城原始地貌中1/3为盐碱荒滩、1/3为废弃盐田、1/3为污染水面。10多年来，生态城坚持走绿色发展道路，将绿色发展理念融入经济社会发展各领域全过程，用绿色笔墨书写了从盐碱荒滩上建起一座绿色新城的蝶变历程，走出一条资源约束条件下的发展新路。2024年8月3日，《中新天津生态城建设国家绿色发展示范区实施方案（2024—2035年）》获国务院批复，打造生态城成为以绿色低碳高质量发展为主线、以高附加值细分产业为重点、以国际一流营商环境为特征的国家绿色发展示范区。

二、主要做法

（一）以“绿”为墨，绘就人与自然和谐相处优美画卷

跑步和骑行是不少生态城居民日常的休闲娱乐项目，有人说，基本每天骑行40多千米，潮起看海，潮落看滩、看鸟，心情舒畅；有人说，最喜欢穿城绿道，随时随地都能开启一场跑步之旅。得益于对“生态优先”发展策略的坚持，如今，生态城绿化面积超11平方千米，绿化覆盖率达50%，规划建设了40余座各具特色的城市公园，让“推窗可见绿，出门即入园”成为最普惠的民生福祉。

修复污染场地，“臭水坑”变景观湖。2023 年，象征中新两国友谊的中新友好花园对外开放，每到节假日和周末，公园内游人如织，大家在滨水步道漫步，在阳光草坪放松，在空中廊道远眺，尽情享受城市之美。距离中新友好花园不远，是被评为天津市“最美河湖”的静湖，在 2008 年生态城开发建设之初，这里还是一处占地 2.56 平方千米、积存了 40 年的污水库。历经 3 年，生态城共治理污水 215 万立方米、底泥 385 万立方米，曾经的污水库变身为碧波荡漾的景观湖，环湖景观带全长 7.6 千米，绿化面积为 20 万平方米，水域面积为 117 万平方米，成为居民观景、亲水的好去处。

中新天津生态城静湖

构建循环水系，统筹水资源、水环境、水生态。生态城因水而秀、因水而动，使用水处理中心的达标出水作为景观水体补水水源，每年生态补水量约 2 800 万吨。建筑与小区、道路与广场、公园与绿地等各区域内水系均具备对雨水的吸纳、蓄滞和缓释作用，实现“小雨不积水、大雨不内涝”，建成区内“海绵城市”面积占比达 57.82%。修复故道河、蓟运河入海口等自然湿地和生态岸线、打造特色人工湿地、开发多功能亲海生态廊道。生态城吸引了以遗鸥为代表的重点保护鸟类在这里迁徙停歇，区域内观测到的鸟类增加到179种，其中涉禽和游禽87种。

选种本地植物，从盐碱荒滩到绿意盎然。面对环境脆弱、植被稀少的盐碱滩，生态城采用“盲管排盐、淋层隔盐、客土种植”技术，优先使用经过改良的本地轻度盐碱地土壤作为客土。充分选取盐地碱蓬、碱菀、柽柳等耐盐碱植被和国槐、白蜡等本地树种，构建原生植物群落。春季委陵菜金黄可爱，夏日鼠尾草充满朝气，秋季碱蓬草热烈而张扬，通过科技创新让这片土地绿意盎然。区域内植物种类增加到265种，其中野生植物116种。

（二）品味美好，与居民共享宜居幸福之城

“美好画卷正徐徐打开，我们将一座城，轻轻放进了大自然……”2024年8月，由新加坡青年理事会、中新青少年文化交流组委会主办的“一带一路·新马印象”第二十九届中新国际青少年艺术交流盛典在新加坡举办。活动中，来自生态城的红蜻蜓童声合唱团献上原创作品《幸福之城》，用稚嫩童声表达了孩子们对生态城的热爱。生态城在城市建设方方面面的细致努力，得到了居民发自内心的认可和赞美。

推广绿色建筑，让生活更低碳、更健康。“绿色建筑100%”是生态城指标体系确定的目标之一。为保障指标实现，生态城出台绿色建筑管理规定、审批程序、标准规范，组建绿色建筑研究院从事设计评价，推动绿色建筑性能责任保险落地。在生态城，每栋建筑都采用屋顶光伏、外墙节能保温装饰、雨水收集、新风、地热利用等多项绿色建筑措施及系统。截至2024年底，生态城绿色建筑面积超过2 500万平方米，获国家绿色建筑标识项目126项。

创新居住模式，让绿色出行更“可行”。生态城借鉴新加坡“邻里中心”理念，确立了“生态细胞—生态社区—生态片区”三级居住模式。“生态细胞”由约400米×400米的地块作为基本居住单位，每个“生态细胞”居住2 000～3 000户，若干“生态细胞”组成生态社区，若干社区组成片区。在每个社区设置1个社区中心，集医疗服务、文体活动、社区管理和商业服务于一体，形成500米优质生活圈，居民在“生态细胞”内即可满足日常生活需求。生态城规划了专门的慢行交通网络，遍布居住社区、商业设施、景观开敞空间，形成充满活力的慢行网络。拓宽绿化带，精心安排乔灌木，营造环境宜人的绿道，设置阻车桩、过街安全岛等道路设施以保障绿道的便捷、舒适、通达，使慢行方式逐步成为居民的出行首选。绿道系统沿河湖湾海建设，已建成65.5千米，串联起区域主要组团和公园节点，承载着休闲娱乐、健身运动、旅游观赏等功能。修建贯穿生态城南北的生态谷绿道公园，沿途设有26组雕像，展现着天津建卫600多年来的重要事件、人物和民风民俗。

鼓励垃圾分类，助力“无废城市”建设。回收1千克纸类可获50积分、8.8个碳积分，回收1千克塑料可获20积分、25.6个碳积分，每日首次投放厨余垃圾且大于200克可获10个生态值，使用“津生宝”小程序实现可回收物“线上下单”与“线下回收”……自2019年5月入选“无废城市”建设试点以来，生态城采取多种措施鼓励垃圾分类回收，生活垃圾分类居民参与率达到89%、分类准确率达到87%。全面启动撤桶建站，高标准打造59个垃圾分类精品示范小区、298个垃圾分类智能箱房，生活垃圾回收利用率达到42%。选取社区、景区、学校等场景创建85个“无废细胞”。建成环卫科技体验馆、垃圾分类教育体验馆，作为生动的环保教育课堂和实践基地。

（三）擦亮底色，产城融合发展绿色低碳经济

2024 年，生态城一家新能源汽车工厂与新能源电厂正式达成购电合作，以绿电“团购价”购得绿色电力并取得绿色电力消费凭证，加上自建光伏自发自用的绿电，工厂年绿电使用量预计达 1 亿千瓦时，达成 100% 绿电目标，成为“降本减碳”100% 全绿电整车厂。经核算，工厂使用的绿电每年将减少碳排放约 7.5 万吨，相当于造林约 6 000 公顷。在生态城的“撮合”下，企业愿意与新能源电厂合作，主动追求低碳化、绿色化发展，体现的正是生态城大力发展绿色低碳产业的决心和成效。

发展绿色产业。生态城准确把握在京津冀协同发展中的战略定位，与高校共同建设电子信息研究院，搭建高端光电子实验平台，成功转化30 余个高科技含量创新项目。培育国家高新技术企业280 家、国家科技型中小企业 514 家、天津市雏鹰企业 441 家，实现科技型企业“育苗培林”。依托国家级动漫产业园，深耕影视动漫、图书出版、广告传媒、互动娱乐等文创产业，获批国家文化出口基地。建设 10 万平方米生物医药产业园，形成具有特色优势的生物医药产业集群。全国首家以循环经济为主营业务的一级央企总部中国资源循环集团有限公司正式落户生态城，天津软件园在生态城开园运营，为生态城绿色低碳发展赋能加力。

打造全域旅游。国家海洋博物馆坐落于生态城，从 2019 年启动试运行到 2024 年，总客流量超过 1 000 万人次；航母公园的国防军事科普、大型实景演出精彩纷呈；36 千米亲海岸线，美丽海湾创建实现人海和谐；开放中新友好图书馆、津沽记忆博物馆、妈祖文化园等 6 个文化场馆。生态城形成了“蓝绿交织、河海相连、动静结合、

全域游乐”的滨海旅游城市风光，提升了绿色发展竞争力，2024年综合游客接待量突破1 450万人次。

国家海洋博物馆坐落于中新天津生态城

优化营商环境。生态城创建“政务小飞侠”“首问陪伴官”等服务品牌，开通园区政务服务直通车，项目建设、广告牌匾等10类高频服务“园区事园区办”；建成全自主知识产权的电力10千伏“雪花网”试点工程，电网使用效率提升30%。生态城将环境健康理念融入项目预评估阶段，对拟建项目选址的合理性和风险可接受性进行“预评估”，保护和改善环境质量，新增重点行业工业企业全部达到重污染天气绩效A级或引领性水平。

三、经验启示

生态城从“一张白纸”白手起家，在盐碱荒滩上“长”出一座绿意盎然、宜居宜业的新城，绿色生态之城、活力幸福之城、智慧创新之城初步建成。

（一）站在人与自然和谐共生的高度来谋划经济社会发展

围绕“绿色”本质特征，生态城实施污染治理和生态修复，在建筑、交通各方面倡导绿色生活，大力发展绿色低碳经济，建成了一座生态环境健康、社会和谐进步、经济蓬勃高效、区域协调融合的现代化宜居示范新城。实践证明，绿色是这个时代的底色，绿色发展就是要解决好人与自然和谐共生问题。要完整、准确、全面贯彻新发展理念，统筹推进高质量发展和高水平保护，形成节约资源和保护环境的空间格局、产业结构、生产方式、生活方式，努力建设人与自然和谐共生的现代化。

（二）锚定人民对美好生活的向往，不断增进民生福祉

生态城把“生态优先”放在首位，将人民群众对天蓝、地绿、水清等美好生态环境的期盼和向往作为出发点和落脚点，打造绿色宜居环境，不断提升人民群众的获得感、幸福感、安全感。实践证明，良好生态环境是最基本的公共产品和最普惠的民生福祉。要坚持以人民为中心，聚焦人民群众的需求，合理安排生产、生活、生态空间，走绿色化的高质量发展路子，努力创造宜业、宜居、宜乐、宜游的良好环境，让人民有更多获得感，为人民创造更加幸福的美好生活。

（三）在绿色转型中推动发展实现质的有效提升和量的合理增长

生态城大力发展绿色低碳经济，促进绿色低碳产业集聚，形成智能科技服务、文化健康旅游、绿色建筑与开发等主导产业集群，成为天津乃至我国向国际社会展示可持续发展成效的窗口和对外交流的平

台。实践证明，绿色发展是高质量发展的底色。要加快发展方式绿色转型，着力构建绿色低碳循环经济体系，形成科技含量高、资源消耗低、环境污染少的产业结构，大幅提高经济绿色化程度，有效降低发展的资源环境代价，持续增强发展的潜力和后劲。

（天津市生态环境局、中新天津生态城生态环境局供稿）

助推绿色低碳发展
绿色铁路大有可为

——唐山市破局铁矿石运输“公转铁”难题

【引　言】2016 年 7 月，习近平总书记在唐山市考察时强调，抓住国家推动京津冀协同发展的有利时机，按照“三个努力建成”目标，再接再厉、不懈努力，全面做好改革发展稳定各项工作，争取在转变发展方式、调整经济结构、推进供给侧结构性改革等方面走在前列，使这座英雄城市再创辉煌。2023 年 7 月，习近平总书记在全国生态环境保护大会上指出，大力推进“公转铁”“公转水”，尽可能提高铁路运输、水运比例以降低运输业的能耗和污染。

【摘　要】唐山市是我国的“钢铁重镇”，所谓“世界钢铁看中国、中国钢铁看河北、河北钢铁看唐山”，足见唐山市钢铁产量之大、地位之重。唐山市每年钢铁产能约 1 亿吨，产生 6 亿～7 亿吨的物料运输需求，采用数以万计的重卡进行运输。由此产生的尾气排放等环境污染问题，成为唐山市深入打好蓝天保卫战的难点、痛点。唐山市大力推动集疏港铁路和铁路专用线建设，推进铁矿石疏港“公转铁”。2024年，铁路装车疏运唐山港铁矿石量是2017年的5倍，彻底改变了公路运输量过大的被动局面。“公转铁”不仅带动了交通、产业、能源结构的根本性转变，同时推动实现了潜能释放、产业聚集、港产联动、污染防治的多赢。2024年，唐山市二氧化氮和细颗粒物年均浓度较2017年分别下降50%和42.2%，实现地区生产总值10 003.9亿元，迈上万亿元新台阶，以生态环境高水平保护推动经济高质量发展，用绿色描绘出高质量发展的鲜明底色。

【关键词】运输结构；铁矿石；公转铁；多赢

一、背景情况

伴随阵阵鸣笛声和宜人的晨风，装载着铁矿石的列车从唐山港曹妃甸港区矿石码头出发，沿着唐曹铁路，一路向北。这样的场景，如今每天都在唐山市上演着。而短短几年前，这里还是另外一番模样：重型卡车众多、超限超载、道路拥堵、扬尘飘洒、尾气排放……大地时常笼罩在一片灰蒙蒙的天空之下。唐山市“因煤而建、因钢而兴”，长期以来形成了以钢铁、煤炭、矿石为基础且偏重、偏煤的产业体系和能源结构。唐山港数以亿吨的疏港铁矿石曾经基本依赖公路重型卡车运输，数量众多的重型卡车尾气排放问题成为改善唐山市空气环境质量的重要不利因素，成为人民群众的“心肺之患”。

唐山市大力推进“公转铁”政策落地，统筹调整钢铁企业向铁路沿线和沿海布局，积极构建以铁路为主的大宗物料集疏运体系，推动铁路专用线进港区、进园区、进厂区。2018—2024 年，累计投资 394.76 亿元，建成 23 个铁路集疏运重点项目并投运。唐山港全面停止煤炭汽运集疏港，建立了“公转铁＋散改集”绿色运输模式。钢铁大宗原料、钢材成品由公路运输为主改为铁路、港口联运为主，实现了大宗货物的快速、绿色、高效运输，唐山市空气质量持续改善，实现了生态环境保护和经济发展双丰收。2024 年，唐山市港口和钢铁等重点行业企业重型柴油货车运输量较 2017 年下降约 90%，重卡尾气排放污染物减少 1.1 万吨，“钢铁重镇”正在加速绿色转型。

二、主要做法

（一）下真功，破解“公转铁”建不了难题

绿色决策齐力抓。唐山市将“公转铁”作为全市重点工作，明确全市“公转铁”建设路线图、时间表、任务书，市委市政府定期专题调度，相关市直部门和县（市、区）政府分别成立 11 个工作推进专班推动落实。建立市直部门联动配合和市、县两级常态化调度机制，会同中国铁路北京局集团有限公司、中国铁路太原局集团有限公司建立路地协调机制，就手续审批、方案审查、运营开通等事项持续保持沟通对接。组建专门督导组，对重点部位、节点工程一线督导，高效推进项目建设。

系统思维周密谋。2018 年以来，唐山市将“公转铁”作为治理污染、优化环境的基础性工程，持续纳入空气质量“退后十”工作方案，出台《唐山地区疏港矿石铁路运输实施方案》《唐山市推进运

输结构调整工作实施方案（2018—2020年）》《唐山市铁路网规划（2022—2025年）》等政策文件。按照“沿海 + 沿线”的布局，规划设计大型工矿企业、物流园区、港口集疏运重点铁路建设项目23个，打通铁路、港口、企业之间的物流运输网络。

多措并举出实招。深入开展退城搬迁钢铁企业，铁路专用线与企业迁建同步设计、同步建设、同步投运。按照“统筹规划、多元投资、市场运作、政策配套”工作思路，优先支持和重点推进钢铁企业投资建设铁路专用线，开放铁路专用线建设市场和所有权、经营权，引导鼓励社会资本投资经营。市政府出资6.8亿元联合社会资本创新设立蓝天基金，撬动银行资金25.6亿元、企业投资425.5亿元。开辟审批绿色通道，在铁路专用线项目核准、规划选址、用地审批、环境评价等方面提供点到点入门服务。

（二）动真格，破解“公转铁”连不上难题

强干线，健壮铁路运输“主动脉”。发挥政府投资带动引领示范效应，建成水曹铁路、唐曹铁路、曹妃甸港港铁物流有限公司铁路港池岛站专用线等一批“公转铁”重点项目并投运，打通汉曹与唐呼、唐曹与唐呼、唐遵与唐呼、水曹与迁曹、张唐铁路团瓢庄站与唐遵铁路遵化南站等铁路联络线等区域集疏网络系统，形成唐曹、水曹、唐呼、迁曹等4条铁路集疏港通道布局，构建唐山港与腹地钢铁企业之间系统完善的干线铁路疏港通道，新增货运接转能力1.52亿吨/年。

补支线，打通铁路运输“最后一公里”。开展钢铁企业矿石运输“公转铁”专项行动，实施“改造提升一批、建成投运一批、搬迁配套一批、物流连接一批”，对5家钢铁企业铁路专用线全部完成扩能改造，年运输能力增加3 600万吨。组织10家钢铁企业新建铁路

钢铁产品正在通过铁路专用线向外运输

专用线，与唐曹、七滦等国铁干线、支线连接；组织 5 家退城搬迁钢铁企业在搬迁改造中同步落实铁路专用线，廊道配套改造 6 家钢铁企业。13 家非临港钢铁企业实现铁路专用线接入全覆盖，9 家临港钢铁企业实现水运或廊道运输全覆盖，全市 22 家长流程钢铁企业铁矿石等大宗物料全部实现“铁路 + 新能源重卡”清洁运输。

提能力，保障港口“装得上”“运得出”。加大矿石专用码头堆场铁路装车能力提升改造，通过实施曹妃甸港矿石码头铁路专用线扩能改造工程、曹妃甸港区实业公司（二期、三期）以及京唐港东港站矿石装车系统、京唐港区矿石装车系统一期等工程改造，累计建成京唐港、曹妃甸港 11 条疏港矿石铁路装车线，疏港矿石铁路装车能力达 9 400 万吨。

（三）出真招，破解“公转铁”用不起难题

坚持减费让利惠企不动摇。积极争取中国国家铁路集团有限公司支持，制定矿石、钢材等大宗货物铁路运输优惠政策，深化量价

互保、“一口价”等运价市场化改革，建立灵活的运价调整机制，铁路运价随公路运价变化动态调整，运输铁矿石涉及的港口、铁路、专用线的三块物流费用分别在原来基础上下调了 50%、30%、57%，唐山港铁路疏港铁矿石的装车费减免 50%，让建有铁路专用线的企业充分享受价格红利。研究出台利用大气污染防治专项资金奖补政策，对大宗物料采用“公转铁”或其他绿色运输方式的企业，给予奖励或补贴。

打造多元化货运产品和服务。优化铁路货运受理方式，简化受理环节，推广上门服务、线上受理等模式，降低企业运行成本。对煤炭、焦炭、矿石、钢铁等大宗货物敞开收货，优先保障运力供给。推进铁路、港口及钢铁等企业加强合作，签订运量运能互保协议，共同开发铁路货运班列、点到点货运列车、大宗货物直达列车等多频次多样化班列产品，构建快捷货运班列网络。

“治超”助推货运向铁路转移。2019 年以来，深入开展全域“治超”行动，坚持人防、物防、技防并重，强化“三路一源”共治，建立健全“路警企”联合“治超”长效机制，强化货运车辆非法改装联合监管，截至 2024 年底，全市共查处超限超载车辆 84 843 辆，以全域“治超”促进运输价格回归合理区间。

（四）求真效，破解“公转铁”用不好难题

海铁联运，打造“一带一路”重要枢纽。以钢铁企业铁路专用线建设为突破口，健全完善“公转铁”脉络和集疏运体系，扎实推进唐山港口型国家物流枢纽建设。开通包头、二连浩特等内陆港 59 个，覆盖新疆、内蒙古、山西等 11 个省级行政区，形成了连通蒙俄、中亚的国际运输大通道。2024 年完成敞车运输 1 956.41 万吨、

集装箱 34 万标箱。投资 14 亿元建成河北省首个“水水”中转码头，年货物通过能力达 1 410 万吨和 6 万标箱。建成 56 个泊位岸电，专业化泊位岸电覆盖率达到 86%，拖轮在港停泊期间 100% 使用岸电。2024 年，集疏港清洁运输比例达 85% 以上，“四星级中国绿色港口”企业达 5 家。

公铁联运，构建绿色交通运输新模式。积极打造以铁路运输为主、新能源重卡运输为辅的清洁运输体系，唐山港疏港主要通道迁曹线、平青乐线重型柴油货车使用量明显下降。出台新能源重卡替代及新型能源体系建设 27 条支持措施，累计更换新能源重卡 1.4 万余辆，居全国地级市首位。“公转铁 + 新能源重卡”清洁运输模式带动运输结构优化，相比 2017 年，2024 年减少重型柴油货车使用 2.4 万余辆，减少燃油消耗 48.2 万吨，减排污染物 1.1 万吨，减排二氧化碳 26.6 万吨。

新能源重卡正在充电站进行续航充电

减污降碳，提高企业绿色发展“含金量”。以“公转铁”推动中心城区 11 家钢铁企业退城搬迁。搬迁企业全部实现装备大型化、智能化，产品高端化、差异化，技术创新、研发投入大幅增长，综合竞争实力明显增强，高附加值钢铁产品比重达到 40% 以上。依托“公转铁”，深入开展重点行业企业环保绩效创 A 行动，截至 2024 年底，全市 22 家长流程钢铁企业全部完成环保绩效创 A，产能占全市钢铁产能的 97.7%。

三、经验启示

唐山市实施“公转铁”，在加快形成绿色低碳发展方式上持续发力，助力打赢蓝天保卫战，奏响“工业摇篮、碧海蓝天”新乐章。

（一）以全面转型厚植绿色发展底色

唐山市坚持走生态优先、绿色发展之路，以“公转铁”为主攻方向，积极推广使用新能源汽车，完善清洁能源供给设施布局，全面推动运输结构绿色低碳转型，产业结构更优化、能源消费更绿色、交通运输更清洁。实践证明，以“公转铁”为抓手，统筹推进产业、能源、交通运输等重点领域绿色低碳发展，形成绿色低碳的生产方式和生活方式，能够推动老工业城市和资源型城市积聚新动能、实现高质量发展。

（二）以创新转型释放绿色发展动能

唐山市全面推动生态环境保护与新旧动能转换深度融合，以钢铁行业为重点淘汰落后产能和化解过剩产能，围绕钢铁企业和主要运输路线，构建“三纵一横”换电干线网络，打造以新能源等为代表的新兴产业集群，闯出一条具有唐山特色的绿色低碳转型之路。实践证明，绿色低碳转型不仅是解决大气环境问题的治本之策，更是促进能源转型和赋能传统行业的有效路径，在加快新旧动能转换中促进经济高质量发展，释放经济发展绿色向好新动能。

（三）以协同转型汇聚绿色发展合力

唐山市从政策、资金、税收、管控措施等各方面综合施策，推动铁路建设由强壮干线“主动脉”向畅通企业“微循环”转变，项目建设由单一投资向多渠道融资转变，用价格杠杆推动运输企业由“不想用”向“主动用”转变，实现交通运输绿色发展、社会物流降本增效与减少公路运输环境污染相统一。实践证明，要坚持统筹谋划、协同推进，推动有效市场同有为政府更好结合，综合采用市场机制和行政手段调动各方力量，持续激发和增强社会活力，推动高质量发展取得更大成效。

（唐山市生态环境局供稿）

督察让“北疆明珠”再放光芒

——霍林河煤矿的绿色转型之路

【引　言】2020 年 5 月，习近平总书记在参加十三届全国人大三次会议内蒙古代表团审议时强调，生态环境保护就是为民造福的百年大计，要保持加强生态文明建设的战略定力，牢固树立生态优先、绿色发展的导向，持续打好蓝天、碧水、净土保卫战，把祖国北疆这道万里绿色长城构筑得更加牢固。

【摘　要】霍林河煤矿在依托资源禀赋拉动经济高速增长的同时，也留下了生态治理的“欠账”。2018 年，中央环境保护督察整改情况“回头看”指出霍林河露天煤矿生态修复治理严重滞后。通辽市、霍林郭勒市两级党委和政府深刻反思，按照“党委领导、政府主导、企业主责，快还旧账、不欠新账”的整改原则，开启了一场矿山修复的“绿色革命”。因地制宜、分类施策，扎实开展生态修复治理，全力打造“天蓝、地绿、水清”的绿色矿山。如今的霍林河煤矿矿区内草木葳蕤、花香氤氲，曾经蒙尘的“北疆明珠”再次绽放出耀眼的光芒。

【关键词】督察整改；生态修复；绿色矿山

一、背景情况

霍林郭勒市位于内蒙古自治区东部、通辽市北部，地处科尔沁草原腹地，是一座因煤而建、缘煤而兴的新兴工业城市。为有效缓解能源供需矛盾，按照国务院总体部署，1975 年开始大规模开发建设霍林河煤矿。但当时发展理念不够科学，未做到开采与保护同步推进，导致矿区生态破坏日趋严重，草原山体留下了累累“伤疤”。“这里后面就是采煤的地方，附近居民不能开窗户，外面全是煤灰，洗衣服也没办法晾晒，出去转一圈脸上又是灰，又是煤。”当地群众在接受中央媒体采访时回忆过往的一段话，真实地反映出了当时矿区开采带来的民生之痛。

转变的契机出现在 2018 年全国生态环境保护大会之后，中央第二环境保护督察组组织开展内蒙古自治区第一轮中央环境保护督察整改情况“回头看”及草原生态环境问题专项督察，指出霍林河一号露天矿生态破坏问题严重，矿区“应治未治”面积达 2 074 亩，并将其作为典型案例予以通报。通辽市、霍林郭勒市两级党委和政府深刻警醒、痛定思痛、立行立改，确立了“一年大变样，三年彻底整改，打造我国高寒地区绿色矿山标杆”的整改目标，加快制订系统性生态修复计划，高标准推进绿色矿山建设，开启了霍林河煤矿生态修复治理新篇章。

通过不懈努力，霍林郭勒市不仅如期圆满完成了中央环境保护督察反馈问题整改，更实现了发展理念、发展方式的亮丽蝶变，推动昔日的“褐煤之城”蜕变成为生机勃勃、绿意盎然的宜居家园。2021 年 1 月，霍林河露天煤矿被中央生态环境保护督察办公室列为“督察整改看成效”正面典型案例，面向全社会推广宣传。

如今的霍林河一号露天矿北采区北外排土场绿意葱茏

二、主要做法

（一）健全机制，扎实推进中央生态环境保护督察反馈问题整改

加强顶层设计，层层压实责任。第一时间成立由市委书记任组长、各有关方面共同参与的生态修复领导小组，印发实施霍林郭勒市《矿山生态环境治理整改工作方案（2018—2020 年）》《矿山生态环境恢复治理大排查大整治工作方案》，将区域内“应治、能治、可治”的矿山全部纳入修复治理范围，全面排查整治生态环境领域各方面问题和隐患，举一反三，全力、全速推进突出问题整改。在各矿

区同步成立生态环境保护部门，配备专职人员，坚持对整改工作“日部署、周协调、月通报”，确保整改治理措施落到实处、取得实效；对于核心生态区域创新实行“红线”管理，明确责任人长期监管，推动修复治理成果不断巩固提高。

加大资金投入，强化经费保障。出台政策，将企业矿山地质环境恢复治理基金缴存基准由不足 0.05 元 / 吨煤提高至 10 元 / 吨煤，确保满足生态修复治理资金需求；在有关部门实绩考核过程中，新增环保资金投入计划完成率指标，确保治理资金精准投入、高效支出。截至 2024 年，霍林郭勒市累计提取矿山地质环境恢复治理基金 10 亿余元，完成生态修复面积 4 万余亩。

加强监测评估，强力实施监管。建立健全生态环境智能化、数字化监测体系，广泛利用无人机、传感器、卫星遥感等先进技术，实时监测矿区植被覆盖、水土流失和土地退化情况。每季度进行数据分析，既能使矿区及党政负责人及时掌握修复治理进度，又为治理效果提供量化支撑。引入第三方环保评估机构，对修复治理工作进行独立评估，切实保证治理成效。

（二）科学施策，着力提高矿区生态修复治理实效

霍林郭勒市属于典型的干旱大陆性草原气候，无霜期短，加上矿区治理区域土壤贫瘠，给矿山修复治理带来了巨大挑战，且全国可以参考的同类生态修复案例较少。针对矿区生态破坏特点，霍林郭勒市确立“明渠暗窨，打造海绵式排土场；外排内蓄，建设生态型露天矿”的设计理念和“生物措施为主，工程措施为辅”的技术路线，系统实施地形重塑、供水系统、水土保持、土壤改良、植被重建、浇灌系统六大工程，不断提高治理实效。

植物生长最大适宜坡度是 25 度，而排土场坡面普遍大于 25 度，无法保持土壤水分，难以满足植被生长需求，为此矿区通过削减坡面、重塑地形的方法，将顶部平整后覆盖富含养分的土壤，内侧设置排水渠，顶部修建“田字格”形圩埂，雨时排出多余降水，旱时泵出窖储雨水，强化生态修复水源供给。为提高水资源集约利用效率，矿区大力推广喷灌、滴灌技术，最大限度节水控水，同时也满足了植被生长需要。

矿区通过公开招标的方式引入专业团队实施工程建设。针对当地高寒、少雨的气候特点，积极从乡土物种中选取柠条、沙打旺、燕麦等速生、抗旱、耐寒、根系强大的木本、草本植物进行生态修复，并将以上植物种子按混播模式播种在排土场待修复区域，不断丰富物种多样性，增加植被覆盖度。

霍林郭勒市与国家级科研单位开展战略合作，成立矿山草原生态修复分中心以及大学生实习基地，加强科技赋能。先后投入 3 000 多万元，组织实施“高寒地区露天煤矿生态修复模式与绿色发展关键技术研究”等 6 个重点项目，不断探索完善矿山生态修复新技术、新路径。

（三）标本兼治，加快推动绿色低碳高质量发展

坚持全流程管理、全过程管控，不断提升煤炭采、运、储各环节污染治理水平。在开采过程中，大力推广“单斗挖掘机—自卸车—半固定破碎机—带式输送机”半连续开采工艺，机械化开采程度达 100%；在储运过程中，加快推广封闭式运输和仓储，努力实现“储煤不见煤、运煤不露煤”，其中霍林河一号露天矿建成穹顶式大型煤仓 2 个，储煤规模达 25 万吨。同时，对露天煤矿穿孔爆破、排土等

其他环节实施有力管控，根据风力风向、阴晴雨雪等不同气象情况科学确定洒水频次，如在风速过高的情况下停止作业，努力把矿山扬尘降至最低。通过不懈努力，霍林郭勒市优良天数比例已由 2015 年的 75.9% 提高至 2024 年的 97.8%，环境空气质量得到明显改善。

优化能源供给，推动绿色发展。在霍林河一号露天矿组织实施排土场分散式风电示范项目，利用排土场闲置土地资源，建成排土场 4 兆瓦分散式风电示范项目，实现风电项目在露天煤矿排土场“零”的突破。风电所发电力全部用于露天煤矿生产用电和电驱矿卡充电，项目年发绿电 1 166 万千瓦时，可节约标准煤 3 562 吨，减少碳排放 9 586 吨。

排土场 4 兆瓦分散式风电示范项目

多年的矿区生态修复，让草原魅力值直线上升。如今霍林河煤矿，天空一碧如洗、矿山翠色欲流，长势喜人的沙棘、紫花苜蓿、小叶锦鸡儿等植被遍布；须山鹑、松雀鹰、狐狸等野生动物纷纷在排土场安家落户，吸引了各地群众前来观光。矿区一片生机盎然，刷新了公众对露天煤矿的认知，使人们直观感受到了矿山复绿的奇迹。

三、经验启示

霍林郭勒市坚持把抓好中央生态环境保护督察整改作为必须完成的重大政治任务，作为全面改善生态环境质量的重大契机，在加强生态修复的基础上，积极探索绿色转型发展之路，实现了生态与经济的互促共赢。

（一）科学谋划绘蓝图，久久为功抓治理

以霍林河煤矿整改为契机，霍林郭勒市坚决把矿山生态修复治理摆在压倒性位置，高起点谋划、高标准推进、高质量深化生态治理。在完成督察整改目标后，始终坚持标准不变、力度不减、投入不降，实现了由反面案例到正面典型的跨越。实践证明，只有勇于担当作为，加强顶层设计和总体谋划，才能化被动为主动、化危机为机遇，积累“小目标”、收获“大成效”，逐步走出符合自身实际的生态建设之路、绿色发展之路。

（二）责任机制明方向，真抓实干见成效

霍林河煤矿每一个生态修复项目都有明确的责任人，每一项治理任务都有专人全程跟进。通过建立动态监督和问责机制、开展季度考核和年度评估等措施，实现了治理工作常态化督导与高效化落实协同并进，切实保障了生态修复既有速度，更有质量。实践证明，只有实行严格的制度和监管，才能确保生态治理取得实效；只有拿出敢抓落实、善抓落实的务实精神，办实事、出实招，才能让生态保护治理走上制度化、长效化的轨道。

（三）绿色惠民暖人心，共建共享美家园

霍林河煤矿的生态修复不仅推动当地生态环境质量显著改善，矿区的绿色转型更为当地创造了大量的就业机会，切实提升了周边居民的生活质量，让绿色发展成果惠及民生。实践证明，绿色转型不仅是经济与生态的平衡，也关系社会民生。只有真正把生态环境保护工作做到人民群众的心坎上，切实让人民群众共享生态红利，才能不断增强人民群众获得感、幸福感、安全感。

（通辽市生态环境局、内蒙古自治区生态环境宣传教育中心供稿）

吃生态饭　做牛文章　念文旅经

——科尔沁右翼中旗“绿水青山就是金山银山”实践转化

【引　言】2019年3月，习近平总书记在参加十三届全国人大二次会议内蒙古代表团审议时指出，保护生态环境和发展经济从根本上讲是有机统一、相辅相成的。2019年4月，习近平主席在2019年中国北京世界园艺博览会开幕式上强调，良好生态本身蕴含着无穷的经济价值，能够源源不断创造综合效益，实现经济社会可持续发展。

【摘　要】历史上的科尔沁右翼中旗（以下简称科右中旗）是一片草木葳蕤、生机勃勃的疏林草原。自20世纪60年代开始，由于过度开垦草原和超载放牧，当地生态遭到严重破坏，“科尔沁草原”逐渐变成了“科尔沁沙地”，地上不长草，牛羊吃不饱，当地百姓不仅饱受风沙之苦，甚至生存发展也受到了较大影响。面对严峻的生态状况，科右中旗干部群众加快转变发展思路，牢固树立和践行“绿水青山就是金山银山”理念，坚持把加强生态环境保护摆在首要位置，积极拓展“两山”转化新路径，统筹推进生态保护与肉牛养殖、新能源、文旅等特色产业深度融合、协同发展，努力推动生态“短板”变“样板”，“颜值”变“产值”，实现了生态美、产业兴、百姓富的多赢。

【关键词】“两山”转化；特色产业；融合发展

一、背景情况

科右中旗位于内蒙古自治区兴安盟南部，地处大兴安岭向科尔沁沙地过渡地段，承担着防风固沙的重要职能，是打好科尔沁“沙地歼灭战”的前沿阵地，是国家重点生态功能区。

科右中旗横跨400毫米等降水量线，20世纪60年代以来，年均降水量仅369毫米，而蒸发量高达2 007毫米，加之土层较薄、土质松软以及长期超载放牧、过度开垦等原因，生态环境一度严重退化。20多年前，将卫星地图放大至一定比例，一条黄色沙带由南向北延伸，如同一把利剑贯穿在科右中旗的版图上——全旗土地面积15 613平方千米，而荒漠化、沙化土地面积分别占到17.4%和26%。严酷的生态环境导致当地群众生活日益贫困，“种一坡，收一车，打一簸箕，煮一锅，吃一顿，剩不多”是当时农牧民挥之不去的苦涩记忆。黄沙步步紧逼，形势日趋严峻，如何恢复生态、摆脱贫困，成为摆在当地党委、政府面前的“必答题”。

党的十八大以来，科右中旗党委、政府牢固树立和践行“绿水青山就是金山银山”理念，统筹山水林田湖草沙一体化保护和系统治理，全方位、全地域、全过程开展生态文明建设。特别是在中央定点帮扶单位——中共中央宣传部的大力帮扶和指导下，科右中旗确立了“吃生态饭、做牛文章、念文旅经”的发展思路，加快一二三产业融合发展，构建起以现代牧业、清洁能源、文旅融合为支撑的产业体系，勾勒出重建“绿水青山”收获“金山银山”的转化路径。2024年，科右中旗地区生产总值119.51亿元、地方财政收入3.2亿元，分别较2012年增长107%和88%；农牧民人均可支配收入由2012年的4 709元提高至16 650元；固定资产投资、工业增加值等各项经济指标增速均居兴安盟前列。

二、主要做法

（一）厚植绿色发展底色，让“含绿量”赋能“含金量”

综合施策，打好沙化土地治理“攻坚战”。实行最严格的全域全年禁牧、禁垦、禁伐、禁占“四禁”工作，通过加大宣传、党员带头、严格落实森林生态效益补偿和草原生态保护补助奖励政策、实施退牧还草及草原围封等重点工程，全面加强草原、森林生态保护。2012—2024年，累计实施退牧还草7万亩，发放草原生态保护补助奖励资金13.8亿元、森林生态效益补偿资金2.67亿元，切实保障了农牧民合法权益和合理利益，有效转变了“过度放牧、广种薄收、滥砍滥伐”的粗放生产方式，促进了生态系统休养生息、自然恢复。持续推进大规模国土绿化行动，2012—2024年累计投入8.2亿元，实施各类造林绿化200万亩、水土保持治理40.3万亩。2024年，全面打响科尔沁“沙地歼灭战”，通过实施“灭黄、治白、增绿”三大行动（“灭黄”：“歼灭”裸露沙地；“治白”：治理裸露盐碱地；“增绿”：提高林草植被覆盖度）和推广新能源治沙、群众治沙、企业治沙等协同治理模式，完成治沙 37.4 万亩，实现全域无黄沙裸露。

精准发力，开辟林草产业发展“新通道”。建成国家木本油料林示范基地，全旗栽植鸡心果、文冠果、欧李等经济林 13.63 万亩，引进精深加工企业，积极发展欧李饮料和罐头、文冠果油、五角枫籽油等多元产品，年销售 350 万元。加快发展现代饲草产业，大力推进饲草产业规模化、集约化，通过实施草牧业试点、羊草种植等重点项目，全旗牧草收储量达 200 万吨，带动农牧民户均增收 3 800 元。积极探索碳汇资源开发，与南方省份企业签订林业碳汇减排量开发项目合作协议，推进科右中旗造林碳汇项目设计工作。

额木庭高勒苏木布拉格台嘎查荒山种植 5 000 亩经济林果

统筹推动，拓展清洁能源开发“新空间”。科右中旗百万亩沙地是地理上的贫瘠区，同时也是风光资源的富集区，非常适宜建造集中式光伏电站和风电场。科右中旗以“新能源 + 生态治理”新模式统筹推进增绿、增能、增收，努力将劣势变优势、用空间换发展。2020—2022 年相继建成投运总投资 11.1 亿元的“风光储”一体化治沙 10 万千瓦光伏发电项目和 15 万千瓦光伏储能综合治沙项目，累计发电 7.9 亿千瓦时，完成沙化土地治理 8 800 亩，项目场区植被覆盖度由 2020 年的 5% 提高到 90%。

十余年的逐绿奋进，科右中旗生态环境质量明显好转：全旗森林覆盖率和草原综合植被盖度分别由 2012 年的 15.16% 和 35.17% 提高到 2024 年的 18.8% 和 76.77%；沙化土地面积由 2012 年的 611 万亩减少至 327.78 万亩。

（二）壮大优势特色产业，让“牛经济”跑出“牛日子”

舍饲圈养，找准肉牛养殖维护草原生态“平衡点”。一方面，重视保护农牧民利益，积极健全扶持政策。科右中旗政府与 3 家银行签订肉牛产业发展战略合作协议，采取免抵押担保、利率优惠等措施，破解农牧民资金短缺难题，助推肉牛产业规模化发展。2021—2024 年，累计投放牛产业贷款 28.6 亿元，推动全旗肉牛养殖户、合作社分别发展到 3 万户、400 家。另一方面，坚决保护草原生态，全面推行舍饲圈养。通过政策宣传、发放补贴、大户带动、技术指导以及扶持建设标准化棚圈、青贮窖、储草棚等方式，引导农牧民加快转变传统散养方式，实现全旗肉牛舍饲圈养全覆盖，所有肉牛养殖户、合作社无一家散养放牧，有效促进了草原植被休养生息，2024 年全旗草场亩均牧草产量较 2012 年提升 50% 以上，实现了肉牛产业发展与草原生态保护双赢。

变废为宝，找准肉牛养殖加强污染防治“着力点”。在综合措施的推动下，科右中旗牛产业发展迅猛，全旗肉牛存栏量已由 2018 年的 23 万头增加到 2024 年的 52.22 万头。为同步处理好大量养殖废弃物，大力实施畜禽粪污资源化利用整县推进项目，建设年产 5 万吨的有机肥厂 1 座，在全旗南部、中部、北部地区 6 个苏木（镇）分别建设畜禽粪污集中收集点，在全旗68家规模以上养殖场全部建成集畜禽粪污收集、贮存、处理、利用于一体的基础设施，并全面推动粪污就近全量还田利用，形成畜禽粪污全量收集、资源化利用的绿色种养循环发展模式。同时，借助肉牛庞大的养殖规模，加快推进秸秆回收转化利用，大力发展秸秆饲料，累计投入资金1 140万元，为全旗12个苏木（镇）购置秸秆膨化设备和青贮设备，既减少了环境污染，又保证了养牛业饲料需求，还拓展了农民增收渠道，以往人们眼中乱堆乱放影响村容村貌、焚烧还会造成污染的秸秆柴草变成了抢手的“香饽饽”。

科技助力，找准肉牛养殖促进生态安全“结合点”。科右中旗坚持以市场需求为导向、以提高市场竞争力为目标，着力打造绿色有机牛肉品牌，坚持将绿色有机理念、要求贯彻到饲草料种植、供应、肉牛养殖、加工等各领域全过程。着力加强科技创新对产业发展的支撑与引领，引进实施生物检验检测创新中心项目，建立国家现代畜牧业试验区检测服务共享中心和智慧畜牧业食品安全综合监管平台，采取共享快速检测实验室与现场检测终端相结合的方式，对牛疫病、牛产品抗生素残留、动物源性成分及产地环境水质重金属、土壤有害指标等情况进行快速监测分析并实时监控，既有效保障了牛肉产品质量，又倒逼种植养殖环节控制化肥农药以及饲料添加剂、抗生素等的使用，助益了生态安全。

十余年的砥砺前行，科右中旗坚持将生态环境高水平保护贯彻到肉牛产业高质量发展全过程，肉牛养殖产业已形成从饲草种植、良种繁育、基地建设到屠宰加工、冷链物流、市场交易的完整产业链，成为当地农牧民群众稳定脱贫、增收致富的主导产业，走出了一条草原增绿、牧业增效、百姓增收的多赢发展之路。

科右中旗鸿安大庙牛羊交易市场

（三）发展全域生态旅游，让好风景变成“好钱景”

市场运作，着力构建全域旅游“大格局”。着力加强与国内知名文旅企业合作，高标准开发文旅资源，2020—2024年累计投入10亿元，成功建成一批精品文旅项目。积极整合优势产业资源、优化空间布局，打造“原生态自然景观、历史文化、草原影都、营地之都、康养特色小镇”5个旅游目的地，构建起旅游核心区和东线、西线、北线“一区三线”精品旅游线路，实现景点游向全域游转变。

提质升级，努力培育生态旅游“大品牌”。积极推进旅游景区创A升A工作，成功创建3个国家4A级旅游景区和1个国家3A级旅游景区。依托乡村旅游资源，加快生态旅游与农牧业、文化、康养等相关产业融合发展，努力培育以生态观光、药浴康养、乡村休闲为代表的文旅发展体系，更好地满足人民群众多层次旅游消费需求。

协调联动，全力激活旅游产业“各要素”。成功对接中央广播电视总台和国家电影局，在科右中旗取景拍摄脱贫攻坚主题电视剧《枫叶红了》和民族团结主题电影《奔腾岁月》，并推动取景地点成为热门打卡地。坚持以国家级非物质文化遗产为支撑，打造马文化、蒙古族刺绣、科尔沁蒙医药、苏雅乐四大文化旅游区，定期举办五角枫旅游节、稻田文化节、国际马术节等特色赛事和节庆活动，不断拓展旅游消费新场景，提高旅游产业吸引力。借助主流媒体平台以"文艺+直播+影视剧+推介"的方式进行宣传营销，旅游业收入年增加1亿元左右，旅游发展红利惠及越来越多的群众。

十余年的探索创新，科右中旗紧密依托自身独特的自然生态资源和"一旗九乡五非遗"人文资源，全力发展生态旅游业，日益丰富旅游产业业态。2012—2024年，全旗累计接待游客1 690.62万人次、实现旅游收入95.01亿元。

三、经验启示

科右中旗把加强生态文明建设摆在全局工作的中心位置来抓，统筹推进生态环境高水平保护和绿色低碳高质量发展，走出了一条符合自身实际的"两山"转化之路，彻底摘掉了贫困的帽子，实现了生态美、产业兴、百姓富。

（一）加强高水平保护是推进"两山"转化的根本前提

科右中旗坚持人与自然和谐共生，自觉把保护生态环境作为"两山"转化的先决条件，以巨大的勇气和魄力，实行全域全年"四禁"政策，坚决改变延续千年的散养放牧畜牧业生产模式，全面推行舍饲圈养，并辅之以退牧还草、国土绿化等一系列重要生态建设工作，最终推动生态“含绿量”不断提升，地方发展路径不断拓展、群众增收致富渠道不断增多。实践证明，发展与保护不是非此即彼的“单选题”，而是相辅相成、相得益彰的关系，保护生态环境就是保护生产力。只有牢固树立和践行“绿水青山就是金山银山”的理念，始终保持加强生态文明建设的战略定力，坚定不移走生态优先、绿色发展之路，才能不断塑造发展的新动能、新优势，持续增强发展的潜力和后劲。

（二）找准产业着力点是推进“两山”转化的成功关键

科右中旗的“两山”转化实践，不是“另起炉灶”、抛弃传统产业，不是跟风发展不切实际的高端产业，而是以良好的生态为基础，紧紧依托当地悠久的养牛传统、丰富的自然资源和深厚的历史文化底蕴，大力发展以牛产业为主导的现代农牧业，全力推进生态文化旅游业深度融合发展，最终成功培育了新优势、激发了新动能，走上了生产发展、生活富裕、生态良好的文明发展道路。实践证明，只有立足实际、扬长避短，因地制宜、找准切口，瞄准优势所在、做足“特色”文章，坚持从实际出发，走特色化、差异化的产业发展之路，才能将地区比较优势转化为发展优势、经济优势，实现产业兴、百姓富、发展强的目标。

（三）实现好群众利益是推进“两山”转化的核心目标

科右中旗锚定“吃生态饭”不动摇，全力打好科尔沁“沙地歼灭战”，协同发展饲草产业、林果产业、碳汇经济；抓住“做牛文章”不放松，顺应人民群众意愿，不断培育壮大特色肉牛养殖产业，在全产业链建设中带农增收、促农发展；推进“念文旅经”不停步，让好风景变成好“钱”景，既提升了人民群众生态环境获得感、幸福感、安全感，又促进了群众致富增收。实践证明，只有坚持以人民为中心的发展思想，坚持生态惠民、生态利民、生态为民，持续改善生态环境质量，加快推进生态产业化、产业生态化，不断扩宽人民群众增收渠道，才能顺应人民群众对美好生活的向往，充分调动人民群众的积极性、主动性、创造性，加快形成美丽中国建设新格局。

（内蒙古自治区生态环境宣传教育中心、
中共科右中旗委员会供稿）

人水和谐　共生共富

——越城区探索浙东运河人水和谐共生建设路径

【引　言】2023年9月，习近平总书记在浙江考察时强调，大运河是世界上最长的人工运河，是十分宝贵的文化遗产。大运河文化是中国优秀传统文化的重要组成部分，要在保护、传承、利用上下功夫，让古老大运河焕发时代新风貌。

【摘　要】绍兴市越城区依水而生，因水而兴。贯穿全境的浙东大运河始于春秋时期越王勾践修建的山阴水道，千年水运航贸在沿线留下了厚重的历史文化遗存。随着经济发展和人民生活水平的提高，运河水环境改善基础不牢固、水文化阐释利用不充分、沿线优质产业不够强等问题日益凸显。对此，越城区从生态景观提质、文化传承保护、沿线产业转型三方面出发，做好“运河+”文章。打造美丽生态保护带，分西、中、东三片因地制宜开展生态治理，打造群防群治管理模式；构筑璀璨文脉传承带，在保护运河沿线风貌的同时，构建形成“运河 +”文商旅协同发展的繁荣局面；锻造新质生产力培育带，实施“腾笼换鸟”工程，开展印染、化工产业跨区搬迁整合，大力培育集成电路等新兴产业，探索形成了运河生态保护与文化传承相统一的河城共生共荣模式。

【关键词】浙东运河；大运河治理；运河文化；绿色转型；新质生产力

一、背景情况

“山阴道上行，如在镜中游”。越城区古称会稽，公元前 490 年越王勾践建都于此后，组织修建了浙东运河的前身——山阴水道，开启了越地两千余年的运河时代，形成了“三山万户巷盘曲，百桥千街水纵横”的宜居宜业地理环境。浙东运河（越城段）自西向东流经越城区，河长 22.2 千米。唐宋时期，浙东运河作为连通京杭大运河与海上丝绸之路的通道，带动了两岸经济的繁荣和文化的辉煌。随着人口增长和工业发展，浙东运河面临不容忽视的环境挑战：运河水生态遭到破坏，往昔清澈不再；滨水区丧失昔日的活力，变得零落萧条；沿线文化古迹破坏严重，古运河风貌难觅。

与长城、故宫等静态的文化遗产不同，浙东运河是线性的、活态的、流动的文化遗产，跨越多个生态系统各异、产业结构不同的区域。越城区深刻认识到保护运河生态的紧迫性，从提升生态景观、保护文化遗产、推动产业升级等方面入手，重塑运河的自然之美和文化之韵。如今的运河，河与城共生共荣，古韵与今风和谐共生。

二、主要做法

（一）打造美丽生态保护带

水岸同治，打造滨水宜居宜业空间。东浦古镇位于浙东运河西段，水域面积占其全境面积的 22%，作为浙东运河畔的一颗耀眼明珠，小镇却一度面临水体发黑发臭、滨河空间活力不足等问题。水变差，根子在岸上，截污是除“病根”的一剂良方。然而，要在古镇石板路下铺设管网，势必会破坏古镇风貌。对此，越城区针对古镇路网河网叠合、街沿河走的特点，采用在河底铺设排污管道的方案，将周边居民和商铺排放的污水全部纳入市政管网，避免了对老街整体风貌的破坏。在此基础上，通过河道清淤疏浚、水岸环境美化等工程，古镇邻水格局和风貌得到有效提升。随着黄酒经济新业态的引入，现在的东浦古镇以其古朴的水乡面貌、醇香的黄酒文化，成为“老房子、新业态、黄酒味、年轻力”的特色小镇样板。

越城区的古城水韵（丁海龙 摄）

生态修复，破解内河循环不畅难题。中段运河横穿绍兴古城，这段城中运河，自古以来被称为“黄金水道”。随着城市经济社会的发展，古城原有水陆交通格局发生变化，填河扩路，导致河网水流不畅，水质每况愈下。为此，越城区积极重塑古城内河，在截污纳管、河道清淤的基础上，建设翻水站引水活水，实现了城中河网水流畅通。针对高温枯水期部分河段极易暴发蓝藻水华的问题，越城区利用物种间的竞争和捕食关系，在迪荡湖、蜻蜓池、墨池等水体构建“水下森林”生态系统，实现了水体生态自我循环、自我平衡。修复后，古城内河水体透明度可达 1.5 米以上，在阳光直射下可见鱼虾戏石、藻荇交横的“水下森林”，获得众多摄影爱好者的青睐。

全民参与，共治农业面源污染。鉴湖国家湿地公园位于浙东运河东段，总面积为 723.67 公顷，是典型的“湖泊—河流—稻田”复合型湿地，碧波荡漾、鹭鸟翱翔。湿地周边有超 30 个自然村，如何高效防治农业面源污染是亟待解决的难题，光靠政府的力量防治有些势单力薄。对此，越城区先从源头着手，集中攻克治理难点，再依托村民世代沿河而居，对家乡河流的深厚感情，组织护河比赛、增殖放流等活动，调动村民守护家园生态的积极性。针对畜禽养殖等问题，实施畜禽养殖场关停、河蚌网箱围湖清养等工程。建设“精准灌溉 + 尾水循环”智能控制系统，根据土壤湿度、作物生长情况智能灌溉，实现了用水与尾水的“双减”。湿地公园建成开放科普宣教馆、共享法庭，通过研学科普、法庭模拟等形式，普及生态保护理念。2024 年，湿地公园内水质稳定保持在Ⅲ类水质标准，同 2017 年首次物种调查情况相比，新增动植物 291 种，越冬鸳鸯数量达 200 余只。

（二）构筑璀璨文化传承带

活态传承，赓续运河文脉。越城区以《绍兴市大运河世界文化遗产保护条例》为指导，开展运河文化的源头探索与文脉梳理，编著并出版“浙东运河文化研究”系列丛书 10 册。组织文史、水利等专家赴四川、河南等多地考察学习博物馆的文化展陈，抢救性开展古运河沿线遗迹保护和利用，集中收集老石板 3 万余平方米、老条石 3 万余米作为运河园建筑材料，以古生态、古材料、古工艺打造集历史文化、生态美景于一体的浙东运河文化园。建成浙东运河博物馆，立体演绎了浙东运河 2 500 多年的发展演变史，系统展示了运河沿线人文历史价值的内涵。

浙东运河文化园（王羽婕 摄）

最小干预，活化人文风情。运河周边历史民居星罗棋布，邻水老街住房因气候、历史等亟待修整。持续开展历史街区“微改造、精提升”，不同于将原住居民外迁、大规模重修翻建的思路，越城区坚持以人为本，按照“最大限度留住原住居民，适配现代化生产生活”原则，连续 23 年对古城历史街区“绣花式”改造。在绍兴古城核心历史街区——仓桥直街，约 80% 的原住居民得以保留，同时开展市政基建，保障居民生活质量。开发 850 米步行街，让老居民得以在家门口开店，仓桥直街“前店后宅”模式逐渐红火起来。为了提升游客的体验感，按照“保留原住居民，适度商业植入”的原则，引入一大批文创、绍兴特色消费品入驻老街，为古朴的台门、老街注入时尚的气息，仓桥直街单日最高客流突破 12 万人。

水旅融合，打响文旅品牌。越城区放大“生态 + 文旅”的叠加效应，以水为媒，以非物质文化遗产为特色，不断做大运河文旅品牌。深耕“鲁迅 IP”，以鲁迅故里为引流王牌，以鲁迅短篇小说《社戏》发表 100 周年为契机，连续两年在鲁迅外婆家所在的安桥头村举办水乡社戏节，让游客沉浸式体验在运河上乘坐乌篷船看社戏的情景，节会期间村内每日人流量破万，实现村集体增收。融合运河民俗文化与宋韵文化两大元素，在东浦黄酒小镇举行别开生面的宋韵水上婚礼，红妆十里、穿越千年，充满了仪式感，成为古城引流的另一张王牌。2024 年，黄酒小镇累计接待游客 151.89 万人次，同比增长 89.53%。

（三）锻造新质生产力培育带

源头减量，以“腾笼换鸟”促转型。印染、化工曾是越城区的两大支柱产业，面对主导产业污染排放大和经济效益低等问题，越城区以壮士断腕的决心，开展印染、化工产业跨区域搬迁整合。按照“兼并重组、整合集聚、征迁退出、转型发展”的思路，将产值规模达 500 亿元的 47 家印染企业、35 家化工企业进行跨区整合、转型提升，共计腾出日污水排放指标 10.28 万吨、能耗指标 85.16 万吨标准煤，腾退土地 1 万多亩。为消除企业顾虑，越城区做好搬迁赔偿、优惠奖补、土地回购等资金保障；探索“容缺审批＋并联审批＋桩基先行”模式，加速搬迁项目落地；制定过渡性生产方案，保障企业产能过渡。借着搬迁的契机，企业纷纷淘汰落后设备、提升生产工艺、升级智慧管理，掀起了数字化、智能化技改提升附加值的热潮。对腾出的空间，越城区积极引入集成电路等新兴产业，实现了由“旧布”换“芯”城的绿色转型。

低碳转型，发挥龙头带动效应。在以皋埠街道为主阵地的集成电路“万亩千亿”新产业平台，优化“生态、金融、人才”要素，基本形成设计、制造、封测及应用的集成电路全产业链，成功培育出1家上市企业。越城区以建设浙江省减污降碳协同试点城市为抓手，通过对绿色低碳发展、能源利用效率提升、落后产能淘汰等方面提供奖补等措施，鼓励企业自主节能减排。2023—2024年，辖区内某集成电路行业龙头企业累计采用光伏发电、动力设备升级改造等节能降碳技术300余项，减少碳排放量达2.32万吨，成为企业承担减污降碳主体责任先进示范。

科技赋能，以综合整治树立农业典范。东湖智祚农谷项目位于鉴水科技城，占地近1 700亩，是一个位于市中心的“千亩方”永久基本农田项目，从空中俯瞰宛如一幅油画，与碧波荡漾的运河交相辉映。但这里曾经是环境问题“重灾区”，人居环境差、耕地碎片化、废弃物堆积。越城区以土地综合整治为载体，通过人居环境改造提升、低效工业整治盘活、生态环境治理等行动，为发展腾出空间。东湖智祚农谷项目集成无土种植、气雾栽培、光照和温湿度智慧调节、单人远程监控和管理等农业高科技，实现种菜“不见土”、种地“不见人”的农业新景象，成为集生态种植、休闲观光、科技展示于一体的农文旅融合典范。

三、经验启示

越城区以“焕新一条河、提升一座城”为目标，聚焦沿线生态提质、文化破圈、产业破局，由点及面，探索形成了人水和谐、共生共富的“运河 +”发展模式，为运河城市发展提供了“越城经验”。

（一）因地制宜，推进生态环境治理

越城区针对浙东运河西段、中段、东段具有不同的生态系统、产业特点和治理短板的特征，因地制宜，实施差异化生态治理。同时统筹沿线水乡风貌和运河文化的保护，形成了一套与运河生态保护相统一、同沿线风情相协调的保护管理模式。实践证明，生态环境治理是一项系统工程，需要统筹考虑环境要素的复杂性、自然地理单元的连续性、经济社会发展的可持续性、优秀传统文化的传承发展，抓主要矛盾和矛盾的主要方面，找准不同区域的问题根源，针对性地实施生态治理措施。

（二）原汁原味，开展文脉传承保护

面对运河文化缺乏系统性、生态文旅品牌吸引力不强等问题，越城区秉持“最大保护、最小干预”的理念，系统性开展文化梳理，最大限度保护历史古迹。不仅原汁原味地保留了历史街区风土人情，还巧妙融合运河文化与现代商旅，形成了独具越地特色的文商旅繁荣局面。实践证明，历史文化是城市的灵魂，城市历史文化遗存是城市内涵、品质、特色的重要标志。要妥善处理好保护和发展的关系，注重延续城市历史文脉，把推动城市风貌整体提升同保存历史文脉、

解码文化基因、提升群众生活质量统一起来，让历史文化和现代生活融为一体。

（三）破立并举，推动新质生产力发展

越城区以“腾笼换鸟”推动新旧动能转化，系统谋划产业布局，深化链式招商，将运河生态禀赋转化为科创动力，打造形成有竞争力的新质生产力产业集群。强化减污降碳协同增效，注重科技赋能，打造绿色高质量发展的新引擎。实践证明，要牢牢把握高质量发展这个首要任务，因地制宜加快发展新质生产力，充分考虑地域特色及产业发展导向，统筹做好生态、产业、科技融合文章，促进传统产业转型升级，扎实推进绿色低碳发展。

（绍兴市生态环境局越城分局供稿）

从“邻避”变“邻利”打造绿色智能“梦工厂”

——宁波钢铁有限公司以“绿色变革”推进高质量发展

【引　言】2024 年 3 月，习近平总书记主持召开新时代推动中部地区崛起座谈会时强调，深入实施制造业重大技术改造升级和大规模设备更新工程，推动制造业高端化、智能化、绿色化发展，让传统产业焕发新的生机活力。

【摘　要】钢铁行业作为传统的高能耗、高污染行业，面临着较大的生态环境保护和高质量发展的压力。宁波钢铁有限公司（以下简称宁波钢铁）作为国有企业，积极践行“绿水青山就是金山银山”理念，通过强化党建引领、产业升级改造、提升厂区环境以及优化产城融合、深化公众参与等举措，打造生产、生活、生态相融合的低碳环保、节能高效、绿色共享的现代化绿色智能工厂，走出了一条由倒逼治理到自觉自为再到绿色共享的蝶变跃升之路。宁波钢铁从"邻避"变"邻利"，推动企业与社会和谐共生，迈向可持续发展新征程，体现了国有企业的责任担当和创新精神。

【关键词】钢铁行业；绿色智造；公众参与；产城融合

一、背景情况

宁波钢铁成立于2003年，位于宁波市北仑区，与中心城区直线距离仅3.5千米，是一座建在中心城区的钢铁厂。厂区占地2.77平方千米，是一家从原料到炼铁、炼钢、连铸、热轧等工序配套齐全的钢铁联合企业。因黑色金属的产业特性，宁波钢铁自建厂以来一直面临着生产、生存、生态等压力，曾因铁水运输及转炉冶炼过程中产生的粉尘扩散、烧结烟气湿法脱硫的"白烟"现象、厂房屋顶异常冒烟等问题一度引发周边公众关注。

2006年9月15日，时任浙江省委书记的习近平同志来到宁波钢铁视察，指出宁波钢铁应该走体制创新、技术创新、产品创新的创新之路。宁波钢铁实施系列环保提质提效行动，连续开展两轮厂区"环境提升三年行动计划"，共实施环保项目66个，总投资约19.6亿元；2020年，启动总投资超40亿元的烧结烟气脱硫脱硝、皮带通廊封闭、除尘设施升级改造等28项超低排放改造项目；启动碳达峰、碳中和规划工作，大力推动清洁能源使用，深入推进固体废物高效利用；主动邀请附近居民以及环保志愿者实地打卡宁波钢铁各个特色点位，共同感受建厂20多年来的"生态蝶变"。2024年，宁波钢铁成为全流程超低排放改造公示企业，各项环保数据均达到国家钢铁行业超低排放改造要求，获评国家级“绿色工厂”，企业营收达到371 亿元。

二、主要做法

（一）坚持以党建为引领，激发高质量发展引擎

宁波钢铁党委将环保视为企业的“生命线”，成立环保工作领导小组，由公司党委书记、董事长担任组长，公司党政班子、各部门党政负责人为成员，致力于建设“绿色发展、环境一流、能效领先、产城融合”的现代化国企。“十三五”以来，宁波钢铁每 5 年制定一轮环保战略和目标，将其纳入企业五年发展规划，持续掀起钢铁企业“绿色革命”。深化第一议题学习制度，强化环境提升专题研究，不断提升全员生态环境意识。在实施两轮“环境提升三年行动计划”过程中，公司党委把方向、管大局、保落实，协调各部门资源，全面保障了生态环境保护工作的顺利开展。

宁波钢铁以党建共建为纽带，与周边“九村一社区”开展党组织结对活动，与周边街道、社区交流互通，既展示宁波钢铁的生产经营、环境改善、设施开放、党建品牌、慈善公益等方面成果，又充分了解周边街道、社区、乡村居民的所想所需，并将合理建议及时纳入公司发展决策，不断增强村企双方的互信力和凝聚力。

（二）坚持深化绿色智造，赋能传统产业转型升级

“数智”引擎激发新动能。宁波钢铁紧紧抓住科技创新和数字化转型赋能高质量发展机遇，主动拥抱数字浪潮，累计实施智能制造项

目 69 项，将智能制造融入钢铁生产全流程。上线运行宁波钢铁智慧高炉“智慧大脑”，将过去的“经验炼铁”转变为“智慧炼铁”，智慧高炉的铁水成本竞争力已跻身国内行业前列，关键设备数控化率、关键设备联网率及先进过程控制投用率均达到 100%，日铁水产量提高 21%，单位产品综合能耗降低 13.04%，单位产品二氧化碳排放量降低 7.48%。打造运行宁波钢铁智慧管控中心，集成 95 769 个生产数据点、1 851 个视频监控点，支持环保、安全、能源、生产、物流、设备等主题场景分析，实现对生产过程的全数据跟踪、全场景支持、全过程协同。

低碳“赛道”加速竞跑。2021 年宁波钢铁开启了“双碳”行动，制定《宁波钢铁碳达峰及降碳行动计划》。行动计划实施以来，共计实施节能降碳项目 50 余项，每年节能近 50 万吨标准煤，减少二氧化碳排放 150 余万吨，炼焦工序、高炉工序、转炉工序能效全面达到了行业标杆水平。建成国家金太阳示范工程——热轧厂房屋顶光伏发电项目，年发电量可达 566 万千瓦时，每年可节约标准煤 1 812 吨，减少二氧化碳排放近 4 200 吨。

（三）坚持推进超低排放，促进生态环境提质增颜

宁波钢铁对标钢铁行业超低排放要求，找准影响高质量发展的“牛鼻子”，积极推进防尘减排、污水治理、固体废物整治等“三废”治理工作。针对公众关注的“白雾”现象，宁波钢铁先后投入 6.43 亿元，完成了烧结脱硫脱硝和烟气深度处理超低排放改造，彻底消除原有湿法脱硫“白雾”现象，年减排颗粒物 317 吨、氮氧化物 1 580 吨。引进市政再生水替代工业用水，年使用市政再生水量约 900 万吨，吨钢新水耗量降至 0.7 立方米以下；建设酚氰污水处

理站，处理达标后的污水全部综合利用，生产废水实现“零排放”。按照“固体废物不出厂”目标，配套形成年产30万吨钢渣磨细粉、60万吨矿渣磨细粉能力，实现冶金渣“零排放”，固体废物综合利用率达99%以上，打造“无废工厂”。

宁波钢铁污染防治设施

（四）坚持绿色和谐共融，共赏绿色生态魅力

建设“外钢内秀”花园工厂。宁波钢铁坚持“企业与城市融合发展”，先后投入2.2亿元实施厂容厂貌提升、绿化专项提升等环境综合治理工程，绿化覆盖率达35.65%，主干道绿化覆盖率100%，形成“四季常绿，季季有花，年年有果”的景致，与凌霄花廊、铁水梨花、百炼成钢、裂变成材等各生产工艺联建打造的多个景点相结合，串联出一条钢铁文化景观带，获评国家3A级旅游景区，进一步展示了新时代传统行业转型升级的新面貌，展现了绿色化、智能化、现代化钢铁企业的新形象。

打造环保设施开放企业。致力打造“宁波钢铁体验之旅”公众参与项目，将钢铁文化景观与锅炉烟气脱硫设施、烧结烟气综合治理设施、污水处理设施等环保设施开放点串联成精品游览线路，2020—2024 年累计接待游客 2 300 余批、65 000 余人次，改变了人们对传统钢铁企业的刻板印象，进一步宣传宁波钢铁绿色生态的经营理念，为企业的运行和发展提供了良好的“邻里空间”。

宁波钢铁环保设施面向公众开放

开发精品研学文创产品。为进一步强化企业绿色发展和增加景区的知名度，宁波钢铁以“认识智能制造，体验钢铁是怎样炼成的”为主题，积极开发“铁小矿”“神奇的磁选机”等研学课程，积极培育青少年的工业强国精神和生态环保理念。打造帆布袋和纸雕灯等生态文创产品，推出“宁小绿”“宁小智”等数字人形象，更好地发挥了文创产品的二次传播效应，进一步提升“绿色宁波钢铁工业游”知名度，受到青少年学生群体的青睐。

三、经验启示

在全球可持续发展的大背景下，宁波钢铁坚持以制造全流程低碳环保促进企业绿色转型升级，通过绿色智造激活公众参与，实现经济效益、环境效益、社会效益和谐统一。

（一）推动绿色低碳发展，处理好发展与保护关系

宁波钢铁牢固树立和践行“绿水青山就是金山银山”理念，协同推进降碳、减污、扩绿、增长，在工艺、产品方面创新突破的同时，一体化推进资源能源利用和生态环境保护，积极探索与互联网、大数据、人工智能、5G 等新兴技术深度融合，精准识别、治理污染问题和潜在隐患，以绿色彰显新质生产力底色。实践证明，高质量发展和高水平保护是相辅相成、相得益彰的。推进绿色低碳发展，要把握好高质量发展和高水平保护的辩证统一关系，注重同步推进高质量发展和高水平保护，并解决好推进绿色低碳发展的科技支撑不足问题。

（二）突出绿色协调融合，处理好产业与城市关系

宁波钢铁把高质量发展融入城市现代化进程中，结合自身发展优势，从供给侧提供更多的优质资源能源，带动整个产业链、供应链绿色低碳发展；协调解决城市运行中的“三废”处置利用问题，助力增强城市基础“硬支撑”，提升宜居“软实力”，协同走好绿色、低碳、循环发展之路。实践证明，在促进产城融合发展中，要以城市为基础，承载产业空间和发展产业经济；以产业为保障，驱动城市更新和完善服务配套，实现生产、生活、生态协调发展。

（三）坚持绿色开放共享，处理好企业与公众关系

宁波钢铁通过打造现代化花园工厂，建设3A级旅游景区，制定环保设施向公众开放工作指南，让社会公众直观地感受到绿色智造、绿色治理的生态魅力，更好地构建了从“邻避”变“邻利”、从“共享”到“乐享”的高品质绿色空间。实践证明，企业主动向公众展现企业风貌、生产过程，宣传生态环境保护知识，架起企业和周边社区之间的桥梁，不仅能推动企业实施环保提质增效，也有助于提升企业的社会形象，更有利于提升全民生态环境保护意识和参与热情，推动企业、公众携手共建和谐美丽家园。

（宁波钢铁有限公司、宁波市生态环境局北仑分局供稿）

坚持绿色引领　促进乡村振兴

——军营村践行“山上戴帽、山下开发”理念

【引　言】2021 年 3 月，习近平总书记在福建考察时指出，要加快推进乡村振兴，立足农业资源多样性和气候适宜优势，培育特色优势产业。要以实施乡村建设行动为抓手，改善农村人居环境，建设宜居宜业美丽乡村。

【摘　要】1986 年，时任厦门市委常委、副市长的习近平同志来到军营村，嘱托村里要想办法增加农业收入，多种茶种果，改善村民生活，强调“既要种茶种果，也别忘了森林绿化，要做到山上戴帽，山下开发”。三十多年来，军营村始终牢记习近平同志重要嘱托，坚持绿化荒山和发展茶业两手抓，实施生态环境修复，综合治理九龙溪，开展农村环境整治；发挥高山党校引领作用，生态化改造旧茶园，深入挖掘碳汇资源，推动农文旅融合发展，促进农民增收。同安区强化陆海统筹、山海互济，以军营村、东西溪、同安湾为试点，实施山水林田湖草沙一体化保护修复和系统治理，高质量推进乡村

生态振兴。军营村实现了山上树绿、山下茶绿，生态和产业齐发展、互促进，探索出一条党建富民强村、生态绿色发展之路，不断拓展生态产品价值实现的路径。

【关键词】乡村生态振兴；美丽乡村；“山上戴帽、山下开发”；军营村

一、背景情况

同安区军营村位于厦门市西北部，海拔 900 多米，全村有 9 个村民小组、331 户，共 1 072 人，村两委（村党支部委员会、村民委员会）委员 5 名，现有党员 43 名，下设 3 个党小组，是经济特区的山区。军营村曾经因山高路远、交通不便十分贫穷，“地瓜当粮草，孩子当背包”，村民吃上一顿饱饭都难；因村民们砍伐树林作为炒制茶叶的燃料，导致青山满目疮痍；因海拔高、土层薄，种树不易，水土流失严重，导致村民种的茶叶产量低、品质差。1986 年和 1997 年，习近平同志两度视察军营村，到老乡家里揭开锅盖搅搅饭锅，到田间地头了解村民生产生活状况，与村民共谋乡村发展之策，提出了“发展山区，首先要解放思想、振奋精神、扶贫扶志”“山上戴帽、山下开发”等发展思路。

自 1986 年以来，军营村在脱贫攻坚道路上砥砺前行，坚持绿化荒山和发展茶业两手抓，实现了山上树绿、山下茶绿，生态和产业齐发展、互促进，走出了一条守望高山致富路。

军营村鸟瞰图（李建波 摄）

二、主要做法

（一）聚焦生态建设，高质量打造美丽宜居乡村

20 世纪 80 年代，由于采用落后的制茶方式，军营村村民将山上的森林砍伐殆尽，军营村一度出现严重的水土流失，加上经济落后、观念守旧，村民生猪家禽均为放养，导致垃圾遍地，生产生活污水乱排，村里的九龙溪水体常年发黑发臭。为了改善环境，军营村下大力气实施生态修复，开展环境整治，重现绿水青山，打造生态宜居的美丽乡村。

加强生态修复。限制人为乱砍滥伐，有序推进封山育林，实施高标准造林绿化工程，改造生态化茶园 6 500 余亩，提升公益林面积 4 100 多亩，森林覆盖率由不足 50% 提升至 79%，重新给群山戴上“帽子”；深入推进农村人居环境整治，埋设污水管网，施行雨污分流，建立健全村庄卫生保洁长效机制，落实垃圾分类制度；落实河长制，先后三次对九龙溪进行整治改造，修建亲水步道，打造清澈见底“生态溪”。

突出亮点打造。按照“修旧如旧、保持农村风貌，打造亮点、不搞大拆大建”的原则，做好片区产业规划设计及项目生成、亮点提升等工作。鼓励发展庭院经济，在院落种花、种菜、种果树，把田间变“公园”、步道变绿道。2018—2024年，培育区级、村级示范庭院30余个，修缮古民居20余座，裸房整治100余栋，新建公厕12座，村庄环境得到显著提升。

注重品质提升。建立自治管理长效机制，设立“党员护溪岗”“志愿护溪岗”，将生态保护的观念纳入村规民约，以制度守护绿水青山。打造“闽南小九寨”七彩池、半亩方塘、立志石、九龙溪等自然与人文景观，深入挖掘莲花褒歌等本地传统文化，建设军营村社区书院，开展军营村“村晚”、乡土马拉松、高山自行车赛等特色活动，不断提高村民文化素质。

（二）聚焦产业发展，高质量拓宽“两山”转化路径

1986年，因地处深山、资源匮乏，军营村被称为人穷、地穷、日子穷的“三穷村”，村里连条像样的道路都没有，村民人均年收入仅有280元，且无村集体收入。为摆脱贫困，军营村践行“山上戴帽、山下开发”绿色发展理念，有意识地管好山、管好水、种好茶叶，形成“以生态旅游为主、生态民宿为基、农产销售为辅”的村庄发展路线，探索出生态旅游、生态农产品、碳汇经济的“两山”转化路径。2024年，军营村村民人均年收入达4.3万元，村集体收入达87万元。全村现有民宿70家，房间近400间。

高山党校引领生态旅游。依托红色文化资源，联手厦门市、同安区委党校，创办市、区两级党校高山现场教学点——“高山党校”，与国有企业合作成立产业运营公司，创新“党校负责教学、国企运

营保障、村民入股参与”模式，全力推动乡村振兴项目建设，开展党课培训，打造“初心之路”现场教学动线，开发红色研学项目，推出多种类型亲子研学活动，激活厦门高山乡居旅游产业，提高民宿入住率，为军营村带来数十万参访学习的游客，引来数十家单位与军营村合作共建。

充分挖掘生态农产品。通过“党员带头做示范，群众参与同配合”，生态化改造旧茶园 6 500 多亩，引进软枝乌龙、单枞等茶叶品种，茶园套种果树，转变茶叶生产烧柴炒制方式，维系有机、绿色、生态、环保的优势；与现代农企建立合作，打造 48 亩“军营红”番茄基地，通过发展现代都市农业，实现一产三产融合发展；发挥村集体经济合作社作用，全村超过半数家庭加入茶叶合作社，村民自产茶叶采取管控质量、共享商标、合并销售的方式，使经济效益不断提高，有效增加了村民收入。

军营村采茶（李建波 摄）

绿色碳汇资源转化。设立农业碳汇服务驿站，开设“农业碳汇大学堂”，出让茶园碳汇，截至 2024 年，累计实现碳汇收入 34 万元，开启“以绿色凭证促进农村绿色交易、以绿色交易促进农民绿色增收”的新模式，实现了“空气卖了钱，青山变金山”。

（三）聚焦陆海统筹，高质量构建保护治理格局

军营村坐落在厦门第二高峰状元尖脚下，村里溪水一路蜿蜒汇入西溪，最终汇流至同安湾海域。同安区强化陆海统筹、山海互济，以军营村、东西溪、同安湾为试点，“以水为轴、连点成线、画线成片”，实施山水林田湖草沙一体化保护修复和系统治理，逐步建立起“从山顶到海洋”的保护治理模式；整合山海生态资源，山顶打造生态旅游、农产销售、碳汇交易等绿色发展路线，山下开发高端商服、科技创新产业，打造滨海旅游浪漫线，探索山顶到海洋的生态价值实现。

三、经验启示

军营村践行“绿水青山就是金山银山”理念，产业兴旺、生态宜居，昔日远近皆知的“老少边穷”山区村成为闻名遐迩的“百姓富、生态美”的新农村。

（一）加强党的全面领导，构筑乡村生态文明建设的坚强堡垒

依靠高质量的党建，军营村挖掘资源禀赋、做好产业规划、推进创新发展，把组织优势转化为产业优势，激发出乡村振兴的内生动力，实现乡村发展由外部“输血”向内部“造血”转变。实践证明，党的基层组织是党全部工作和战斗力的基础，将生态文明理念融入基

层党组织生活，探索建立“党建＋生态文明建设”的乡村振兴新模式，确保各级党组织步调一致、同频共振，才能更好地将生态环境高水平保护落到实处。

（二）提升生态产品价值，构筑乡村振兴高质量发展之路

从坐吃山空到靠山吃山，再到生态共富，军营村用茶山的故事诠释了“人不负青山，青山定不负人”的真谛。实践证明，绿水青山既是自然财富，又是经济财富。要坚定不移地走生态优先、绿色发展之路，坚持生态惠民、生态利民、生态为民，将巩固脱贫攻坚成果同山海之美、人文之韵有机结合，挖掘乡村经济的多元价值，让“绿水青山”源源不断地转化为“金山银山”。

（三）坚持全域系统观念，构建从山顶到海洋保护治理大格局

从军营村发展到东西溪流域整治再到同安湾治理，逐步构建了陆海统筹、河海联动的综合治理体系。实践证明，自然生态系统如同一个有机生命躯体，要坚持山水林田湖草沙一体化保护和系统治理，构建从山顶到海洋的保护治理大格局。健全深化山海协作机制，加强山海统筹、强化功能互补，推动区域协调发展和城乡融合发展。

（福建省生态环境厅、厦门市生态环境局供稿）

有一种生活叫靖安

——靖安县开启“绿水青山就是金山银山”加速度

【引　言】2023 年 10 月，习近平总书记在江西考察时指出，优美的自然环境本身就是乡村振兴的优质资源，要找到实现生态价值转换的有效途径，让群众得到实实在在的好处。

【摘　要】靖安县坚持把绿色生态作为最大财富、最大优势、最大品牌，按照生态产业化、产业生态化的思路，坚定不移地吃生态饭、走融合路、造健康城，不断夯实生态环境基础，拓宽“两山”转化通道，化“生态功能”为“经济动能”，聚力增进民生福祉，群众的获得感、幸福感、安全感持续增强，生动演绎了“有一种生活叫靖安”。“一产利用生态、二产服从生态、三产保护生态”的绿色发展靖安模式被纳入国家发展改革委《国家生态文明试验区改革举措和经验做法推广清单》。

【关键词】生态保护；经济发展；绿色发展模式

一、背景情况

江西省靖安县地处赣西北，总面积1 377平方千米，辖6镇5乡，户籍人口16万人。由于地处山区，交通不便，曾经的靖安县农业生产技术落后，农产品附加值低，经济发展受到了很大的限制。但靖安县有着丰富的林业资源，20世纪60—80年代，县财政收入主要来自林业及其相关产业，当地有着“油锯一响，黄金万两”的顺口溜。

随着林木资源的大规模开采，全县林木的蓄积量大幅下降，一直以来依靠林业的财政问题也凸显出来。如何找到一条不砍树也能致富的新路子成为县委、县政府思考的问题。

2001年，靖安县确立“生态立县”战略。历届县委、县政府先后提出“白云深处、靖安人家”“一产利用生态、二产服从生态、三产保护生态”“有一种生活叫靖安”等一系列发展口号，坚定不移地吃生态饭、走融合路、造健康城。如今的靖安县森林覆盖率达84.25%，自然保护地总面积27 275公顷，占全县国土面积的19.8%，县域内生态保护红线面积占比达50.12%。2021年，江西九岭山国家级自然保护区被列入“全球200”生物多样性优先保护地清单。2024年靖安县地区生产总值达100.6亿元，财政总收入达13.89亿元，较2012年分别增长204.8%、157.2%，同步实现经济社会高质量发展。

二、主要做法

（一）护绿筑基，厚植生态资源新优势

治水有方。2015年，靖安县实施河长制，将每年的8月17日设立为河长日。制定《河长制“认领人”奖励办法》，全县利用三年时

间实现河道、水库“认领制”全覆盖。实施农村生活污水处理工程，按照规划生态化、建设规范化、运维标准化、利用资源化思路，因地制宜、梯次推进污水处理设施建设，将设施运行经费纳入财政预算予以保障，开展“站网结合”一体化运维，解决重“建”轻“管”问题。

护林有道。自2005年起，靖安县全面禁伐天然阔叶林，主动缩减木材砍伐量，从14万立方米/年减至2024年不到3万立方米/年。全面推行林长制，区划生态公益林63.91万亩，落实天然林保护49.5万亩，纳入保护的林地占全县国土面积的54.9%。2014年推行“树保姆”管护模式，对全县2 900多棵古树名木建立健全管理档案和管护制度，向社会招募了100多名义务“树保姆”，开展日常巡护、复壮管护等。近年来，在江西九岭山国家级自然保护区陆续发现豆雁、灰头鸦雀、斑林狸和寒兰、小舌唇兰等新记录物种16种，这些素有“生态试纸”之称的珍稀物种，正是靖安县“护林有道”的最好佐证。

管控有智。2016年，靖安县打造“智慧生态·云上靖安”项目，通过互联网、物联网、云计算技术，将靖安县内空气质量、水质量、固体废物等监测项目进行整合优化，打造便捷有效的管理平台，是江西第一朵“生态云”。积极探索“生态卫士”综合执法改革，整合公安、生态环境、农业农村、水利等部门力量，建立“生态卫士”综合执法机制，完善“人防+技防”立体化无盲点侦查巡防体系，形成了生态保护“水陆空三位一体、点线面横向强控”的防控模式。

（二）借绿生金，开辟“两山”转化新赛道

坚持“一产利用生态”，建设现代特色农业基地。全力发展白茶

产业，全县白茶种植面积 5.38 万亩。建成茶叶加工中心，利用大数据、物联网等信息技术，解决加工品质不统一的问题；建立茶学科技成果靖安转化应用中心，解决品牌竞争力不强的问题；探索“银行 + 农业龙头企业 + 合作社 + 农户”融资服务模式，解决茶产业融资难问题；线上与云上江西公司在省政府采购电子卖场定制开发“靖安白茶馆”，解决销售难的问题。大力发展棘胸蛙产业，棘胸蛙孵化成功率达 90%。出台《靖安县产业振兴项目奖补实施办法》，明确农户、农村新型经营主体从事种植养殖可以享受奖补，引导村集体合作社、村庄散户养殖棘胸蛙。2024 年全县棘胸蛙养殖规模约 700 万只，养殖大棚面积达 10 万余平方米，基地 20 个。积极开展笋用林、笋竹两用林和高产油茶基地建设，每年新建笋用林和笋竹两用林 1 万亩，新造、提升改培油茶基地 0.5 万亩。全县有 105 个农产品获得“三品一标”认证，认证面积 60 余万亩，被评为国家有机产品认证示范创建区、全省绿色有机农产品示范县。

仁首镇周口白茶园

围绕“二产服从生态”，建设现代绿色制造高地。把大健康产业作为首位产业精心培育，大力发展生物医药、医疗器械、健康食品等环境敏感型产业，建成大健康产业服务中心和 21 万平方米标准厂房，全力打造大健康产业小镇，初步形成涵盖生物医药、医疗器械及品牌食品的大健康产业布局。2024 年，大健康产业实现产值 17.3 亿元，同比增长 13.4%，税收首次超过传统产业。成立 5 000 万元绿色产业发展基金，出台“安全环保达标贷”“转型升级贷”等绿色金融产品，支持传统产业转型升级。推动中源九犁风力发电、仁首光伏发电发展，建成户用光伏电站 1 081 处，光伏发电项目占地 1 200 亩，年平均发电量 4 423.51 万千瓦时。

立足“三产保护生态”，建设现代康养旅游胜地。全力打造三爪仑核心景区，创建有影响力的旅游品牌，获省级以上旅游品牌 60 多个。在全县旅游主干道沿线建设房车营地、休闲驿站和公路驿站，建设从县城旅游集散中心至核心景区“三道并行”的七彩景观通道、山地自行车骑行绿道、水上游览道，将环三爪仑百里风光带沿途的景区、度假区、乡村旅游点串联起来，做强全区域旅游大动脉。2024 年，接待旅游人次、综合收入分别同比增长 15.9%、15.1%，靖安的知名度、美誉度持续提升。加快民宿产业发展，靖安县发展民宿 829 家，中高端民宿占比超 10%。成立休闲乡宿协会，整合各类资金 5 500 万元设立靖安县民宿产业专项发展基金，各商业银行提供民宿发展信贷支持近 3 亿元。中源乡每年吸引外地游客前来避暑，日均近 3 万人，旺季时民宿“一床难求”。有不少家庭连续多年甚至十几年每到夏季都来到中源避暑，一住就是一两个月，他们自称“避暑候鸟”。

（三）与绿共生，畅享绿色低碳新生活

搭建“两山”转化平台。通过统一摸排和收储全县山、水、林、田、湖、闲置农房（宅基地）等资源资产，上架“两山”平台，形成可视化的县域资源资产底图，搭建起资源与投资商的桥梁，有效提升生态资源资产“曝光率”。2022 年 6 月，璪都镇港背村板石洲头至后塅大桥河道水域经营权（使用权）完成交易，成为靖安县“两山”转化平台搭建后完成的第一笔交易。港背村竹筏漂流项目正是靖安县“两山”转化平台成果的生动展现，让绿水流“金”，青山有“价”。

港背村竹筏漂流项目

弘扬绿色生态文化。靖安县是“中华诗词之乡”“江西书画之乡”。靖安县深度发掘中华诗词文化中蕴藏的生态智慧、生态思想，让公众在潜移默化的感染和熏陶中，培育并树立生态文明意识和价值取向。近年来，靖安县启动城乡文明素质提升工程，举行生态文化进校园、进社区、进农村宣讲，开展“书香靖安 · 全民阅读”活动，举办景区收垃圾奖励、河长制“小手牵大手”“环保志愿者靖安行”“清河行动”等一系列活动，不断推进绿色机关、绿色社区、绿色学校、绿色企业和绿色家庭建设，人民群众的生态文明素质不断提升。

倡导绿色生活方式。依托优良的自然生态，大力发展户外运动，倡导群众低碳出行，积极开展自行车骑行、户外徒步登山、足球、太极拳、气排球等健康运动，先后举办、承办了环鄱阳湖自行车赛、全国新年登高健身大会、中国·靖安茶立方国际山地自行车精英赛、“划骑跑”国际铁人三项挑战赛、江西森林马拉松等重大赛事活动。越来越多的人加入全民健身的队伍，亲近自然，体验绿色生活，享受美丽公路骑行。

三、经验启示

靖安县持续践行“绿水青山就是金山银山”理念，围绕“两山”双向转化，深入践行“一产利用生态、二产服从生态、三产保护生态”绿色发展模式，让“有一种生活叫靖安”更加出彩、更具魅力。

（一）政府引导是促进“两山”转化的重要手段

靖安县通过制定奖补办法、出台绿色金融产品、搭建“两山”转化平台等做法，调动各方参与的积极性，在发展特色种养、打造有机农业品牌，发展大健康产业、促进传统产业升级，发展民宿经济、壮大生态旅游等方面成效明显。实践证明，要推动有为政府和有效市场更好结合，更好地发挥政府在制定政策、搭建平台等方面的作用，充分发挥市场在资源配置中的决定性作用，激发各类市场主体活力，引导和鼓励更多的资本和人力投入到“两山”转化之中。

（二）发展产业是促进“两山”转化的关键支撑

靖安县坚持绿色发展模式，开发优质生态产品，推广绿色技术，促进生态资源利用和交易，通过生态资源资本化，形成区域性的绿色竞争优势。同时，通过发展有机农业、绿色工业、全域旅游等生态产业，促进生态资源价值转化和生态产品价值实现。实践证明，要提升“两山”转化效率和质量，应同步探索生态产业化、产业生态化的发展路径，推进生态经济产业体系构建，以绿色发展的方式推进产业和生态的持续融合发展。

（三）全民参与是促进“两山”转化的根本基石

靖安县持续改善生态环境质量，着力提升人民群众生态环境满意度；通过发展绿色产业，着力提高人民群众生态环境获得感；通过弘扬生态文化、倡导绿色生活，提高人民群众生态环境幸福感。实践证明，以改善民生福祉为目标，全面提升生态环境质量，与人民群众生态环境意识的提升相辅相成，可以有效促进全社会参与“两山”转化的积极性、主动性，让“两山”红利惠及全社会，真正实现生态惠民、生态利民、生态为民。

（江西省生态环境厅、宜春市靖安生态环境局供稿）

鄱阳湖候鸟衔来致富“金钥匙”

——永修县探索以“候鸟经济”为主导的生态产品价值实现路径

【引　言】2016年2月，习近平总书记在江西考察时指出，江西生态秀美、名胜甚多，绿色生态是最大财富、最大优势、最大品牌，一定要保护好，做好治山理水、显山露水的文章，走出一条经济发展和生态文明水平提高相辅相成、相得益彰的路子。

【摘　要】近年来，江西省永修县依托鄱阳湖生态优势和候鸟资源禀赋，在江西鄱阳湖国家级自然保护区（以下简称鄱阳湖保护区）的核心区域——吴城镇开展了以“候鸟经济”为主导的生态产品价值转化探索，以系统化构建候鸟资源保障体系、精细化打造候鸟经济承载平台、市场化探索候鸟产业拓展路径的思路，扎实推进鄱阳湖生态修复与越冬候鸟保护，全力做好“留鸟”“护鸟”文章，打响“观鸟”品牌，强化“候鸟+”产业赋能，延伸与文旅、体育、研学、康养等产业融合。依湖而生、随湖而兴的永修，走出了一条人与候鸟和睦相处、人与自然和谐共生的“两山”转化新路径。

【关键词】鄱阳湖生态保护；候鸟经济；生态产品价值实现

一、背景情况

鄱阳湖是中国最大的淡水湖，也是全球候鸟重要栖息地和繁殖地、全球六大国际重要湿地和生态区之一，每年有近 80 万只候鸟来鄱阳湖越冬，其中，越冬白鹤最高数量达 4 000 余只，占全球的 90% 以上。此外，全世界 80% 以上的东方白鹳、70% 以上的白枕鹤都来此越冬。永修县作为环鄱阳湖的重点县市区之一，全县湿地面积 481.74 平方千米，湿地保护率 77.71%，境内鄱阳湖面积占鄱阳湖总面积的 1/10。辖区内的吴城镇地处鄱阳湖腹地，鄱阳湖保护区九大碟形湖中有 7 个在吴城镇境内（碟形湖是越冬候鸟主要栖息地和繁殖地），该镇总面积占鄱阳湖保护区总面积的 3/5，是世界 A 类候鸟保护区，每年来此越冬候鸟占整个鄱阳湖候鸟的 1/3 以上。

过去，吴城本地百姓主要以捕鱼为生，但随着过度捕捞引发的渔业资源衰退以及长江十年禁捕政策要求的提出，吴城镇既面临传统耕种业受限、支柱渔业叫停、新产业路径尚在探索的发展困境，也面临候鸟保护、湿地修复、污染防治等生态压力。对此，永修县依托鄱阳湖的生态优势和丰富的候鸟资源，以生态保护为基础、以观鸟赏鸟为契机，全力推进“吴城候鸟小镇”建设，在吴城镇探索候鸟经济多业态实现路径。

二、主要做法

（一）坚持生态优先，系统化构建候鸟资源保障体系

做好“护鸟”文章。成立永修县水上联合执法中心，组织县农业农村局、县林业局、县公安局等部门人员长期驻扎吴城水域；吸纳一批转产渔民组建专业护鸟队伍，实现渔民从“赶鸟”到“护鸟”的转变。坚持全域一体化监测保护，高标准打造智慧湿地综合信息管理平台和湿地候鸟保护监控系统，运用5G、无人机等先进技术，将“人巡”与“技巡”相结合，全面加强对重点湿地候鸟活动监测，整体提升风险预警防范能力。建立永修县公安局水上派出所、鄱阳湖保护区吴城保护站、吴城镇中心卫生院组成的“候鸟救护三方联勤机制”，在湖区一线设立专业鸟类医院——白鹤医院，组建鸟类医疗科研团队，实行24小时备勤制，确保发现及时、救助到位。2022—2024年，累计放飞救助珍稀越冬候鸟超百只。针对“定责难、跨区难、协作难”等问题，成立生物多样性司法保护基地、跨行政区划的鄱阳湖环境资源法庭，累计审理涉鄱阳湖刑事、民事、行政环资案件109件，被告人承担生态修复费用100余万元，在湖区、林区开展公开巡回审判20余次。优化整合县公安局、县法院、县检察院、县林业局、九江市永修生态环境局等部门力量，定期开展执法检查和突击巡查，形成从立案、侦查到审判、执行的“一条龙”执法体系。

做好“留鸟”文章。近年来，受极端天气影响，鄱阳湖湿地生态系统遭受破坏，白鹤、小天鹅等珍稀濒危物种存在过冬食物短缺的问题。特别是2020年以来，出现了大量越冬候鸟到周边农田觅食，“人鸟争食”问题日益凸显。为解决该类问题，永修县在重点碟形湖人工种植刺苦草等沉水植物，为候鸟提供更加充足稳定的食物来源。

同时，持续抓好湿地生态保护补偿，每年在各乡镇分散式营建“候鸟食堂”1 600 亩以上，作物成熟后不进行收割，作为候鸟备选食源地。2022—2024 年，累计完成农作物损失补偿面积 1 763.7 公顷，补偿农户 3 984 户共计 182.03 万元。充分考虑候鸟栖息习性，积极引导本地居民有序搬离湖心岛屿，千方百计降低人类活动对候鸟的干扰。加强鄱阳湖越冬候鸟保护工作，冬季缺水时从赣江引水对候鸟活动重点区域实施生态补水，加快“修湿复湖”。2014—2024 年累计投入近 5 000 万元，实施项目 95 个，完成湿地恢复、补充和整治提升 4 000 余亩，切实为越冬候鸟打造优质的栖息地。

（二）坚持政府搭台，精细化打造候鸟经济承载平台

吴城镇地处鄱阳湖保护区的核心区域，生态开发需要慎之又慎，加之存在基础设施投入不足、服务业态稀缺、品牌宣传打造较少等短板，导致“候鸟经济”发展之初难以吸引社会资本和专业运营公司的投入参与。面对“起步之难”的困扰，为了推进“候鸟经济”落实落地，永修县立足实际，专门成立国有运营公司，按照系统化谋划、项目化推进、精品化打造的路径，全力推进候鸟小镇建设与运营，为推动“候鸟经济”打牢坚实基础。

精挑细选丰富业态。坚持在保护中开发、在开发中保护，充分考虑吴城地理特殊性和候鸟怕人怕灯光等习性，由九江市永修生态环境局、县林业局和国有运营公司联合把关，确保引进的项目不影响候鸟栖息。充分依托吴城镇天文观测条件好、水域江豚数量多等自然优势，建成天文主题公园，落地部省共建（农业农村部与江西省）江豚保护中心，推出“邂逅微笑天使”的水上观光游线。

精雕细琢打造平台。秉承“不破坏一寸湿地，不毁坏一片林地”

原则，全面禁止一切影响候鸟栖息的开发建设活动。创新采用仿生态理念，通过就地取材、循环利用、自然造景方式，精心打造五大观鸟平台，做到观鸟和护鸟高度统一，在满足游客需求的同时，做到不影响候鸟正常栖息，呈现出人鸟相宜的美好场景。

吴城候鸟小镇狮子山观鸟点（王小龙 摄）

精美呈现打响品牌。按照国际化、生态化、品牌化、大众化原则，连续三届承办江西省委、省政府主办的鄱阳湖国际观鸟周（季）主会场活动，在江西省林业局的协调支持下，积极开展国内外交流合作，高规格举办鄱阳湖生态摄影展、世界青年鄱湖行、鄱阳湖生态保护论坛、中俄蒙白鹤保护交流等活动，联合国环境规划署、国际鹤类基金会、世界自然保护联盟等国际组织实地参与指导，并给予充分肯定；众多国内院校权威专家莅临参加、交流研讨；吸引了来自30多个国家的2万余名观鸟爱好者，《人民日报》、新闻直播间等主流媒体及栏目均对此进行报道，持续打响“永修观鸟”生态旅游国际品牌。

（三）坚持文旅唱戏，市场化探索候鸟产业拓展路径

候鸟春去冬来，在没有候鸟的季节，把“季节热”做到“四季热”、把“对外赚吆喝”变成群众得实惠，急需寻找新路径。永修县按照“政府引导、市场运作、社会参与”模式，国有运营公司主要精力集中在候鸟小镇的业态丰富、管理优化、宣传推介等方面，吸引社会资本和运营团队入驻，具体经营活动则交给市场、交给企业和本地群众。

以鸟为景，提升旅游吸引力。以吴城候鸟小镇为核心进行资源整合，将候鸟文化与吴城排工号子、丫丫戏、建昌锣鼓等非遗文化深度融合，成功打造集观鸟休闲、文商汇聚、会馆展示、民俗文化等为一体的吴城排工巷历史文化街区，再现古镇“一镇六坊八码头九垅十八巷”的鼎盛格局。重点推出“春赏花、夏戏水、秋采摘、冬观鸟”四季皆可游的精品线路，精心打造中国最美水上公路、最美马拉松、江南大漠等旅游 IP。2024 年国庆节期间，吴城镇单日最高游客突破 5 万人次。

以鸟为媒，扩大活动影响力。推出“1+3+N”系列活动，即巩固拓展“鄱阳湖国际观鸟季”活动，常态化举办国际观鸟大会、半程马拉松赛、汽车场地越野争霸赛三大明星赛事，创新推出最美水上公路越野狂欢节等 N 项活动，呈现出“月月有活动、季季有精彩、年年有爆点”的良好态势。

以鸟为友，增强研学感染力。深入开展湿地生态科普、天文航天体验、候鸟及江豚认知、保护教育等研学活动，携手省内外 40 多家旅行社、研学机构共谋文旅合作，因地制宜开发湿地生态、自然科学、田园耕种、生活美学、自然游戏等多样化课程体系，形成以研促学、以研促宣、以研促护的良好氛围。2022 年推出研学线路后，

实现当年接待人次过万，2024 年接待研学人数超 6 万人次，创收 1 500 万元以上。

以鸟为钥，激活富民源动力。候鸟“衔”来的“生态流量”，为吴城古镇带来了超高人气。永修县大力推动“党建 + 观鸟经济 + 农户”深度融合，以党员示范引领带动本地农户实现观鸟致富，逐步形成鸟导、餐饮、销售、民宿、康养、露营、采摘等一体化的旅游服务。截至 2024 年底，吴城镇累计新增农家乐、农家客栈达 40 余家，培育鸟导 116 名，带动千余户农民增收致富，吴城镇所有行政村集体经济收入均突破 15 万元。

吴城水上公路（邹爱国 摄）

三、经验启示

永修县“候鸟经济”兼顾了保护与发展，实现了人鸟和谐相处，在持续提升鄱阳湖生态环境的同时，帮助当地群众稳步致富，展现了“候鸟经济”生态产品价值实现路径的高效性和可落地性。

（一）“生态”是基石，坚持尊重自然、顺应自然

永修县始终坚持生态优先，妥善处理人鸟关系，把保护鄱阳湖生态和越冬候鸟作为重中之重。2019 年以来，永修观鸟品牌影响力逐渐扩大，永修吴城知名度也持续提升。但永修县并未满足现状，而是立足长远，始终把严生态环保关，为越冬候鸟营造更好的栖息环境，越来越多的越冬候鸟青睐永修吴城，越来越多的国内外候鸟爱好者慕名来永修观鸟赏鸟。实践证明，人与自然和谐共生是实现永续发展的基础。必须守住生态保护这条红线，才能守住候鸟湿地这一最大财富、最大优势和最大品牌。

（二）“特色”是重点，坚持因地制宜、因势利导

作为环鄱阳湖 13 个县市区之一，永修县共享鄱阳湖湿地候鸟资源的同时，深入挖掘吴城历史、江豚等自然资源特色，把优势资源变成了特色资源。实践证明，生态产品价值实现的核心竞争力是绿色化、优质化和特色化，既立足当地实际，让绿色成为普遍形态，提高产品和服务质量，增强核心竞争力，又契合市场需求，不断满足人民群众个性化、多样化、不断升级的需求。

（三）“共赢”是目标，坚持市场有效、政府有为

针对发展之初面临的基础薄弱、业态单一、人气不足、生态价值转化效果不明显等问题，永修县保持战略定力和战略耐心，锚定政府引导、市场运作、社会参与的思路，呈现了强劲的发展势头。实

践证明，市场作用和政府作用是相辅相成、相互促进、互为补充的。要统筹好有效市场和有为政府的关系，发挥政府作用，在尊重市场规律的基础上，激发市场活力，提高生态产品价值实现的效率，实现发展“含绿量”和生态“含金量”同步提升和多方共赢。

（江西省生态环境厅、中共永修县委供稿）

打造践行“两山”理念的老区样板

——蒙阴县生态立县、生态富民、生态强县的实践探索

【引　言】2018年6月，习近平总书记在山东考察时强调，良好生态环境是经济社会持续健康发展的重要基础，要把生态文明建设放在突出地位，把“绿水青山就是金山银山”的理念印在脑子里、落实在行动上，统筹山水林田湖草系统治理，让祖国大地不断绿起来、美起来。

【摘　要】蒙阴县是典型的老区县、山区县，是沂蒙精神重要发源地、国家重点生态功能区。蒙阴县认真践行“绿水青山就是金山银山”的理念，坚定生态立县、生态富民、生态强县“三步走”实践路径，走出了一条生态好、产业兴、群众富、可持续的老区绿色发展之路。实施全域无垃圾、全域绿水等“六大全域行动”，立足果、兔两大产业优势，构建果—虫—肥、果—菌—肥等循环链条，发展全域旅游，带动群众共同富裕；搭建生态资源大数据、生态产品总值（GEP）一键核算等平台，推出“生态贷”“GEP贷”等绿色金融产

品，形成具有山区特点的生态产品价值实现机制；经验做法在生态文明贵阳国际论坛、联合国《生物多样性公约》第十五次缔约方大会（COP15）主题边会上分享。

【关键词】“两山”理念；老区样板；生态富民；生态强县

一、背景情况

蒙阴县位于山东省东南部，因地处蒙山之阴而得名，是举世闻名的孟良崮战役发生地、沂蒙精神重要发源地、支前模范“沂蒙六姐妹”的家乡，素有“崮秀天下、世外桃源”的美誉。作为典型的老区县、山区县，蒙阴县人均耕地不足半亩。20 世纪 50 年代，为建设山东省第二大水库云蒙湖，蒙阴人民贡献出了 10 万亩良田。为维持生计，百姓只能靠山吃山、靠水吃水，他们上山开石、发展网箱养鱼，虽然解决了吃饭问题，但对生态环境的破坏比较严重。对当地政府来讲，既要生态，又要发展，还要为民谋利，多重压力和困难并存。万事开头难，但是再难也要干，20 世纪 90 年代，蒙阴县从长远出发，确立了生态立县、生态富民、生态强县的发展路子，打出了矿山修复、污染企业整治、养鱼网箱清理、养殖大棚拆除的“组合拳”。刚开始，群众并不理解，发出了“把矿山停了，把企业关了，把网箱大棚清了，我们吃什么”的疑问，面对群众的困惑，蒙阴县深入宣传生态环境保护政策，全面治理生态环境，最大限度寻求破解之策，先后落实补助资金 9 000 多万元，实施了规划设置新适养区等扶持措施。通过整山治水、污染攻坚，显著改善了生态环境质量，同时依托良好的生态资源，引导群众通过种植果树、开办农家乐、发展电商等方式，发展生态产业，为群众找到了增收致富的“良方”“良药”。如今的蒙阴山岭满目苍翠、林果飘香，变成了生态山、花果山，百姓尝到了生态文明建设、绿色低碳发展的甜头，都说“环境好了，就连空气都能卖钱了”。

二、主要做法

（一）坚持“生态立县”不动摇，提升生态品质强根基

全域推进治理。围绕绿化荒山，创新“谁投入、谁受益”开发机制，系统治理山林流域，实现“治一片绿一片”，2024 年全县林木覆盖率达 73% 以上，搭建起泰沂山脉绿色走廊。围绕保护云蒙湖“一湖净水”，统筹水资源水生态水环境、污染防治与生态保护，打出一套农户改厕、生活污水治理、畜禽养殖整治、围网养殖“清零”、水利工程建设“组合拳”，全县 70% 以上的行政村生活污水实现有效治理，云蒙湖湖心水质稳定达到Ⅱ类标准。围绕全域环境整治，实施全域无垃圾、全域绿水等“六大全域行动”，实施总投资 9.76 亿元的沂蒙山区域山水林田湖草沙一体化保护和修复工程，涵盖森林资源修复、水土流失治理、湿地保护与修复、矿山生态修复等，县域生态系统质量和稳定性得到了全面提升，野生动植物资源达到 1 700 余种。

蒙阴县云蒙湖

全民参与共建。坚持群众主体地位，将生态文明理念编入村规民约、家规家训。结合基层治理，设立“两山”超市，使村民通过低碳出行、垃圾分类等获得“两山”积分，用于兑换生活物品、获得荣誉表彰，引导群众践行生态文明理念。连续发起“绿满蒙阴”“人均十棵花、户均十棵树”等种绿植绿、守绿护绿行动，发动群众在庭院内外、村头屋后栽植绿化苗木、经济果木，打造生态果园、绿色家园，全县林果面积达到 105 万亩，形成了人人关注、参与生态文明建设的良好局面。

全程严格管控。深入落实主体功能区战略，将制度化、常态化约束贯穿于各领域、全过程，将绿色发展理念根植于心、落实于行。强化源头控制，严格执行不毁山、不填水、不砍树、少拆房、保护好野生动植物的“三不一少一保护”原则，将 16.1% 的县域国土面积划为生态保护红线，推动生态环境保护成为刚性约束。强化推进机制，专门设立县级生态文明建设工作机构，推行乡镇、县直单位差异化考核，对领导干部实行自然资源资产和环境责任离任审计，建立健全生态环境执法、生态警长、生态法庭、生态环境诉讼“四位一体”执法司法机制，推动形成了生态环境保护思想自觉和行动自觉。

（二）坚持“生态富民”不停步，做优生态产业促增收

因地制宜发展富民产业。立足生态基础，推动好生态孕育好产品，好产品做成好产业，形成了果、兔、蜂、菌、中药材五大富民产业。蒙阴县有“中国桃乡”美誉，发展蜜桃种植 71 万亩，年产量稳定在 10 亿公斤以上；全县长毛兔、肉食兔存栏 700 万只，年产兔毛 4 000 吨；依托优越的生态环境，存养中华蜜蜂 5.8 万群，是国家级中华蜜蜂（北方型）保护区；建成香菇养殖基地 1 500 亩，年产菌棒达 1 000 万棒；发展丹参、徐长卿等道地中药材 2.75 万亩，获评国家无公害中药材标准化示范区。以果、兔两大优势产业为基础，大力发展生态循环农业，构建果—菌—肥、果—虫—肥、畜—果—肥等循环链条，其中，创新果树种植、羊养殖、昆虫饲养“一种双养”循环模式，推动化肥减量化替代，既保护了土壤生态环境，又实现了循环创收。

推动林果产业提质增效。立足百万亩果园实际，坚持品种、品质两手抓、两手硬。一手抓品种更新，与科研机构合作建立产品研发基地，形成“产业 + 平台 + 科研”成果转化体系，拥有黄桃、蟠桃、红桃、白桃等九大系列、200 多个品种，每年 5—11 月均有蜜桃上市。一手抓品质提升，围绕蜜桃产业全生命周期、全产业链条发展，创新党委领导联合社、党组织领办合作社“双领双全”模式，与山东省供销合作社联合社合作推行果园托管，推广果园水肥一体化、避雨栽培等管理技术，果品质量和果农收入实现“双提升”，打响了

“北纬 35 度的甜”蒙阴蜜桃品牌。一棵棵桃树成了农民增收致富的“摇钱树”，蒙阴县“新桃花源记”的故事令人向往。

蒙阴县“新桃花源记”的故事

催生壮大新业态。借助山水林果优势，引进田园综合体、现代产业园、旅游度假村等具有示范性、辐射性的生态富民项目，以点带面推动生态资源与旅游、康养、运动、休闲等产业融合发展，创建A级景区 20 家，2024 年接待游客 1 192.4 万人次，实现旅游总收入106.1 亿元，百姓吃上了生态“旅游饭”。蒙山脚下的百泉峪村，村民过去靠开矿为生，后来他们关停矿山、恢复生态，发展特色农家乐、民宿 38 家，这个村因绿而兴、因旅而富，由当地有名的贫困村成为户均年收入 20 万元以上的富裕村。生态建设和产业发展有力地带动了乡村振兴，2024 年蒙阴县农村人均可支配收入增长 7.6%，全县人均储蓄存款达到 8.36 万元。

（三）坚持“生态强县”不松劲，推动高质量发展提水平

构建优势产业链条。瞄准果业加工、贮藏、运输、交易等环节，发展关联产业，推动“一业兴”带“百业旺”。截至2024年底，围绕果品加工，发展市级以上农业产业化龙头企业67家、果品深加工企业7家，10年来数量增长了3倍多，产品延伸到桃木、桃花、桃胶、水果罐头、果汁饮料、脆片等深加工。围绕果品贮藏，与科研院所合作，探索最佳储藏方式，蜜桃等即熟即销水果延长货架期1个月，建设果品冷藏库65座、储量22万吨，实现年产值3亿元。围绕果品运输，大力发展物流业，全县共有物流企业130余家，大型运输车辆超过2万辆，从业人员6万多人。围绕果品销售，以蜜桃、板栗等为主打产品，探索“联配联送”模式，助推电商产业从无到有，发展到5 600多家，蜜桃线上销量突破3亿斤，网络零售额年均增长30%以上。

构建绿色低碳工业体系。立足生态县和水源地实际，发展高端装备制造、现代纺织服装、绿色食品加工、新材料等绿色低碳工业产业，培育省级以上单项冠军、瞪羚、“专精特新”企业27家。抢抓济临经济协作区建设机遇，积极融入山东省会经济圈，规划建设10平方千米的起步区，着力培育发展电子信息、尖端材料等战略性新兴产业。积极落实“双碳”战略，大力发展新能源储能产业，重点推进润蒙抽水蓄能、漠河碳中和循环农业产业园农光互补、压缩空气储能等项目，为绿色低碳高质量发展奠定坚实基础。

构建生态产品价值实现机制。推进生态资源可量化，开展生态资源信息调查，探索构建符合北方山区实际的生态产品价值核算体系，开发GEP一键核算平台，实现了特定区域单元GEP自动化、常

态化核算。推进生态资源金融化，依托 GEP 核算平台，创新古树名木“生态贷”、整村生态授信等绿色金融产品 10 余项，有力支持了特色产业发展。例如，2022 年，利用 2.9 万亩国有林场的林业碳汇未来 20 年的预期收益权作为质押，发放碳汇质押贷款 7 000 万元。推进生态产品市场化，建立县镇两级生态资源运营管理平台，对生态资源进行集中收储、统筹管控、建设提升和招商开发，形成闲散土地利用、山水资源整合、沟域综合开发、生态文旅赋能四种生态价值转化机制。例如，孟良崮所在的垛庄镇通过镇级平台收储、整合山水资源，引入投资 5.3 亿元的旅游度假区建设项目，实现了生态资源整合开发、赋能增值。蒙阴县过去是靠山吃山、靠水吃水，如今山还是那座山、水还是那片水，但是现在把山水资源转化成了取之不尽、用之不竭的绿色经济。

三、经验启示

蒙阴县坚定生态立县、生态富民、生态强县“三步走”，坚持绿色发展不动摇，做足做大生态优势特色，走出一条通过优化生态环境带动经济高质量发展的道路，实现生态环境高水平保护与经济社会高质量发展双赢目标。

（一）一张蓝图绘到底，一届接着一届干

蒙阴县保持生态文明建设战略定力，没有因经济数字小、指标弱，盲目铺摊子、上项目，而是坚定践行绿色发展观，探索了一条生态好、产业兴、群众富、可持续的绿色发展之路，以实际行动诠释

了生态文明建设永不停歇的责任与担当。实践证明，坚持生态优先、绿色发展，需要树立和践行正确政绩观，坚持干字当头，奋发进取、善作善为，以钉钉子精神持续推进，积小胜为大胜。

（二）把绿水青山作为“第四产业”来经营

蒙阴县做好“生态+”文章，把生态优势与发展需求、产业方向融合起来，构建绿水青山“可量化”体系，推动生态资源“金融化”服务，探索生态产品“市场化”路径，形成了具有北方山区特点的生态产品价值实现模式。实践证明，践行“绿水青山就是金山银山”的理念，关键在于因地制宜拓宽“两山”转化路径，培育大量生态产品走向市场，不断拓展发展空间、增强发展后劲，让生态优势源源不断转化为经济发展优势。

（三）在体制机制上持续改革创新

蒙阴县出台生态文明体制改革实施方案20余项，健全多元化投入、一体化管护、环境损害责任追究等制度，创新生物多样性保护、农村生活污水治理等模式，巩固了国家重点生态功能区建设成效。实践证明，推进生态文明建设，只有紧盯党中央战略方向，坚持以制度建设为主线，加强顶层设计、总体谋划，破立并举、先立后破，注重实践探索，确保党中央各项决策部署落地见效，才能实现以生态环境高水平保护促进经济社会高质量发展。

（四）从解决群众看得见、感受到的问题做起

蒙阴县牢固树立以人民为中心的发展思想，积极动员群众种绿植

绿、守绿护绿，有效解决群众身边的突出环境问题，推动群众转变成生态文明建设参与者、受益者。实践证明，只有自觉站稳人民立场，解决好人民群众最关心最直接最现实的利益问题，把惠民生的事办实、暖民心的事办细、顺民意的事办好，才能有效引导群众共建绿水青山、共享生态红利，凝聚起生态文明建设的强大合力。

（山东省生态环境厅、临沂市生态环境局蒙阴县分局供稿）

从“精准扶贫”到“生态富民”十八洞村美丽“蝶变”

——十八洞村依托“绿水青山”挖掘“金山银山”

【引　言】2013年11月，习近平总书记来到湘西土家族苗族自治州花垣县排碧乡十八洞村，同村干部和村民代表围坐在一起，亲切地拉家常、话发展，首次提出“精准扶贫”。习近平总书记表示，扶贫要实事求是，因地制宜。要精准扶贫，切忌喊口号，也不要定好高骛远的目标。习近平总书记指出，发展是甩掉贫困帽子的总办法，贫困地区要从实际出发，因地制宜，把种什么、养什么、从哪里增收想明白，帮助乡亲们寻找脱贫致富的好路子。

【摘　要】十八洞村位于“锰三角”区域的花垣县境内，是“精准扶贫”重要理念的首倡地。近年来，十八洞村始终牢记习近平总书记殷切嘱托，紧紧围绕“产业兴、环境美、人气旺”的目标任务，以生态环境导向开发模式，积极发展生态农业、休闲农业、乡村旅游、健康养老等新产业、新业态，着力打造绿色生态宜居和美乡村，绘就了山清水秀、天蓝地绿、村美人和的美丽乡村图景。

【关键词】十八洞村；矿业整治；绿色生态；价值转化；美丽乡村

一、背景情况

十八洞村地处湖南省湘西州花垣县双龙镇，属于武陵山区中心地带，因村里有 18 个溶洞而得名。曾经的十八洞村，沟深路陡、偏远封闭、山多地少、资源匮乏，居住分散，基础设施建设滞后，人居环境差，村民生活水平极低，“三沟两岔岩旮旯，红薯玉米苞谷粑，要想吃上大米饭，除非生病有娃娃”“有女莫嫁十八洞，一年四季吃野菜，山高沟深路难走，嫁去后悔一辈子。”一曲苗歌，唱出了十八洞村单身青年们曾经的无奈，更唱出了十八洞村群众以前生活的拮据和产业发展的落后，是当时贫穷落后的十八洞村的真实写照。

近年来，十八洞村牢固树立“绿水青山就是金山银山”的理念，切实扛牢“首倡之地”政治责任，紧紧围绕“产业兴、环境美、人气旺”的发展目标，坚持在发展中保护，在保护中发展，强力推进生态文明建设与乡村振兴建设有机结合，推动特色资源和生态优势转化为经济优势和发展优势，围绕打造绿色生态宜居和美乡村，因地制宜地发展乡村旅游和特色产业，聚焦打造世界地质公园“十八洞溶洞”与全球界线层型剖面和点位“金钉子”，拓展生态产品价值实现路径，让村庄既有“绿色颜值”又有“金色价值”，走出了一条生态美、产业兴、百姓富的可持续发展之路。

二、主要做法

（一）树牢生态理念，擦亮“绿水青山”成色

十八洞村党支部强化党建引领，引导村民形成了生态优先、绿色发展的共识。坚持人与自然和谐相处、建设与原生态协调统一、建筑与民族特色完美结合的建设总原则，编制《十八洞村村庄规划（2018—2025）》，划定生态保护红线面积467.53公顷。坚持把人居环境整治作为乡村振兴的破题之举，深入实施人居环境整治提质工程，着力打造富有民族特色的宜居宜业和美乡村。实施水、电、路、网、环境治理和改厨、改厕、改浴、改圈、危房改造工程，开展微景观、微菜园、微庭院、微树林、微墙绘和最美农家创建行动，实现整体风貌宜居宜业宜游“三统一”。

（二）用好生态资源，拓展产业发展价值

深入推进生态惠民行动。在不破坏生态环境的前提下，十八洞村通过“资源＋品牌”入股的形式，以“村集体＋企业”合作的方式，开办十八洞山泉水厂，村集体经济享有水厂15%的收益权，每年保底给村集体分红50万元，每生产一瓶矿泉水再拿出1分钱注入村扶贫基金，2018年以来村集体累计获得分红450万元，解决了十八洞村30多个就业岗位，实现与村民共享发展、互利共赢。

大力实施产业富民行动。发展猕猴桃种植产业1 000亩、油茶种植300亩，建立长沙十八洞飞地产业园区。依托得天独厚的自然风光，大力发展乡村旅游，近300人在家门口吃上了“旅游饭”。将民俗资源和人文资源进行有机融合，先后推出红色游、乡村游、研学游、休闲度假游等新产品、新业态，组织苗族赶秋、过苗年、

“11 · 3”吉客节等特色活动。在发展苗绣、蜡染产业中推进文化资源与自然生态资源深度融合，加强苗绣、蜡染培训，培养出一批技艺高超的绣娘、蜡染手艺人，“让妈妈回家”苗绣项目带动 54 名留守妇女就业。成功举办湘西州首个国家级体育赛事——2024 年中国十八洞山地越野赛，体育赋能乡村振兴实现新突破。2024 年，十八洞旅游达 88.72 万人次，旅游收入达 2 198 万元。

湖南十八洞村发展苗绣产业

积极探索创新生态市场。十八洞村探索“湘林碳票”，建立林业碳汇产品生态价值的实现机制，开发乔木林碳汇面积 9 730.92 亩，碳票价值 300 余万元。以十八洞村“零碳村居”线下场景应用体验馆为依托，展示生态文明建设、碳达峰碳中和、生态产品价值实现、林业碳汇等科普知识及花垣县生态文明建设成效；依托湖南省环境权益交易平台线下设置碳票交易互动展示板块，以“碳票 + 文旅”模式助力畅通“湘林碳票”资源价值变现渠道；通过场景布置及讲解人员引导，倡导游客以扫码形式购买“湘林碳票”抵消个人旅游及日常碳足迹，盘活花垣县碳票资产，完善十八洞村旅游业态链，助力林农增收创收。

（三）大力推进宣传引导工作，积极讲好十八洞村美丽故事

对内强化典型引领和正向激励。十八洞村定期组织召开全体村民道德评比大会，就遵纪守法、社会公德、自力更生、文明风尚等六个方面互相评分，评分结果当场宣布、张榜公示，90 分以上的家庭可以在家门口贴“五星”牌子。村民每天都可通过《今日十八洞》直播，了解村里的点滴变化，了解当地的典型人物及先进事迹，以身边人、身边事引导全体村民，营造积极向上的氛围，极大改善了村民的精神面貌。每年的 11 月 3 日，十八洞村都会举办“精准扶贫”重要理念首倡日的纪念晚会，为“最美十八洞人”“最美保洁员”“优秀党员”“最清洁户”“最美农家”等优秀村民颁发荣誉证书，每人给予 300～1 000 元不等的奖励。

对外丰富十八洞景区研学体系。充分挖掘十八洞村在百年党史中的独特价值，精心打造旅游研学精品线路，开发党史学习教育、爱国主义教育、生态环境保护实践等一系列“菜单式”课程，通过理论授课、音像教学、现场解说、体验教学、实地参观、交流研讨等方式，多渠道、全方位展示十八洞村脱贫发展故事。针对不同年龄段学生群体，十八洞村开发了差异化研学课程：针对初中生群体，研学内容多以文化体验为主，适当增加互动交流、模拟体验等环节，如重游红色路线、唱苗歌打苗鼓、听十八洞村人物脱贫故事等；针对高中生群体，内容上更注重思辨性，行程中会加入山泉水厂体验、非遗苗绣体验、红色知识竞赛、红色文化调研等活动。

十八洞村研学基地

三、经验启示

十八洞村从与贫瘠土地死磕，转变为主动挖掘生态环境的潜力，实现了精神风貌、生活状态、产业发展、社会治理、基础设施和公共服务等全方位巨变，书写了“精准扶贫”首倡地的首倡之为，为乡村振兴积累了丰富的经验。

（一）因地制宜，精准施策，拓宽绿水青山转化为金山银山的路径

十八洞村充分利用得天独厚的自然资源，按照项目产业化、产业市场化的思路，联合优势企业拓展市场，推动绿水青山转化为金山银山，实现生态优势转化为综合的发展优势。实践证明，“两山”转化

要因地制宜、因时制宜，挖掘当地的生态环境、资源禀赋和人文历史条件，精准施策，打通并拓宽绿水青山向金山银山的转化途径，实现经济价值、生态价值和社会价值的多赢。

（二）处理好保护与发展的关系，以高水平保护支撑高质量发展

十八洞村积极推行绿色生产生活方式，自觉抵制过度开发和浪费，积极保护自然生态环境，为子孙后代打造绿水青山美好家园。在不破坏生态环境的前提下，大力发展生态农业、生态旅游等绿色产业，推动传统农业产业绿色转型升级。实践证明，高水平保护离不开高质量发展提供的基础保障，生态优先、绿色低碳的高质量发展只有依靠高水平保护才能实现。

（三）处理好发展经济与改善民生的关系，更好地推动以人民为中心的发展

十八洞村始终坚持以人民满意和经得起历史检验为标准，推动政策向民生聚焦、资源向民生倾斜、服务向民生覆盖，下大力气解决好人民群众身边的基础设施、产业发展、民生保障等突出问题，让百姓享受了优美生态环境，增加了收入，绘就了人与自然和谐共生的美丽画卷。实践证明，要锚定人民群众对美好生活的向往，从人民群众最根本的诉求谋发展，回应人民群众多层次需求，让人民群众多一份实实在在的幸福感，就一定能够得到人民的拥护和支持。

（湘西土家族苗族自治州生态环境局花垣分局、
花垣县安全生产信息调度和应急救援中心供稿）

以壮士断腕的勇气破解发展困境
推动建设高质量发展先行示范区

——顺德区村级工业园升级改造助力传统行业绿色低碳转型

【引　言】2023 年 7 月，习近平总书记在全国生态环境保护大会上指出，要通过高水平保护，不断塑造发展的新动能、新优势，着力构建绿色低碳循环经济体系，加快形成科技含量高、资源消耗低、环境污染少的产业结构，大幅提高经济绿色化程度，有效降低发展的资源环境代价，持续增强发展的潜力和后劲。

【摘　要】佛山市顺德区以建设广东省高质量发展体制机制改革创新实验区为契机，以全力打造最友好的制造业强区为目标，奋力建设高质量发展先行示范区。顺德区结合区域发展实际，大胆试验、积极创新，大力推进村级工业园升级改造（以下简称村改），规划建设蓝图，优化生产、生活、生态空间，推动园区土地集约利用、产业集聚发展、污染集中治理，助力传统产业转型升级，大力发展新兴产业，打造宜居宜业的良好环境，筑巢引凤助力高质量发展。2018—2024年，顺德区通过村改拆除村级工业园低效用地面积约7.8万亩，新建建筑面积约3 700万平方米，推进复垦复绿约1万亩，淘汰了一批产业低端、形态落后的工业企业项目，新建了一批现代化产业园区，引进了一批先进制造业项目，有效破解了顺德区工业不连片、供地无保障、产业不高端、污染难治理的发展困境。

【关键词】绿色低碳转型；村级工业园升级改造；高质量发展

一、背景情况

2018年3月，习近平总书记在参加十三届全国人大一次会议广东代表团审议时强调，要以壮士断腕的勇气，果断淘汰那些高污染、高排放的产业和企业，为新兴产业发展腾出空间。顺德区结合现状深刻反思，认识到随着经济的快速发展和产业结构的调整，传统的“村村点火、户户冒烟”村级工业园发展模式尽管经过多年整治取得了明显成效，但由于缺乏总体规划，空间布局乱、土地权属乱、产业层次低、土地利用效益低等问题仍不同程度地存在，成为制约顺德区产业升级和高质量发展的“绊脚石”。据统计，2018年初，顺德全区村级工业园占地面积13.5万亩，占全区已投产工业用地的70%，却只贡献了4.3%的税收，平均容积率仅0.78，占地面积300亩以下的有226个，占比近六成。产能落后、安全生产隐患和环境污染问题比较突出。

对于顺德区来讲，村改是一场必须打且必须打赢的“攻坚战”。在广东省、佛山市的大力支持和指导下，顺德区以村改为突破口，全面贯彻新发展理念，牢固树立“绿水青山就是金山银山”的理念，打出了一套村改“组合拳”，有效破解了工业不连片、供地无保障、产业不高端等难题，取得阶段性成效，为顺德区高质量发展注入了新活力。

二、主要做法

（一）规划好一张蓝图，构建绿色发展空间

顺德区坚持谋定而动，编制《顺德区高质量推动村级工业园升级改造总体规划》，确定“一减三增”（减低效工业用地、增产业容量、增服务设施、增生态用地），规划形成 20 个连片现代化产业集聚区和 30 个现代主题产业园区。

优化生产空间。顺德区 10 个镇（街道）按照“一镇一品”的产业特色，探索构建现代产业园“四定”（定园区产业主题方向、定园区企业准入标准、定园区建设标准、定园区有力度的产业扶持政策）建设管理标准，打造智慧、生态、安全、人文、美丽的现代化园区，将产业用地向集聚区集中，实现工业节约集约发展。

提升生活空间。村改新增超过 2 万亩的公共配套、道路用地，在工业用地与相邻村庄、商住用地之间设置绿地，将中小学、居住区邻近的工业用地明确为一类工业用地，只能引进低污染、无污染项目或生产性服务业。

守住生态空间。通过划定生态保护红线，将水环境优先保护区等调出工业用地红线范围，强化生态环境准入控制，对特殊重要生态

功能区、生态敏感脆弱区等实施严格管控和修复，在产业转型升级的同时使城市的面貌焕然一新，提升城市发展的品质。

（二）建立好一套机制，蹄疾步稳有序推进

对于村改过程中区级权限不能解决的问题，顺德区积极向上一级部门寻求政策支持，争取到省、市级政策支持 28 项。

优化空间规划管理机制。实施区内平衡调整土规，对现状不符合土地利用总体规划的村级工业园区腾挪复绿，允许连片村改项目通过实施区内平衡调整土规，扩大全区新增建设用地规模。通过“以改带征”等连片改造模式，将规划成片开发范围内的村改项目和周边符合规划的农用地一并纳入征地范围，收储土地超 1.5 万亩。

优化工业用地成本管控机制。建立工业用地容积率调节机制，提高容积率和建筑密度，不计收土地出让金，鼓励优化工业用地开发强度和土地利用效率。创新弹性年期出让土地和土地年租制，配套税收优惠政策，切实减轻企业用地成本。严格限制一般自然人购买工业厂房，严防炒作，规范转让受让对象，避免工业地产推高制造业成本。

优化多方利益平衡机制。出台村改收益反哺村集体机制，“工改工”挂账收储土地公开出让成交价的 98% 返还村集体，明确需配建占村改收益 50% 以上的产权物业由村集体长期持有。探索公益性用地统筹机制，统筹封闭运作村改收支，实施“工改商（住）”项目无偿移交 25% 用地用作绿化、道路等公益性项目，保障公共基础设施用地需求。

（三）打造好一批产业，构建绿色生产方式

传统优势产业高端化发展。顺德区拥有智能家电、智能装备、泛家居三大国家级先进制造业集群，诞生了大批“链主”企业，依托先进制造业集群和“链主”企业，加强传统优势产业强链、延链、补链，家电、装备、纺织、家具等一批传统产业集群整体升级。

传统优势产业智能化发展。聚焦推动“数实融合”，实施“数改智转”25 条措施，培育数字化产业集群 8 个，打造数字化智能化示范工厂和车间，家电、装备等产业集群数字化协同优势已较为明显，塑料、化工、新能源等多个行业正快步迈进全产业链数字化时代。截至 2024 年底，顺德区已有超 2 000 家规模以上工业企业实现了不同程度的数字化改造。

传统优势产业绿色化发展。截至 2024 年，顺德区已建成涵盖金属表面处理、电镀、印染、家具喷涂等行业的 14 个集中治污园区。均安金属表面处理产业园正是改造后的成果，有 30 多家金属表面处理企业聚集于此。以前这里的企业布局混乱，污染处理管理不到位，很远就能闻到一股异味。村改后，同类型企业分布在同一栋楼里，实现“上楼”集聚发展。园区为企业配备了废水、废气收集处理设施，实现统一收集、集中处理、达标排放。园区内某入驻企业负责人表示，园区就像“精装修的房子”，可以“拎包入住”，进入园区后不用再考虑废水、废气的处理问题，节省了不少成本。

顺德区均安金属表面处理产业园

大力培育发展新兴产业。顺德区加快把村改腾出的空间优势转化为制造业高质量发展优势，重点布局机器人、新材料、新一代信息技术、生物医药等战略性新兴产业，从源头上聚集优势优质产业，发展新质生产力。引进一批工业互联网标杆项目，大力推动建设可承载大产业、大项目的现代主题产业城（园），高水平建设三大创新引领型制造业园区。

启动村改以来，顺德全区实现增资扩产项目 110 个，其中超 10 亿元项目 22 个，总投资 680 亿元。

广东海创大族机器人智造城

（四）搞好一系列保障，积极为企业发展服务

以“工改工”为主，保证好项目有地可用。实施低效用地整治提升，将零散、低效的工业用地腾挪到工业集聚区，对产业链关键环节进行探索，实行整体规划供地，2023 年工业用地供应超出过去 5 年的总和，并连续 2 年超 7 000 亩。村改中，新建厂房建筑面积达 3 700 万平方米。实施工业用地容积率调节，实现工业用地利用效率大幅提升，村级工业园平均容积率由改造前的不足 0.8 提高至 3.0 以上。

横向“一次过”、纵向“一竿子”跟进。打造快速清晰的审批模式，建立高效审批机制，有效节约企业时间成本。2022 年以来，顺德区已有 58 个项目实现“拿地即开工”，总投资超 400 亿元。持续深化环评改革，对符合规划环评结论的项目实现降级或承诺制审批，环评审批时限缩短 60% 以上。努力降低企业治污成本，围绕 VOCs 治理、活性炭更换、零星工业废水处理、危废收集处理等常见领域，引导中小微企业以整体市场规模换取性价比高的优质服务，2024年小微企业危废处置价格比2020年下降约70%。

（五）再造一方好环境，筑巢引凤助力发展

以新空间重塑岭南水乡。顺德区素有岭南水乡之称，水域面积占全域面积的1/3，水系发达、水网密布。坚持系统思维、整体考量，顺德区提出“先摸排后设计、先清岸后建设、先试点后推广、先治水后治城”的“四先四后”原则，治理方法从末端截流向全链条治理转变，治理过程从“政府干、群众看”向全民共建共享转变。拆除涉水违建190万平方米，推进七大联围治理，补齐黑臭水体整治短板，系统规划建设污水处理厂和配套管网，治理成效从“反复治、治反复”向百年工程转变。2018年以来，新增完成管网建设1 954千米、雨污分流改造90千米，新增污水处理能力18万吨/日。匠心打造30个美岸示范项目和13个分类试点项目，桂畔湖水韵文旅等水经济项目逐渐成型。2018年以来，顺德区共整治完成177条黑臭水体，全区水质综合污染指数由2019年的0.58下降至2024年的0.332 5，下降幅度为42.67%，主干河涌达到V类水质标准占比由2019年的50%提高至2024年的85.53%。

以新底色美化城乡人居环境。顺德区结合村改推进高水平村庄规划全覆盖，在村改项目规划时充分考虑城乡服务设施完善，提供约25%的项目用地作为公益性用地，对园区路网、基础设施及绿化环境等进行优化，带动城乡环境品质提升。结合现状、规划、历史文化资源等情况，按照留、改、拆结合原则，科学谋划旧村居改造项目，谋划推动40个整村改造项目。“自己的家园自己建、自己管”，鼓励村居将集体收益用于保洁、绿化等公共事项支出，开展农

村“厕所革命”“绿美家园”等系列行动，建设生态宜居美丽乡村示范片。截至2024年底，已连片打造12个生态宜居美丽乡村示范片，在全区206个村（居）建成小菜园、小果园、小花园、小公园共超1 300个“四小园”，完成49个行政村的农村环境整治，建成绿道里程296千米，新增公园绿地2 882亩，人均公园面积25.2平方米，建成区绿化覆盖率47.74%，构筑山清水秀生态屏障。

以新行动推进绿美顺德建设。创建增减挂钩复垦地券制度，增减挂钩复垦地券可与“工改商（住）”协议出让联动，反哺给各相关权益人，大幅提高村集体、企业参与复垦复绿的积极性，把部分村改腾出空间用于复垦复绿，累计推进复垦复绿约1万亩。统筹城市建设、主题产业园区和美丽乡村规划，大力推进城市生态绿心群、森林城市等重点工程，高质量建设城市碧道，着力拓展绿色生态空间。持续完善自建房、工业厂房等建筑风貌全链条管控制度，建立存量违建分类治理机制，执审联动严控新增违建。深入开展“十村示范”、绿美工厂建设，打造城乡品质提升、水经济特色产业、和美乡村三条主题示范带，推动全域城乡风貌改观提质。

良好的产业环境、优美的生态环境，正吸引着越来越多的人到顺德区来创业发展。据不完全统计，2023—2024年“回家”的顺德企业数量达到64家，新增年销售收入超163亿元。其中，购地企业14家，涉及土地面积约520亩。2024年全区共签约亿元以上招商项目247个，投资总额约1 129.56亿元。

三、经验启示

顺德区以壮士断腕的勇气破解发展难题，大力开展村改，助力传统行业绿色低碳转型，建设高质量发展先行示范区。

（一）谋定而动，一幅蓝图绘到底

顺德村改聚焦发展中的瓶颈问题，从做好规划入手，形成连片现代化产业集聚区和现代主题产业园区，坚持一张蓝图绘到底，通过土地集约利用、分区管控，优化生产、生活、生态空间布局，实现生产空间集约高效、生活空间宜居适度、生态空间山清水秀。实践证明，城市发展要把握好生产空间、生活空间、生态空间的内在联系，合理安排生产、生活、生态空间，走内涵式、集约型、绿色化的高质量发展路子，为人民创造更加幸福的美好生活。

（二）破立并举，推动高质量发展

顺德村改没有采取简单淘汰传统产业的方式，而是将绿色低碳环保理念融入传统产业转型升级全过程，建设绿色工厂、绿色园区，强化传统优势产业的绿色竞争力，同步为战略性新兴产业、未来产业腾出发展空间。实践证明，没有落后的产业，只有落后的技术，统筹推动传统产业转型、优势产业壮大和新质生产力培育，推动产业高端化、智能化、绿色化，是推动高质量发展的必答题。

（三）筑巢引凤，整体提升城市品质

顺德村改实现了现有产业绿色低碳高质量发展，提升了城乡生态环境质量，吸引了优质产业项目和优秀人才聚集，推动城乡区域协调发展，整体提升城市品质。实践证明，经济社会高质量发展和生态环境高水平保护是辩证统一、相辅相成的，保护生态环境就是保护自然价值和增值自然资本，就是保护经济社会发展潜力和后劲。

（佛山市生态环境局、佛山市生态环境局顺德分局供稿）

因地制宜发展瑶医药产业探索大瑶山生态价值转化密码

——金秀瑶族自治县依托瑶医药资源打造绿色生态产业链

【引　言】2023年12月，习近平总书记在广西考察时强调，加快产业结构优化调整，推动产业体系绿色转型，发展壮大林业产业、文旅产业、养老产业、大健康产业，让生态优势不断转化为发展优势。

【摘　要】金秀瑶族自治县（以下简称金秀县）积极践行“绿水青山就是金山银山”理念，科学探索生态产品价值实现路径，依托良好的生态优势和丰富的瑶医药资源，按照“山上种药、山下制药、山中康养”的发展思路，实施扩大中药材种植规模、研发生产瑶药产品、提供瑶医诊疗服务、开发康养旅游等措施，因地制宜打造集瑶医药产业发展、旅游、康养于一体的绿色产业链，在实现绿水青山与金山银山的有机转换上走出了一条特色鲜明且富有成效的道路。

【关键词】生态产品价值；绿色发展；瑶医药

一、背景情况

金秀县位于广西中东部的大瑶山主体山脉，成立于1952年，是全国最早成立的瑶族自治县，全县总面积2 468平方千米，总人口15.6万人，瑶族人口占40%。金秀县是国家级重点生态功能区，是珠江流域重要的水源保护地，有广西最大的水源林保护区和保留最完整的天然林区，全县森林覆盖率达87.99%，县城空气负氧离子含量达每立方厘米9 000个，圣堂山原始森林负氧离子含量每立方厘米最高达15万个，平均气温17℃，夏无酷暑、冬无严寒。

得天独厚的环境和气候，孕育出丰富多样的药用植物资源，金秀县是广西中草药品种最齐全的县（区），也是广西最大的药物基因库和中国第二大药物基因库，境内常用药用类植物多达1 351种，其中最具特色的是“五虎、九牛、十八钻、七十二风”104种经典老班瑶药。丰富的药用植物资源，促使瑶族先民在与自然环境和疾病作斗争的过程中，利用瑶山盛产的植物药资源，积累了利用草药防病、治病的丰富经验，并不断将古老而独特的瑶医药体系发展壮大，创造了独特灿烂的瑶医药文化。“靠山吃山，吃山养山”曾是金秀人民祖祖辈辈信守的生存方式。在市场经济大潮下，砍伐林木、贩卖野生药材一度成为当地百姓的致富路径。然而，粗放式发展之路背后的巨大“生态”成本，成为高质量发展的“后顾之忧”。既要保护好生态环境，为子孙后代留下绿水青山，又要发展好经济，满足人民群众对美好生活的向往，保护和发展的矛盾摆在了金秀人民面前。为破解这一难题，金秀县牢固树立生态优先、绿色发展导向，选择了依托生态资源打造绿色生态产业链，按照“山上种药、山下制药、山中康养”的发展思路，全力做大做强瑶医药大健康产业，初步形成以中药材种植、瑶药产品研发生产、瑶医诊疗服务、健康养生旅游为重点的生态产业体系，让拥有丰富瑶医药资源的大瑶山，成为地方发展和百姓致富的“金山银库”，让金秀从“美而穷”华丽转身为“美且富”，实现了生态变生计、颜值变价值、风景变前景的蜕变。

二、主要做法

（一）坚持生态立县，厚植绿色经济发展根基

金秀县坚决把保护生态环境放在首位，充分发挥生态环境、特色资源、民族文化优势，做好“文化旅游＋生态康养”特色文章。坚持谋划先行，先后制定《金秀瑶族自治县瑶医药发展“十四五”规划》《广西金秀瑶族自治县生态县建设规划》《广西金秀瑶族自治县生态保护、建设与发展总体规划》《大瑶山国家级自然保护区总体规划》，以顶层设计引领绿色发展。加强建章立制，先后颁布《金秀瑶族自治县瑶医药发展条例》《金秀瑶族自治县森林资源管理条例》《金秀瑶族自治县野生植物保护条例》《金秀瑶族自治县古茶树资源保护条例》《金秀瑶族自治县旅游资源发展条例》，以法治力量呵护绿水青山。规范项目管理，严格执行《广西壮族自治区重点生态功能区县产业准入负面清单调整方案》《来宾市生态环境分区管控动态更新

成果（2023 年）》，严守生态保护红线把好准入关。截至 2024 年底，金秀县空气环境质量优良天数比率 100%，地表水水质优良率 100%，县级集中式饮用水水源地水质达标率 100%。良好的生态资源优势，为金秀瑶医药大健康和文旅产业发展提供有力保障。

（二）发挥生态优势，做好瑶医药产业大文章

金秀县党委、政府把瑶医药大健康产业作为支柱产业来抓，成立大健康产业发展中心，提出“加快瑶医药与旅游业、大健康产业的深度融合，促进瑶医药产业集聚发展”的理念，确定“山上种药、山下制药、山中康养”一、二、三产业融合发展的思路。推进中药材产地道地化、种质良种化、种植标准化建设，出台中药材种植奖补政策，并通过资金支持、要素保障等形式，在各个阶段给予扶持，形成了以需求为导向，涵盖育种、种植、回购、加工、康养旅游、销售等多个环节的特色绿色产业链，构建成熟的药材种植、加工产业体系，走出了一条“不砍树能致富”的林下富民之路。截至 2024 年底，全县瑶药种植面积达 19.1 万亩，其中脱贫户种植 3.5 万亩，覆盖 10 055 户 3.53 万人；累计建成中药材种植基地 10 个，林下仿野生种植有草珊瑚、七叶一枝花、黄花倒水莲、鸡血藤等 30 多种药材；2024 年全县中草药产量 2.56 万吨，产值达 5.13 亿元，林农人均年增收近 4 000 元。积极发展瑶药趁鲜加工和精深加工，重点打造以研发、加工、仓储、物流、交易为一体的瑶医药大健康产业园，搭配税收优惠、租金减免等多项优惠政策，引进和培育龙头企业，助力瑶医药产业化发展，加速构建瑶医药产业集群。全县现有瑶医药加工生产企业 28 家，规模以上瑶医药加工企业 3 家，2024 年产值 1.2 亿元左右，其中 1 家规上企业已于 2024 年 3 月启动上市股改，

有力带动金秀企业改造提升，逐渐形成一批具有竞争力的优势企业群和产业群，实现瑶医药大健康产业的梯度发展和产业升级。加大瑶医药基础平台建设，完善医疗服务体系，构建以全国唯一一所“二级甲等”瑶医医院为龙头、乡镇卫生院为中枢、村卫生室为网底的县、乡（镇）、村三级瑶医药服务网络。全县有 1 个瑶医药博物馆、7 家瑶医药特色诊所，11 个乡（镇）卫生院及 75 家村卫生室均设有瑶医健康服务，每年门诊量达 15 万多人次，其中 80% 来自县外，更多患者体验到了瑶医简、验、便、廉、效的特色诊疗优势。

瑶族同胞山上种植中草药黄花倒水莲

深化瑶医药理论基础研究，编制出版《广西大瑶山金秀瑶药效方集（第一卷）》《瑶医临床验方集》《瑶药概论》《瑶医概论》等书籍，《金秀瑶族断肠草点烧疗法》《金秀瑶族瑶药酒火疗法》等 22 项瑶族特色康养适宜技术著作权创作均已正式出版。《瑶族断肠草点烧疗法的临床应用研究》《瑶族古法药刺疗法对于改善人体免疫系统功能的研究》等10篇论文已在国际核心期刊发表。鼓励、支持医疗机构和研发机构以瑶医药理论为基础，整理出版瑶药方1 289方、瑶药品种104种。截至2024年底，金秀县已获得院内制剂批文8个，药类申报获批知识产权商标217项，医药类发明专利14项，医药类实用新型专利13项，国药准字号产品8项，国家地理标志产品2个，广西著名商标3项，健字号产品2项，妆字号、消字号产品500余项。通过多方面的科技融合举措，让古老的瑶医药焕发出新的活力，在现代医疗健康领域发挥出了更大的作用，同时也为民族文化传承和地区发展作出了积极贡献。

经典瑶医药材

（三）挖掘生态价值，加快文旅康养融合发展

金秀县围绕“保护促旅游、旅游促发展、发展促保护”的思路，加快推进旅游产业转型升级、提质增效，将“生态+”理念融入旅

游产业发展，走出一条具有金秀特色的生态旅游发展新路子。依托“世界瑶都　康养金秀”旅游品牌和大瑶山生态环境优势，将辖区内7个4A级景区、2个3A级景区和7家自治区级职工疗休养基地进行整合，精心策划出6条瑶医药特色生态康养旅游精品线路，让金秀旅游进入“生态旅游+瑶医药康养”新赛道。县内所有旅游景点均有瑶医药特色康养文化展示，每个民宿点均能提供瑶医药特色康养服务，每年服务游客6万多人次，年产值约5 000万元。全县从事医药康养旅游业的经营主体有500多家，超过5万人直接和间接从事康养旅游事业，康养旅游业对全县经济发展贡献率达80%以上。2024年金秀县旅游总收入102.51亿元，同比增长24.07%，旅游接待人数1 044.95万人次，同比增长22.98%。生态康养旅游已成为当地群众增收的主要渠道之一，生动诠释了“绿水青山就是金山银山”。

三、经验启示

金秀县坚持“生态立县”发展战略，探索“两山”转化密码，在优先保护生态环境的基础上，大力发展瑶医药特色产业，全力打造瑶医药康养服务品牌，持续推动生态文旅康养产业融合发展，走出一条具有金秀特色的绿色发展之路。

（一）政府主导，优化产业发展环境

金秀县成立大健康产业发展主管部门，制定科学战略，强化配套政策与服务，负责履行瑶医药一、二、三产业融合发展职责，加强部门间及产业链各环节间的沟通合作。实践证明，实现“两山”转化，要积极发挥政府主导作用，结合区域发展规划与生态产业定位，为生

态产业发展提供良好的政策环境、营商环境与公共服务环境，助力生态产品价值实现的市场化进程。

（二）立足优势，打造特色资源品牌

金秀县将生态理念贯穿经济社会发展全过程，深入挖掘当地瑶医药、瑶文化及自然环境资源，打造具有民族特色的绿色经济产业集群，成功塑造“世界瑶都　康养金秀”品牌形象。实践证明，实现生态环境高水平保护与经济社会高质量发展的良性互动，要立足自身独特的资源优势，打造更多叫得响的品牌，实现生态优势转化为发展优势。

（三）聚焦特色，构建完整产业链条

依托大瑶山的自然环境基础，金秀县按照“山上种药、山下制药、山中康养”的思路构建了完整的瑶医药产业链，围绕核心资源构建涵盖种植、加工、科研、服务等多环节的产业链条，促进产业间协同发展，提高生态资源的附加值与综合利用率。实践证明，要推动产业链向上下游延伸，形成较为完善的产业链和产业集群，提高产品附加值，促进本地特色的生态产品价值在更广泛的市场空间与产业领域中实现。

（来宾市生态环境局、金秀瑶族自治县卫生健康局供稿）

三十年由“黑”变“绿”引领群众脱贫致富奔小康

——荔波县构建民族地区绿色和美多元化发展模式

【引　言】2021 年 2 月，习近平总书记在贵州考察时强调，要牢固树立“绿水青山就是金山银山”的理念，守住发展和生态两条底线，努力走出一条生态优先、绿色发展的新路子。2025 年 3 月，习近平总书记在贵州考察时指出，要保护好生态环境，努力把生态优势转化为发展优势。

【摘　要】荔波县坚持生态优先、绿色发展，筑牢珠江上游生态安全屏障，构建完善生态文明制度体系。找准自身问题，经济结构由单一的煤矿财政转向以旅游业为主线的第三产业绿色经济蓬勃发展新格局，不断做好绿水青山就是金山银山这篇大文章，推动“两山”价值转换，持续推进美丽乡村建设。2020 年底，荔波县实现贫困人口清零，消除了绝对贫困。

【关键词】经济结构转型；生态优势转换；美丽乡村

一、背景情况

荔波县隶属贵州省黔南布依族苗族自治州，对其环境素有“八山一水一分田”的描述，且土地石漠化严重，靠山吃山自古皆然。耕地稀少、产业落后、人才短缺都是制约荔波县发展的主要因素。20世纪90年代初，荔波县大力发展煤炭产业，煤炭成为当时全县经济发展的第一支柱产业。短暂的“黑色经济”，对荔波县的生态环境造成了极大破坏。对于荔波县来说，核心“底色”在“生态绿”，推动经济发展由“黑”到“绿”转型势在必行。但是，如何协调经济发展和生态保护之间的矛盾成为当时荔波县亟须解决的问题。

荔波县是“中国南方喀斯特”山区的典型代表，少数民族人口占全县总人口的94.54%。民族节日多姿多彩，民族风情古朴浓郁，文化底蕴深厚；旅游资源富集，有“地球绿宝石”和“全球最美喀斯特”之称，拥有“世界人与生物圈保护区”世界级名片；至今保存着世界上面积最大的喀斯特原始森林，已有记录野生植物1 532种，野生动物2 000多种，国家一、二级保护动物达89种，是名副其实的生物资源“基因库”。依托这些资源禀赋，荔波县不断筑牢生态底色，做优做好绿水青山就是金山银山这篇大文章，闯出了一条高质量脱贫的新路子。

二、主要做法

（一）生态优先，筑牢生态本底

守住生态底线。荔波县委出台《关于治理樟江河水水源污染的通告》，明确规定关闭荔波县域内污染较大的采煤区及采石场；出台《荔波县投资准入特别管理措施（负面清单）（2014）》，明确对环境影响较大的领域和产业禁止进驻；出台《荔波县世界自然遗产保护公约》《荔波世界自然遗产地保护项目专项规划》等，对樟江沿岸开山、采石、挖砂、建房等行为实行最严格的控制措施，对乱倒垃圾、违法捕杀野生动物等现象进行重点治理。

筑牢绿色生态屏障。大力实施封山育林、退耕还林、石漠化治理、水土保持等生态建设工程。采用实施宜林则林、宜果则果、宜粮则粮的创新型水土流失治理模式，因地制宜推进小流域综合治理，完成国家水土保持重点工程和兰鼎山小流域水土流失治理面积16.98平方千米，实现水土流失治理和居民经济创收双赢目标。全面完成荔波县生态保护红线优化调整，调整后划定生态保护红线1 205.52平方千米，约占全县国土面积的一半。完成4个不同类型的10个自然保护地（自然保护区7个、湿地公园1个、森林公园1个、风景名胜区1个）范围调整，整合优化后各类自然保护地总面积589.28平方千米，占全县国土面积的24.23%。构筑以自然资源集中分布区域为生态源地、重要自然公园为生态节点、生态廊道网络为纽带的“两屏、三廊、两脉”生态空间格局，促进生态用地向生态网络内集聚集中。

加强源头管控。推进城镇污水收集管网清污混流、雨污合流、混接错接等整治工作，有效解决旅游淡旺季污水产生量的差异化问题，2024 年城镇生活污水治理率达 98.2%。推进城镇生活垃圾分类工作；建成餐厨垃圾处置中心，解决旅游产生的大量餐厨垃圾问题，处理量达 50 吨 / 日；实施城镇生活垃圾就近焚烧发电处理、健全垃圾分类收集转运体系，城镇生活垃圾无害化处理率达 82.3%。

（二）发挥生态优势，探索绿水青山转化为金山银山路径

以“游”为重，丰富拓展观光旅游。实施全域旅游发展战略，成功打造 1 个 5A 级、1 个 4A 级、9 个 3A 级景区的旅游观光群；鼓励开发研学旅游，依托全国爱国主义教育基地等红色教育资源，发展新时代干部教育培训教学路线，辐射带动艺术研学、科普研学等。深度挖掘民俗旅游，利用传统村落集中连片保护示范创建契机，深入挖掘独特的少数民族传统文化，打造 30 个特色民族旅游村寨。推动“旅游 +N”全面融合，打造“旅游 + 教育”“旅游 + 体育”“旅游 + 文化”“旅游 + 农业”等多种融合业态，全域旅游业态得到延伸。2024 年全县接待游客 2 754.5 万人次，同比增长 2.37%，旅游总收入 231.67 亿元，同比增长 2.07%。

荔波瑶山古寨

以“林”为媒，念好林下致富经。将林下经济发展列入全县重点发展的六大产业之一，编制《荔波县加快林下经济高质量发展的实施意见（2021—2025年）》，明确由县、乡镇（街道）主要领导亲自抓、分管领导具体抓、相关部门协同抓。出台青梅和石斛种植等扶持政策，采取“以奖代补”方式对参与发展青梅、石斛的企业、合作社、农户按青梅每亩1 446元、石斛每亩2 000元进行补助扶持。整合包装项目积极向上争取资金支持，2022—2024年，争取中央及省级林业产业发展资金2 000余万元。利用林下经济小额信贷贴息政策，与中国邮政储蓄银行荔波支行签署战略合作协议，获得发展石斛种植授信贷款2亿元，打造出“荔斛”“荔珍斛”“养珍谷”等系列乡土品牌，逐步拓展销售渠道，各种产品从省内走向省外，产供销研发的格局逐步形成。引导林农原生态饲养方式，充分利用林地发展林下养殖。截至2024年底，全县发展林下养蜂8 730箱、养鸡75.5万羽、养猪等3.45万头。结合野生菌类、竹笋等林下采集产品生长环境特性，积极发展野生菌类等林下采集业，全县发展林下经济51.02万亩，产值19.68亿元，亩均产值同比增长44%。

荔波兰鼎山林下石斛种植基地斛苗捆绑中

以“农”为本，打好生态农业牌。结合独特的气候优势和优良的生态环境，大力发展以蜜柚、枇杷、蓝莓等为主导的地方特色水果产业，全县精品水果种植面积达 13 万亩，总产值 3.5 亿元；科学发展以佳荣牛、瑶山鸡等为主导的特色养殖。荔波蜜柚和荔波瑶山鸡被纳入国家地理标志保护产品，获批国家地理标志证明商标。发展生态食品加工，创建以果酒、食用菌等为主导的生态特色食品技术创新中心，招引 5 家企业入驻荔波县。发展旅游商品加工，突出民族文化旅游制品为主的特色轻工业，推进旅游商品与生态特色食品、加工制造业的深度融合。

（三）强化基础，多元发展，全民参与以高质量脱贫迈开乡村振兴新步伐

因地制宜探索多种发展致富模式。在由“黑”转“绿”的发展模式下，如何让更多的人民群众增收致富是一项十分重要的政治命题。荔波县坚持党建引领，不断健全党组织领导下的“村企合作”自治机制，激发人民群众主动配合参与村集体经济建设，探索“村企共建”；结合“绿水青山就是金山银山”理念助推村集体经济发展模式，采取“支部 + 合作社 + 农户”全方位、全领域的产业发展模式，引领少数民族群众依托本地特色资源发展，实现脱贫致富、乡村振兴。除瑶族群众参与旅游发展引领的“瑶山”模式外，还发展了以淳朴乡村与艺术共情为引领的“洪江”模式，以特色水果产业为引领的“拉岜”模式，以生态治理转向中药材特色资源为引领的“水功”模式，以保护区共管、共治、共享为引领的“板寨”模式等。在全县范围内由“挖矿人”“打工人”转向乡村产业发展致富“带头人”的例子层出不穷，各族群众幸福感不断增强。

强化生态文化宣传教育。以“六进”工程、红色文化宣教为抓手，完善文化服务体系，全力营造生态文化社会氛围。注重传统村落和少数民族村寨保护发展，持续推进县域内民族传统村落保护、传承和利用，截至 2024 年底，有 7 个传统村落入选中国传统村落名录。创新生态文化宣传模式，常态化开展猴鼓舞、陀螺、瑶绣、粘膏染、瑶陶等非遗文化进校园、进课堂、进社区、进基地、进广场，组织教学、展演、交流等活动。与央视和芒果 TV 等媒体合作宣传，充分利用贵州广播电视台“G+TV”和“动静 App”、抖音等网络直播平台，扩大宣传推广面。

三、经验启示

在不断探索和尝试中，荔波县走出一条以“绿水青山就是金山银山”理念引领民族地区高质量脱贫致富的路子。

（一）守住底线是核心

荔波县始终坚持绿色发展理念，持之以恒推进生态文明建设，按照发展经济、保护生态环境、构建和谐社会的工作思路，无论是在产业准入环节，还是在环境监管过程中，均严格守好生态底线。实践证明，要坚持在保护中发展、在发展中保护，把厚植发展绿色底色、做强生态保护支撑作为首要目标，构建严格的生态环境监管体系，坚决守住生态底线。

（二）注重科学规划，精准发力是关键

荔波县坚持因地制宜、分类施策、量质齐增、效益最大原则，对

产业发展的结构体系、发展步骤、空间布局等作出阶段性的规划，确保产业发展措施准、力度硬、速度快。实践证明，要科学决策、精准施策，处理好速度和效益的关系，推动经济实现质的有效提升和量的合理增长。

（三）各级联动、全民参与是保障

荔波县依托乡村振兴组织架构，落实县委常委包保乡镇、部门帮扶村组机制。乡镇通过集中连片流转土地，建立“村企”利益链接机制。提升村集体经营能力，组织人民群众到基地务工增收，并大力支持指导农户独资发展。实践证明，县级负责搭台子、压担子、结对子，乡镇负责铺路子、解扣子、喊号子，村级负责跟着干、领着干、帮着干，各级联动、各负其责，有利于调动各方力量、获得支持，破解项目落地难、实施难等问题。

（黔南州生态环境局荔波分局供稿）

第二部分

深入推进环境污染防治

“一泓清水入黄河”

——汾河水污染治理攻坚实践

【引　言】2017 年 6 月，习近平总书记在山西考察时提出，一定要高度重视汾河的生态环境保护，让这条山西的母亲河水量丰起来、水质好起来、风光美起来。2020 年 5 月，习近平总书记再次到山西考察时强调，要切实保护好、治理好汾河，再现古晋阳汾河晚渡的美景，让一泓清水入黄河。

【摘　要】汾河是黄河第二大支流，滋养着山西省四分之一的土地，但工业排污、地下水超采、煤炭大规模开发等问题曾一度让汾河不堪重负。近年来，山西省委、省政府坚持上下游、左右岸、干支流、水陆域一体谋划，统筹水资源、水环境、水生态治理，全方位、全地域、全过程推进汾河流域生态治理，2023 年 6 月正式启动“一泓清水入黄河”生态保护工程，全面提升水生态环境治理体系和治理能力。2024 年，全省地表水环境优良水体比例达到 94.7%，超过国家下达目标 23.4 个百分点，汾河入黄河口断面水质首次达到Ⅲ类优良标准。“一泓清水入黄河”奏响新时代“黄河大合唱”山西乐章，在推进山西全省水环境质量持续改善的同时，有效助推了经济社会高质量发展。

【关键词】汾河；“一泓清水入黄河”；流域综合治理；水污染防治

一、背景情况

汾河是山西省第一大河、黄河第二大支流，发源于忻州市宁武县管涔山雷鸣寺泉，自北向南纵贯 6 市、29 县（区），绵延 713 千米汇入黄河，流域面积近 4 万平方千米。历史上汾河曾以舟楫灌溉之利造福于三晋人民，滋养着山西省四分之一的土地，是三晋人民的母亲河。然而，一个时期以来，工业排污、地下水超采、煤炭大规模开发等问题让汾河不堪重负，最严重时干流全线近 70% 为劣Ⅴ类水质，汾河陷入“雨季过洪水、旱季没流水、平时是污水”的窘境。2017 年，山西省全面打响汾河流域治理攻坚战，坚持水资源、水环境、水生态“三水统筹”，治水、调水、清淤、增湿、绿岸“五措并举”，全方位、全地域、全过程推进汾河流域生态治理，先后制定出台《以汾河为重点的“七河”流域生态保护与修复总体方案》《山西省人民政府关于坚决打赢汾河流域治理攻坚战的决定》，大力实施“一泓清水入黄河”生态保护工程，努力恢复汾河流域自身的“造血”功能，汾河生态环境发生了翻天覆地的变化。2020 年 5 月，习近平总书记在汾河太原城区晋阳桥段考察，听到汾河水质逐渐向好时称赞：“真是沧桑巨变！太原自古就有‘锦绣太原城，三面环山，一水中分’的美誉，如今锦绣太原的美景正在变为现实。”

汾河太原南中环桥

二、主要做法

（一）统筹水资源，让水量丰起来

强化生态流量保障。山西省统筹上下游、左右岸用水需求，建立汾河流域生态流量保障工作机制，确定生态流量保障目标，强化生态流量监测，确保汾河二坝、河津等断面生态流量需求。加强水量调度管理，实施“六水济汾”工程，实现年最大供水能力 12.3 亿立方米，为汾河流域提供了有力的水量保障，再现了“汾河流水哗啦啦”景象。作为北方内陆城市，太原市过去并没有划龙舟的传统，随着近年来汾河流域的治理和太原市水上运动中心的修建，这项运动逐渐兴起。2024 年，太原市举办汾河龙舟公开赛，来自全国的 24 支队伍、

380多名选手奋楫水上，可谓“水载欢歌舟载梦，水清荡漾激情燃”。

推动再生水综合利用。山西省长期以来存在“源水”难解“晋渴”的大问题。省委、省政府积极探索再生水综合利用之路，印发《关于加强全省城镇再生水利用的实施意见》，加强再生水管网设施建设，推进将再生水作为全省工业生产的“第一水源”。以清徐经济开发区为例，园区内3家主要企业共同建设污水处理厂，经处理的废水返回上游企业作为生产水，年均节水700余万吨，同时将废水中的硫酸钠盐和氯化钠盐进行分盐提纯，年均收益达450万元，实现了环境效益、经济效益和社会效益的有机统一。

实施地下水综合治理。严格水资源刚性约束，强化地下水资源保护和管理，综合采取水源置换、地下水超采综合治理、泉域保护等措施，推动重点区域地下水水位止降回升。2023年5月，曾因岩溶地下水大量开采和煤田大规模开发而断流近30年的晋祠泉实现出流。2024年底，晋祠泉域的难老泉监测水位较上一年同期升高0.76米，创出流以来新高。2025年1月，封闭了30多年的晋祠难老泉主泉口被打开，清泉喷涌，为太原带来了灵动与温润。

（二）保护水环境，让水质好起来

健全制度体系，强化依法治污。坚持立法先行，先后颁布《山西省水污染防治条例》《山西省汾河保护条例》《山西省黄河流域生态保护和高质量发展条例》等地方性法规，发布《污水综合排放标准》（DB 14/1928—2019）、《农村生活污水处理设施水污染物排放标准》（DB 14/726—2019）、《山西省地表水环境功能区划》（DB 14/67—2019）等地方标准，不断推进生态文明建设制度化、法治化。出台《山西省水污染防治量化问责办法》《山西省黄河流域国考断面水质稳定达标管理办法（试行）》等政策文件，探索实施汾河流域横向生态保护补偿机制，开展水质与水量联动考核，压紧压实各级各部门主体责任。

严守发展基准线，推动产业结构转型升级。实施最严格的沿黄项目环保准入条件，全面禁止在黄河干流及主要支流临岸一定范围内新建“两高一资”项目及相关产业园区。严控“两高一低”项目盲目上马，加速淘汰落后产能、化解过剩产能，全面完成全省 71 个省级及以上工业类开发区规划环评，推动 46 个省本级环评审批项目落实污染物排放等量或倍量削减措施，同时将治理腾出的环境容量优先支持传统产业转型升级和战略性新兴产业集群发展，累计培育 16 条省级重点产业链和 37 家“链主”企业，2023 年全省战略性新兴产业增长 10.9%，高于工业 6.3 个百分点。

全面提速工程治理，补齐环境基础设施短板。将污水全收集、全处理作为水污染防治的治本之策，坚持“一断面一方案”，2017—2022 年累计实施省级水污染治理工程 300 余项。2023 年，山西省正式启动“一泓清水入黄河”生态保护工程，通过 3 年时间实施十大类、285 个工程。省、市、县三级分别成立了由党委、政府有关负责同志任组长的工作专班及办公室，建立起工程调度及预警、通报、约谈、考核“1+N”全链条、闭环式管理体系，强力推进工程建设。截至 2024 年底，推动汾河流域 33 个工业园区建成污水集中处理设施，38 个工业园区实现废水循环利用不外排；累计建成城镇生活污水处理厂 51 座，基本完成万人以上行政村生活污水治理。文水县是山西省传统畜禽养殖大县，长期以来，由于大量畜禽粪污没有及时得到有效处置造成水体黑臭，成为全县生态环境保护绕不开的“拦路虎”和“老大难”问题。“一泓清水入黄河”生态保护工程实施以来，文水县协同推进生态环境保护与农业绿色转型发展，加大养殖污染综合治理力度，推动畜禽粪污资源化利用，基本形成“统一收集—密闭转运—集中消纳”的收集处置模式，磁窑河裴会断面（县域出境断面）的总磷、氨氮浓度分别下降 25%、48%。

加强排查整改，严格监测监管。开展城镇排水管网雨污分流改造、城市黑臭水体整治等专项攻坚行动，累计改造管网超 5 200 千米，汛期溢流频次下降 47%，汾河流域城市建成区黑臭水体全部整治完成，基本实现“长治久清”。坚持“查、测、溯、治、管”并举，排查整治入河排污口 1 416 个，不断巩固提升治理成效。开展汾河流域各类督察、监察，全部办结中央生态环境保护督察反馈的汾河流域各类水环境问题、黄河流域生态环境警示片反馈问题整改，被生态环境部以正面典型案例，宣传了“太原市南白石河污染问题”“晋中市关停替代落后焦化产能”整改成效，实现了由反面向正面典型的转变。山西省太原市应用无人机监控污染源，建立起“天空地一体化”监管体系，全面提升了水生态环境监管水平与监测预警能力，推动实现了精准治污、科学治污。

（三）治理水生态，让风光美起来

加强生态景观建设。印发《汾河流域生态景观规划（2020—2035 年）》，建成汾河百公里中游示范区，完成汾河太原城区段生态修复治理四期工程，恢复河道岸线自然之美，修复河道水陆生态空间，提升生态系统多样性和稳定性，改善河道生态环境，营造郊野湿地公园，再现大河风光。经过四期治理，太原汾河景区形成了北起上兰村汾河漫水桥、南至迎宾桥南 2 千米，全长 43 千米的绿色生态长廊。2024 年，有“水中大熊猫”之称的桃花水母出现在太原汾河景区四期，省生态质量监测发现列入《世界自然保护联盟濒危物种红色目录》的“极危”物种青头潜鸭在汾河临汾段分布，成为汾河水生态环境质量改善的最好佐证。

实施生态保护修复工程。印发《汾河流域生态修复规划（2015—2030 年）》，推进中小河流和主要支流治理，持续开展河湖健康评价，稳步推进母亲河复苏和幸福河湖建设。山西省成功申报并实施汾河中上游山水林田湖草生态保护修复工程（以下简称汾河山水工程），推动河流水系及水生态保护修复、造林绿化治理、黄土丘陵区水土保持与生态修复、矿山生态环境及地质灾害综合治理、农用地综合整治、生物多样性保护六大类项目，治理修复面积超 1 300 平方千米。静乐汾河川国家湿地公园项目是汾河山水工程中重大支撑性子项目，通过护水、治污、增绿、扩湿等措施，有效维护了汾河湿地生态系统多样性、稳定性和持续性。走上静乐汾河川国家湿地公园观鸟台，远看碧波荡漾，近观河水澄澈，水草丰美，一派和谐景象，监测数据显示，已有野生脊椎动物 26 目、58 科、160 种，鸟类 16 目、41 科、114 种在此安家。

汾河太原北中环桥的生态景观

汾河在变，两岸百姓的生活也在变。庆鲁沟是汾河静乐段的一条支流，曾经由于深度贫困与生态脆弱的高度重合，成为“一方水土养不好一方人”的典型区域。自实施流域生态修复工程以来，不仅为整沟流域综合治理提供了“庆鲁模式”，也让依河而生的庆鲁村人端起了“生态碗”，吃上了“旅游饭”，户均年增收 1.2 万元。

三、经验启示

汾河治，三晋兴。在推进实现汾河流域“水量丰起来、水质好起来、风光美起来”生态保护目标的同时，也推动沿河市县加快经济社会发展全面绿色转型。

（一）水污染治理需“全局与重点并重”

山西省委、省政府按照“两山七河一流域”生态保护布局，衔接水网建设、国土空间绿化、城乡人居环境整治等规划，统筹推进水资源、水环境、水生态治理，全流域、全方位、全系统推进汾河流域污染治理攻坚。同时，以“一泓清水入黄河”生态保护工程为重点，带动治水全局，全面推动汾河流域生态环境质量改善，治出了汾河流域的秀美景色，支撑了山西省高质量转型发展。

（二）水污染治理需“生态与发展共赢”

作为山西省的重要经济带，汾河流域分布着全省乃至全国重要的能源基地。汾河流域水生态环境问题归根结底是发展方式和生活方式的问题。山西省在大力实施黄河流域生态保护和高质量发展战略的同时，协同推动资源型经济转型发展和能源革命综合改革试点，推动实现经济社会绿色转型发展与生态环境质量改善共同提高，使得“一泓清水入黄河”成为正确处理好发展和保护关系的生动实践。

（三）水污染治理需“民心与施策同向”

汾河治理作为一项生态惠民工程，开展汾河水污染治理攻坚是山西省委、省政府将民之所望视为施政所向的生动体现。实践证明，生态文明建设要准确把握社会发展阶段的矛盾变化，抓住人民群众最关心、最迫切需要解决的问题，集中力量抓好办成人民群众可感可及的实事，用生态环境质量改善增强人民群众的获得感、幸福感、安全感。

（山西省生态环境厅供稿）

破局重生　百年煤城擘画“鹤岗蓝”

——鹤岗市持续在大气污染防治上出实招解难题

【引　言】2018年5月，习近平总书记在全国生态环境保护大会上强调，坚决打赢蓝天保卫战是重中之重。以空气质量明显改善为刚性要求，强化联防联控，基本消除重污染天气，还老百姓蓝天白云、繁星闪烁。2018年9月，习近平总书记在东北三省考察时强调，良好生态环境是东北地区经济社会发展的宝贵资源，也是振兴东北的一个优势。要把保护生态环境摆在优先位置，坚持绿色发展。

【摘　要】黑龙江省鹤岗市是我国东北地区重要的能源工业城市。自1918年成立兴华煤矿公司以来，鹤岗市已有一百多年的煤炭开采历史。作为煤炭资源型城市，煤炭采选业是鹤岗市的“生命产业”；作为供暖期长达6个月的高寒城市，原煤是城市供暖的主要能源，煤炭采选和原煤采暖交互作用，致使煤烟型大气污染成为城市的“心肺之患”。近年来，鹤岗市统筹推进“生态立市”战略，以建设“生态和谐宜居城”为目标，坚持问题导向，自我加压、攻坚破题，树立“有煤不唯煤”的发展思路，谋划实施能源结构调整、面源治理、生态修复等一系列治本举措，全力打赢蓝天保卫战。2024 年，城市细颗粒物（$PM_{2.5}$）浓度均值为 24 微克 / 立方米，较 2015 年降低了 50%；优良天数比例达到 97.5%，较 2015 年提升了 14.8 个百分点，成为全省空气质量改善幅度最大的城市。9 年砥砺奋进，百年煤城的天空终于由灰转蓝，城市的底色终于由黑变绿，89 万鹤岗人民终于尽享“蓝天就是幸福”。

【关键词】空气质量；低碳转型；综合治理；生态修复

一、背景情况

鹤岗市，一个有着百年煤炭开发历史的城市，因煤而立、依煤而建、缘煤而兴。与煤结缘，在当地老百姓的心中有两种解释：一是没有煤，我们活不了；二是因为煤，我们活不好。

在传统意义上的生存和生活“二律背反”中，据群众回忆，“鹤岗的麻雀都是黑的”“不能穿白衬衫出门”“家里几天就落上一层厚厚的煤灰”。多年来，鹤岗市由于化石能源消耗高、治理设施落后、城市管理粗放等，加之多年资源无序开采造成的生态破坏，大气环境质量始终得不到有效改善。灰蒙蒙的天、黑漆漆的城，乌烟瘴气的生活环境成为鹤岗的固有印象。“日常没事不出门，夏季不敢开窗门”成了百姓自我防护大气污染的真实写照。2015 年，全市空气质量优良天数比例仅为 82.7%，可吸入颗粒物（PM_{10}）浓度均值高达 78 微克 / 立方米，被 2016 年第一批中央环境保护督察作为“不降反升”

个性问题点名。2017 年又因秸秆露天焚烧、供热锅炉集中启炉等多种原因，连续 19 小时空气质量指数“爆表”，被生态环境部（原环境保护部）约谈。

痛定思痛，从 2015 年开始，鹤岗市坚持“点线面”三者相结合，打好“减煤、治污、增绿”三张牌，改造提升传统产业、培育发展新兴产业，在经济发展动能转换中调整能源结构；实施散煤燃烧、城区扬尘、机动车尾气、臭氧污染等面源整治；系统推进生态保护与修复等标本兼治的举措，使困扰鹤岗市多年的大气污染得到有效治理。“鹤岗蓝”终于飘荡在 1.47 万平方千米的“苍穹之顶”，当地居民纷纷称赞，“鹤岗水变清了，山更绿了，空气更好了”“鹤岗很干净，满眼都是绿色”“公园很多，老百姓休闲生活丰富多样”，与此同时，鹤岗市 2024 年地区生产总值 376.3 亿元，较 2017 年增加了 68.1 亿元，以“鹤岗蓝”为底色的老煤城正努力蹚出高质量发展的新路子。

二、主要做法

（一）以源头削减为“根”，从生产生活方式上转变能源结构

以拆减炉，压缩生活散煤用量。严格控住“面”，集中式开展城市拆迁工程，充分利用国家采煤沉陷区治理和棚户区改造政策，通过实物补偿、货币补偿两种方式拆迁平房超 500 万平方米，拆除小烟囱 8.13 万处，替代散煤量近 30 万吨，市民居住环境实现了从平房到楼房的革命式改善，破解了“暖屋子”和“好空气”之间的矛盾。坚决消灭“点”，规模化淘汰改造燃煤设施，拆除营业性大烟囱，强力淘汰燃煤锅炉 390 台，建成区 10～35 蒸吨燃煤锅炉实现清零，10 蒸

吨以下燃煤小锅炉全部取缔。特别是在事关民生的洗浴锅炉淘汰上，通过“一炉一补”“热水配送”等政策，累计淘汰燃煤锅炉 180 台。“热水有保障，还便宜，老百姓洗澡没有受到丝毫影响。”鹤岗市某洗浴店老板如是说。

以“新”换“旧”，实施清洁能源替代。充分利用风能，建成 550 兆瓦风力发电项目；充分利用光能，在采煤沉陷区上建成 216 兆瓦光伏发电项目；充分利用电能，引导农村地区实施煤改电工程，完成改造 3 870 户；充分利用水能，建成 8 万千瓦关门嘴子水库、1 800 兆瓦大跃峰抽水蓄能电站；充分利用生物能，实施 108 兆瓦秸秆发电项目，鹤岗市每年产生的 84.6 万吨秸秆全部“变废为宝”。全市新能源装机规模已占电力总装机规模的“半壁江山”，燃煤减量、固废利用、经济收益、社会效益实现了“同频共振”。实施农村散煤燃烧替代工程后，农民的感受最深：“原来是烧煤取暖，一天到晚得一趟趟地取煤、添火，受累不说，还弄得到处都是煤灰，现在真是既干净又暖和。”

以热节煤，实现煤炭高效利用。实施发电企业远程送热，综合运用燃煤电厂余热利用、大温差输送、多级中继循环泵联动等先进技术，将郊区发电企业的余热长距离输送到市区，2019 年新增供热能力 1 000 万平方米，实现全区域热电联产集中供热，替代了近 1 000 蒸吨的燃煤锅炉。推进水泥行业余热发电，将位于中心区的 15 万吨水泥企业搬迁至循环经济产业园区，配套建设日产 2 500 吨的水泥生产线余热发电项目，实现了低碳、循环、节能、减排等综合效益，彻底解决原厂区周边 12.6 万平方米“晴天一身灰、雨天一脚泥”的窘境。

鹤岗市 1 200 兆瓦煤电机组超低排放改造工程

（二）以过程控制为“轴”，多维度系统化治理大气污染

以“督”推动绿色生产。对市域内 144 户规模以上企业按大气污染程度分门别类，坚持源头削减、过程控制、末端治理的全过程污染防治。从源头上管控，坚决遏制“两高”项目盲目上马，2022—2024 年全市“两高”项目增量为零。从行业上防控，以化工、水泥及油品储运销等行业为重点，全市 105 家涉挥发性有机物（VOCs）企业 306 个单元全部实施臭氧污染防治设施台账式监管。从过程上监控，通过“双随机”、专项整治、风险排查、群众举报等渠道，严密监控环境违法行为，共查处涉气环境违法行为 121 起，罚款金额 3 500 余万元，其中按日连续处罚 15 起，依法关停 1 家，零容忍控制污染物排放。从工艺上质控，突出石墨新材料全产业链建设，中国五矿突破石墨连续高温纯化“卡脖子”技术，建成黑龙江石墨提纯加工中心。

以“治”管控扬尘污染。整治工程现场“点”上扬尘，施工现场落实“六个百分百”和标准化建设，做到全封闭施工、道路硬化、区域隔离、配备冲洗设备等，压实降尘、密闭运输、砂石物料覆盖等工作责任。整治城区道路运输“线”上扬尘，常态化实施运输车辆扬尘全密闭管理，专项式开展“春风春绿”“夏净秋扫”市容环境卫生大扫除，截至 2024 年，全市六区道路机械化清扫率达到 89.61%，比 2015 年提高 34.93 个百分点，实现了路见“本色”、街现“真容”、巷有“净颜”。整治矿山企业生产“面”上扬尘，采取全方位排查方式，引导企业广泛应用“炮”（雾炮）、“网”（防尘网）、“布”（苫盖布）、“舱”（密闭舱）等防治扬尘。

以“绿”构建现代生活。持续开展“鹤岗最美因为有你”主题文明实践活动，让百姓在绿色和低碳中迈向文明与现代。普及绿色交通，推进公交、出租、物流配送、轻型环卫等行业使用新能源汽车，2015—2024 年全市共淘汰老旧车 11 620 台，新能源公交车占全市公交车比例达到 88.9%。兴建绿色建筑，2024 年建成绿色建筑 35.83 万平方米，占全市新建建筑面积的 100%。倡导绿色生活，累计组织植树造林、垃圾分类、光盘行动、文明通行等低碳环保文明实践活动 1 300 余次，参与志愿者达到 27 万余人次，市民群众主动参与生态环境保护的意识和行动明显增强。

以“制”应对污染天气。建立生态环境、气象、应急等部门信息共享和工作会商机制，紧盯小时数据和高值数据，采取措施全力削峰减频，确保第一时间响应、第一时间行动、第一时间消除。实施精准化、差异化企业管控，摸清全市所有涉气企业工序，574 家涉气企业均实现应急减排“一企一策”。在采暖期落实错峰生产措施，供暖锅炉实施错峰起炉，水泥熟料企业实施错峰生产，避免生产排放与采暖污染排放双重叠加，为秋冬季大气环境减负。实施秸秆禁烧管控和综合利用“双推进”，生态环境、农业农村、交通运输、公安、林草、气象等部门“一体化”推进市、县两级防控机制；坚持疏堵结合，依托生物质发电项目，秸秆综合利用率达到91%。通过以上措施，鹤岗市连续7年重污染天气未超过24小时。

（三）以生态修复为“面”，创建森林城市，拓宽环境容量

全力建设“绿色矿区”。“满身黑灰下的牙齿格外白”生动地描绘了曾经的矿工形象。通过政策引导和建设指导，推动绿色改造和生态治理实现双突破，累计建成绿色矿山9户（国家级5户），数量和占比均位居黑龙江省前列。

有效消纳“煤矸石山”。煤矸石山一度成为附近居民生命安全和身心健康的重大威胁，“我们生活在火山口上”曾是广大百姓的心声。鹤岗市以“零增量、减存量”为原则，通过矿铁排矸系统，将新产矸石直接回填，实现了“零增量”；通过矸石发电、制砖、铺路、回填采坑，辅之以土地复垦等方式，加快推进煤矸石消纳进度以“减存量”。截至2024年，累积80年的矸石山已基本被消纳，剩余的65万吨预计2025年年底前全部消纳，“火山口”的历史将一去不复返。

积极打造“森林城市”。坚持污染防治与生态保护协同联动，从2017年开始，鹤岗市着力创建国家森林城市，坚持“成片植绿、沿街种绿、见缝插绿、拆墙透绿”，截至2024年底，鹤岗市林地面积已达1 090万亩，森林覆盖率突破47%，建成区绿地覆盖率超43%，人均公园绿地面积超15平方米，“一城山水半城林”成为鹤岗市的新名片，当地百姓更是实现了“推窗见绿、开门见景”的幸福生活。自2018年鹤岗市打响蓝天保卫战以来，尘肺病等矿区职业病病例比7年前减少了55%，这也是“鹤岗蓝”生动的侧面描写。2024年8月17日，以“相约鹤马 乐享山水”为主题的2024鹤岗森林半程

马拉松大赛鸣枪起跑，4 000 多名国内外选手沿着“一城山水半城林”的绿色赛道，向世人全方位地展示了“生态鹤岗”的独特魅力。

鹤岗市生态修复工作成果——欣虹湖公园（刘晓红 摄）

三、经验启示

鹤岗市实施“生态立市”发展战略，持续打好蓝天保卫战，还蓝天于民，推动煤城由“黑”变“绿”，蹚出绿色转型发展新路子。

（一）突出目标导向，生态优先、绿色发展

鹤岗市坚持实施“生态优先、绿色发展”总基调不偏移、“生态立市”战略不动摇，始终坚决推进“生态和谐宜居城”建设不游离，以“有煤不唯煤”为原则，从产业源头破解高能耗、高污染难题，彻底打破“一煤独大”的产业格局。实践证明，蓝天保卫战要突出目标导向，以增进民生福祉、提高人民生活品质为政治责任，以更高站位、更宽视野、更大力度推进生态环境保护工作。

（二）突出问题导向，症结清晰、路径明确

鹤岗市坚持以问题为导向，把解决实际问题作为打开工作局面的突破口，结合 PM_{10}、$PM_{2.5}$ 超标因子，从产业结构、地理环境、气候特点和居民生活习惯全面分析大气污染的成因及问题症结，找准煤炭开采加工业、燃煤锅炉、棚户区烟尘、面源扬尘等主要污染源，明确“减煤、治污、扩绿”的治理思路，坚持靶向施治，逐一打通堵点。实践证明，污染防治攻坚战要突出方法精准、路径精准，将结构调整、末端治理、强化监管等措施落到实处。

（三）突出结果导向，铁腕治污、合力攻坚

鹤岗市生态环境部门分别与气象、司法、公安、交管、城管等部门建立了污染天气会商、司法联动、路检路查、餐饮油烟治理等一系列联动机制，在常规执法监管的基础上，运用按日连续处罚、查封扣押、限产停产、行政拘留、涉嫌污染环境犯罪移送等五种手段，严密管控、严格督导、严厉问责，持续保持高压执法态势，环境违法行为得到有效震慑和缓解。实践证明，打好蓝天保卫战，要打破“一人望天”的传统，实行多部门联合治理，建立“条块结合、齐抓共管”的工作机制，形成强大合力。

（中共鹤岗市委、鹤岗市人民政府供稿）

城乡一体　建管结合

——义乌市全域统筹污水收集处理设施建设管理

【引　言】2018年5月，习近平总书记在全国生态环境保护大会上指出，在治水上有不少问题要解决，其中有一个问题非常迫切，就是要加快补齐城镇污水收集和处理设施短板。要定个硬目标，全力攻克，尽快实现污水管网全覆盖、全收集、全处理。

【摘　要】义乌市从污水治理“小切口”入手、立足转型升级抓“治本”，在十年的治水实践中逐渐探索建立起污水治理新模式。通过科学布局污水处理网、全域联通污水输送网、超前规划污水收集网“三张网”，逐渐建立起横向到边、纵向到底的污水排水系统。融入数智赋能，充分发挥“大数据＋预警”机制作用，高效推进问题排查解决，实现城镇区块、农村雨污分流运维闭环管理，最终形成一体化、网络化、全覆盖的污水治理新格局，最大限度地提升全域污水处理能力，助力经济绿色发展，开启义乌水生态环境完美蜕变新征程。

【关键词】污水收集处理；互联互通；水生态环境治理

一、背景情况

改革开放以来，依托小商品市场优势，义乌市产业结构逐渐从以农业经济为主过渡到以服务业经济为主，2023 年进入经济总量全省前十县（市、区）行列，城镇化水平已达 81.6%，2024 年实有人口 309 万人。作为全国最具发展活力的县域之一，在城镇化建设不断推进、社会经济持续发展、大型企业成批入驻、市域范围内人口流动性持续增强的大背景下，加快补齐环境基础设施建设短板、满足城乡污水处理的基本需求成为亟须解决的问题。自 2013 年浙江省启动开展“五水共治”以来，义乌市秉持“鸡毛换糖”的改革精神不断探索，围绕“自治”“智治”“共治”理念，从曾经的管网错接混接、雨污混流、污水溢流，到如今的管网顺利通畅、污水应纳尽纳、雨污分流有序，梗阻不畅的城市“毛细血管”逐渐得到修复，“绿水逶迤去，青山相向开”，一个宜业、宜居、宜游的美丽义乌跃然呈现在人民群众面前。

义乌江沿线景观（吴玉龙 摄）

二、主要做法

（一）坚持系统治理，强化基础设施建设

坚持统筹考虑、系统规划，结合城市总体发展规划，按照“城乡统筹、流域一体”“相对集中、就近处理”的原则，系统布局污水处理厂、污水管网等设施，逐步形成全市域城乡一体化、网络化、全覆盖的污水治理设施建设规划体系。打破污水只靠重力流向处理厂的常规模式，新建 18 座加压泵站，将重力流向压力流转变，将污水从低处调往高处，打通纳管“大动脉”，实现双向互通，缓解各污水处理厂在用水高峰期或设备检修情况下的压力，同时为日常维护、应急抢修等提供调度保障。截至 2024 年底，全市累计建成污水处理厂 10 座，处理能力达 75 万吨 / 日，投资 3 亿元统筹实施雨污分流改造、新建雨水管网、联通水系、新建污水管网、架构线状污水管网等工程，配套建设 1 525 千米一二级污水主次干管、2 100 千米镇街社区管网和 1 588 千米农村管网，将全市污水处理厂连成“一张网”，实现管网互联，污水处理能力“化零为整”。全市污水管网已实现 11 个跨流域调度路径的互联互通，同一时段调度能力达 28 万吨。

（二）坚持两手发力，探索长效管理机制

“重建设，轻运维”是污水处理行业的一大顽疾。为解决好运维主体水平参差不齐、运维管理分散混乱、运维成效甚微等问题，提高污水管网运维效率，义乌市坚持治管并重，两手发力。

一手是政府的科学规划与有力监管。多维度、全方面研究制定科学管用、管长远的工作机制，出台《义乌市纳管污水水质考核暂行办法》《市政设施处排水设施运维管理考核办法》《农村生活污水

处理设施运行维护管理工作考核办法》等系列专项考核办法，与日常考核、定期考核、现场考核相结合，全面、客观评价污水治理成效，将考核结果作为运维经费拨付的依据，不断推动污水治理水平提升。建立全省首个排水行业标准，编制“两册一表”（排水管网巡检管理手册、排水管网维养管理手册、事项—岗位—人员对应表），建立管网巡查、养护、抢修等 12 项作业流程，制定工具、设备、设施等 15 项操作规程，细化巡检、维养、调度、应急、安全、档案、信息化等 7 个管理环节的 60 项作业标准，使每项工作有章可循、有规可依、有据可查，推动污水治理专业化、标准化、规范化。

另一手是市场的活力释放与资源配置。在设施管理上，以政府为主导，实行雨污水排水设施等级化运维管理模式，将全市排水设施划分为一级、二级、三级公共排水设施和排水单元内部排水设施。在管理模式上，构建主管部门—国有企业—属地镇街三级管理模式，市住房和城乡建设局作为公共排水设施运维管理的行业主管部门进行

污水管网疏通（陈轩 摄）

统筹管理，市属国有企业水务建设集团所属排水公司全面接管城区“主动脉”与农村“毛细血管”，承担全市一级、二级排水设施运维管理，属地各镇街负责三级排水设施的运维管理并指导督促排水单元规范管理，实现污水全收集、管网全畅通、污水全处理。

（三）坚持科学赋能，助力污水“零直排”

借力数字化改革东风，自 2015 年起，义乌市统筹污水数字化治理“一盘棋”，以“科学调度、削峰填谷”为方向，率先谋划数字化、智能化污水处理体系，通过持续建设迭代“智慧排水”综合管控系统，综合集成生态环境、住房和城乡建设、自然资源和规划、水务等部门 100 余项数据，叠加融合气象、水文、水质等信息，形成包括管网设施、水利设施、污水管网水质水量等静态或动态数据的污水调度模型，建立全市污水管网“一张图”，让深埋地下的城市血脉也能看得见、摸得着，实现对城市排水的全面感知、态势监测、事件预警。

在摸清各项涉水数据底数的同时，义乌市还对收集数据进行深度挖掘分析，通过管道在线监测点、污水调度模型，构建“监测、预警、分析、协同、解决”全流程闭环动态管控体系，依托数字化管控平台实时调度各污水处理厂液位、水质、水量等情况，结合污水排放的峰谷情况，将各污水处理厂空余容量“化零为整”，有效缓解各污水处理厂的运行压力，提升污水处理能力 2.5 万吨 / 日，实现由传统粗放式水量调度转变为精细化科学管控；通过“智慧排水”综合管控系统，实现 10 座污水处理厂、18 座泵站由调度中心统一分配、统一调度，大幅提高污水处理厂之间的联动调度、跨区域调度的精准性，较传统的泵站实现“无人值守”“精准调度”。

三、经验启示

义乌市从系统上、源头上着力打造水生态环境综合治理新模式，探索出了一套以“污水全收集、雨污全分流、处理全达标、监管全覆盖”为特色的义乌污水治理经验。

（一）树立系统观念、运用统筹方法是实现城乡基础设施一体化的重要基础

义乌市坚持城乡“一盘棋”，制定出台污水治理规划、投资、建设、运维、监督等制度，全面“兜底”全市 7 000 多千米雨污水管网运维，基本实现城乡污水治理服务均等化；通过等级化管理，逐级监管，保障管网正常运行，促进长效运维。实践证明，坚持系统观念，统筹推进网络型基础设施建设和管理，打通城乡生态环境治理的“毛细血管”，能够更好地解决城乡居民共同面临的生态环境问题，让城乡居民共享生态环境改善带来的红利。

（二）依靠有为政府、依托有效市场是夯实基层生态环境治理的重要保障

义乌市着力发挥政府在生态环境治理中的主导作用，不仅加强规划、投入和监管，保障污水治理体系全生命周期的有效运行，同时完善污水处理的绩效评价制度体系，利用市场机制激励评估主体与被评估对象不断提升工作实效。实践证明，要坚持政府作用和市场机制“两只手”协同发力，营造共建共用共享的良好生态，能够切实提升基层生态环境治理体系和能力，加快形成统筹有力、管理科学、激励创新的基层生态环境治理工作格局。

（三）加强数字赋能、强化科技支撑是提升生态环境治理能力现代化的重要支撑

义乌市打造数字管控平台，以数字化、智能化提升环境治理效率和精准度，将粗放式的水量调度转变为污水合理分类处置，不仅降低了人力成本，还有效提高了治污设施的运行效率。实践证明，推进生态环境治理体系和治理能力现代化，要充分释放数字技术赋能生态环境治理的潜力、活力，不断提升生态环境治理的科学化、精细化、智能化水平，为推动生态环境高水平保护注入强劲动能。

（金华市生态环境局义乌分局、
义乌市水务建设集团有限公司供稿）

巧筑“无废”新城

——温州市打造“无废生活”精品体验带

【引　言】2023年7月，习近平总书记在全国生态环境保护大会上指出，大力倡导简约适度、绿色低碳、文明健康的生活理念和消费方式，让绿色出行、节水节电、“光盘行动”、垃圾分类等成为习惯。

【摘　要】作为国家历史文化名城、千年海上丝绸之路的重要节点、我国民营经济的重要发祥地，温州市常住人口密集，民营经济活跃。随着经济社会的高速发展和人民生活水平的显著提高，老城区基础设施落后、城市面貌不佳、公共服务不均、生活垃圾围城等矛盾也日益凸显。对此，温州市以“无废城市”建设为落脚点，选取蒲鞋市街道作为试点，聚焦人、空间、行为三个维度，锚定基层治理现代化、城市有机更新、绿色生活转型三个方面内容，营造“无废”治理、“无废”教育、“无废”改造、“无废”生活等九个可复制、可推广的体验场景，全面发力、全域推进、全民参与，创新打造“无废生活”精品体验带，带动了一股城市绿色生活新风尚，逐步推动生态文明理念在百姓心中落地生根。

【关键词】无废城市；绿色生活；全民参与

一、背景情况

温州市是国务院公布的国家历史文化名城，拥有类型丰富、量大面广的历史遗存，古城肌理保存相对完整。但曾经的老城区基础设施落后、卫生环境脏乱、城市功能缺失，严重影响了温州整体城市风貌、百姓居住体验。尤其是垃圾处理问题，以集中了323个老旧小区的鹿城区为例，日均垃圾产量高达1 170.49万吨。温州亟须一场以“旧”焕“新”的绿色变革。

2020年初，浙江省开展全域“无废城市”建设，温州市抢抓这一机遇，印发《温州市全域“无废城市”建设工作实施方案》《温州市市级“无废细胞”创建奖励专项资金管理办法》等文件，建立“市级统筹、区级主抓、街镇协同”的三级联动机制，深入推进全域“无废城市”建设，因地制宜推动“无废细胞”融入城市治理，并选取人口集中、学校商圈林立、老城氛围浓郁的蒲鞋市街道作为试点，将31个“无废细胞”有机整合为集“理念起航”“塘河雅韵”“旧城蜕变”“共享生活”“无废赛事”五大城市“无废”主题板块于一体的“无废生活”精品体验带，让“无废”成为百姓的生活新风尚、温州崭新的城市生态名片。

二、主要做法

（一）落笔“三区”，题写“无废”共治答卷

社区落笔在分类，垃圾少了，生活美了。过去，温州市很多老旧小区中存在基础设施不完善、居民参与度不高、管理人员不足等问题，居民的日常生活总是很闹心。对此，温州市以“无废社区”建设为契机，持续提升社区小区治理规范化、专业化水平，不断改善小区居住条件，带动整体环境实现精彩蝶变。以“共享生活”模块中的上陡门十二组团为例，这里曾是一片乱糟糟的“老破小”，居民生活苦不堪言。为此，小区热心党员群众组建了业主委员会，通过“垃圾分类五步走法”，即社区与业主委员会协作、撤桶并点、入户宣传、垃圾分类督导和垃圾清运保障，实现了原来的 24 处垃圾投放点减至 1 处，并推出“一米菜园”等易腐垃圾回收场景，利用园林垃圾、厨余垃圾养肥小菜园、小药圃，实现生活垃圾就地源头减量和资源化利用，截至 2024 年底，易腐垃圾投放准确率达到 90% 以上。

商区落笔在限塑，篮子多了，腰包鼓了。因缺乏有效的管理，温州市许多市民记忆中充满烟火味的马路菜场，逐渐变成“脏乱差”的典型代表，沿街店面的白色塑料使用量大、环境卫生堪忧。对此，温州市以限塑治理为主要抓手，通过“无废”商圈的打造，实现了“经济红”与“生态绿”的双赢。例如，双井头马路菜场积极构建具有内生动力的“政府主导、联盟自治、金融加持、群众参与”四方共赢的运行机制，组建“无废（商家）联盟”，把每月的30日定为“无废会员日”，市民带着菜篮子、环保袋到市场里的联盟商家打卡购物，即可享受商家让利优惠或银行刷卡消费减免。截至 2024 年底，“无废会员日”已连续举办 13 期，180 家商家加入“无废联盟”，超

2 万人提篮买菜成为“无废会员”，累计减少产生“白色污染”360 吨，同时实现客流量增幅超 10% 以上，“每逢 30 逛双井”成为新的时尚环保热潮。

推出“无废城市”竹编篮，逐步形成“提篮买菜”的社会风潮

校区落笔在研学，体验多了，习惯好了。温州市部分学校因受到时间、场地、设备的限制，往往侧重生态文明的理论教学，生态文明实践的种子难以在学生心中生根发芽。对此，温州市打造“理念起航”板块，在蒲鞋市街道幼儿园、小学、初中、高中、大学等 20 所学校 2 万余名学生中试行体验式教学。在文化产品打造上，研发“无废城市棋遇记”线上线下游戏，将游戏场景与“无废”知识充分结合，寓教于乐。在实践参与上，根据学生的兴趣和专长，组建环保研学、绿色生活展览、环保主题表演等各类社会实践小组，行而知之。在成效转化上，鼓励大学生投入生态创业实践，开发研学产

品，如与当地高校创客团队合作，先后研发四代垃圾分类智能学习机，将垃圾分类融入投篮机、跳舞机、体感模拟等趣味游戏，乐享学习。

紧紧围绕九大“无废”体验场景，打造研学旅行精品路线

（二）携手“三方”，共建全新“无废”老城区

老旧改造，享受景美路畅的崭新家园。温州市区老旧小区量大面广，加快棚户区和老旧小区改造，不断提升城市环境质量、人民生活质量成为老城居民关心关注的涉及切身利益的问题。对此，温州市将“无废社区”建设理念融入老旧小区改造更新中，以“政府主导、居民主体、市场承接”的方式推进项目实施，优先对居民改造意愿强、参与积极性高的小区实施改造。以横河南小区为例，在改造前期，蒲鞋市街道深入了解居民诉求、广泛征求各界意见，并通过财政、社会、个人等多渠道筹资，最后协商确定旧改项目主要为屋顶防漏、小区绿化、水电安装、道路修补等，费用占比为 84.8%。通过

公开招标方式引入优质施工单位承接项目，以最小的资源消耗为代价，推动小区面貌焕然一新，小区业主纷纷点赞表示，“真是改到了我们的心坎上”。

老街焕新，拥抱时光记忆里的烟火人间。在城市更新的进程中，温州市通过引进商业投资运营团队，构建起“政府引导、居民参与、市场主体”的模式，对片区进行“应留尽留”“修旧如旧”式微改造，打造了一批特色文旅“无废街区”。以双井坊街区为例，鹿城区政府在做优区域配套环境的同时，根据群众的意愿采用自愿“插花式”旧房征收办法，并引导社会资本通过建筑加固、配套重塑等“修旧如旧”的方式推进小规模、渐进式有机更新，共吸引社会资本投资2.3亿元，累计减少建筑垃圾3 000余吨。改造后的街区业态全部交由市场主导，培育餐饮、剧院、书店等各类商铺80余家，日均最大客流量超2万人次，年营业额4.6亿元。自此，老年人屋前悠闲纳凉、年轻人听着脱口秀彻夜狂欢的“矛盾”画面在这里和谐相融。

老房新生，重燃城市边角的活力生机。城市小区闲置的配套用房是小区嵌入式服务“沉睡”的资源。以“无废场馆”建设为契机，以群众切实需求为导向，温州市精准排摸闲置配套用房，充分挖掘城市边角地等“沉睡”的存量资源，旧房新用，谋划落实了一批社区食堂、共享自习室、共享厨房等公共服务设施，共110余处，辐射“一老一小”3.8万人，让“废弃”的角角落落重新服务于民。例如，芳园社区通过资产清查整顿、调剂使用等盘活出租18处3 000余平方米闲置房产，并成立社区独资公司，获得百万元贷款授信解决资金“瓶颈”问题，每年为社区创造3万元左右的纯利润，社区内2 000多名老人也有了实惠又好吃的食堂，形成了一套“政府主导、居民主体、市场驱动”的社区食堂“温州模式”。

（三）聚焦全域，兴起“无废”绿色潮流

相比“买买买买买，我全部都要”的快乐，循环更具性价比。温州市探索“无废商圈”建设标准，助力形成《浙江省“无废商业街区（商圈）”建设工作方案（试行）》，推动绿色低碳和“无废”理念融入商圈设施建设、运维和管理各环节全过程。在“塘河雅韵”板块中的小坝坊商圈里，咖啡店将绿色循环概念嵌入店内各项细枝末节中，如自带杯减 5 元，循环利用咖啡渣，使用更环保的包装材料；在园区艺术空间布置“无废”艺术展，将废旧椅子、破旧衣服、废弃建筑水管等常见的生活垃圾循环利用，设计改造成一件件艺术品。绿色消费模式号召带动更多市民践行“无废”生活方式，带来了更加舒适、健康的消费体验，同时激发了强大的市场发展活力，小坝坊成为当下最受温州市年轻人喜爱的“网红”打卡地之一。

相比“开车五分钟，停车两小时”，公共交通更便捷。随着城市不断发展，市区停车难、上路堵、养车贵等问题日益突出，碳排放等环境问题也随之而来。为解决这一问题，加快形成绿色低碳交通运输方式刻不容缓。对此，温州市聚焦群众绿色出行，在“共享生活”板块积极探索小区“交通微循环”改造模式，探索出“摸清底子、放下杆子、管好银子、蹚出路子、擦亮面子”的“五子棋”工作法。蒲鞋市街道各社区现已实现“交通微循环”全覆盖，累计施划车位 5 141 个、增收 1 920 万元。同时，依托“交通微循环”营收，在横河南小区定制电动“幸福巴士”专线，以微公交线路打造“家门口—目的地”的一站式服务，不仅打通居民出行的“最后一公里”，填补了常规公共交通线网空白，而且对于减污降碳、缓解拥堵都具有重要的作用。

相比“点菜点一桌，每样吃两口”，“共享”的善举更温暖。主

城区企事业单位多、餐饮服务业体量庞大，存在不同程度的过量点餐、宴会浪费、食堂剩饭等现象。对此，温州市全面推进“光盘行动”，在蒲鞋市街道率先试点开展共享“食”光公益行动，发动有资质的酒店、超市等爱心企业和机关单位成立“共享者联盟”，把销售不完、尚在保质期内的余量产品放入共享“食”光柜，分享给环卫工人、外卖小哥、网约车司机等户外劳动者。在公益行动的带动下，浪费粮食的情况少了，勤俭节约的社会氛围更加浓厚。双井头商圈开辟“城市开放厨房”，由商户定期免费向青年创业者、邻里街坊提供餐食，让大家带着不同的故事入座，在饭菜冒出的香气里，说着共同的“温州故事”。

三、经验启示

温州市坚持高质量发展，积极探索生产生活方式绿色转型，以“无废城市”建设为抓手，聚焦社区、商区、校区等基层治理单元，政府、居民、市场三方参与，在群众心中厚植生态文明理念，着力打造美丽中国“温州样板”。

（一）系统推进是美丽中国建设实践的基本原则

从积极打造社区、商圈、学校等各类“无废细胞”到整合成“无废生活”精品体验带，温州市聚焦人、空间、行为三个维度与生态的融合，营造九大“无废”场景，全民参与、全域推进、全面发力，逐步构建“无废社会”。实践证明，要坚持系统思维，将绿色低碳和“无废”理念融入经济社会发展各环节全过程，逐步推动城市绿色低碳可持续发展。

（二）市场力量是美丽中国建设实践的源头活水

温州市充分发挥自己的经商特长，引入市场“活水”，激发“无废”建设的内生动力，在老旧片区、老旧场馆引入商业运营团队，打造“无废商圈”，实现了双井坊、小坝坊等“城市乱点”向“消费热点”的转变。实践证明，推动有效市场和有为政府更好地结合，把市场决定性逻辑融入城市生态治理，能够激发美丽中国建设的内生活力，形成生态环境保护长效机制。

（三）全民行动是美丽中国建设实践的强大动力

温州市从百姓日常生活的衣食住行着手，从一次“无废会员日”的提篮买菜，到习惯性带篮出门，有效引导市民自觉践行绿色低碳的生活理念，营造绿色健康的生活新风尚。实践证明，要营造生态文明“人人有责、人人参与、人人受益”的良好氛围，逐步推动全社会牢固树立生态文明理念，把建设美丽中国转化为全民自觉行动。

（温州市生态环境局、温州市鹿城区蒲鞋市街道供稿）

蝶变　从“工业锈带”到“生活秀带”

——合肥东部新中心土壤污染治理经验

【引　言】2021年4月，习近平总书记在主持十九届中共中央政治局第二十九次集体学习时强调，生态环境保护和经济发展是辩证统一、相辅相成的，建设生态文明、推动绿色低碳循环发展，不仅可以满足人民日益增长的优美生态环境需要，而且可以推动实现更高质量、更有效率、更加公平、更可持续、更为安全的发展，走出一条生产发展、生活富裕、生态良好的文明发展道路。

【摘　要】作为全国老工业区搬迁改造首批试点，瑶海区曾是安徽重要的传统工业城区，也是合肥四大主城区之一，以钢铁、纺织、化工、机电等产业为支柱，高峰时该区工业产值占到合肥城市工业产值的70%左右。自1958年始，原合肥钢铁厂、合肥化工厂等企业陆续投产，在近60年的生产中，不可避免地造成了土壤和地下水等生态环境的污染。进入新时代以来，瑶海区经济社会发展面临三大“难”。一难在环境污染重。老工业区众多生产企业粗放经营，导致严重的环境污染问题。而随着产业结构调整，凋敝的传统工业区逐渐成为环境污染、产业衰落的“工业锈带”。二难在历史包袱重。随着区域内众多生产企业关、停、并、转，经济社会转型发展受到了人口密度大、产业发展空间受限、生态环境亟须治理等制约。三难在社会维稳任务重。土壤、地下水污染等问题威胁生态环境安全和人民群众健康，冲击公众心理防线，极易引起负面舆情。在此背景下，合肥市坚持环境修复与开发建设并重，坚持精准治污、科学治污、依法治污，积极探索退役工业地块可持续绿色修复模式，为城市发展预留更多空间，为民生福祉更添生态保障，逐步实现从“工业锈带”到“生活秀带”的美丽蝶变。

【关键词】老工业区转型升级；土壤污染治理；绿色发展

一、背景情况

21 世纪以来，合肥城市发展驶入快车道。瑶海区作为合肥乃至安徽最为重要的工业城区之一，随着合肥钢铁厂、安徽化工厂、安徽拖拉机厂、安徽纺织厂等大型国有企业经历关、停、并、转后逐步沉寂，由此遗留下来大量的主城土地储备受到高度关注，串联成片的工业遗存活化利用问题成为合肥面临的重大发展课题。

基于老工业聚集区的共同特性，原区域内生产企业门类众多、污染防治设施不完善、生产历史漫长造成的环境污染问题直接影响了周边居民的生活质量，他们常年忍受漫天的飞灰、刺鼻的异味和污浊的水体，群众阻挠生产、群体上访事件时常发生。同时，合肥近年来城市化进程不断加速，对土地资源的需求也日益增长。

合肥市委、市政府高度重视老工业区绿色转型发展和生态环境治理修复工作。2013 年推动将瑶海区纳入《全国老工业基地调整改造规划（2013—2022 年）》，2017 年启动合肥东部新中心规划，2019 年成立专门机构统筹区域整体规划建设、土壤污染治理和保护修复。截至 2024 年底，合肥东部新中心已对 4 000 余亩污染地块进行土壤修复，顺利完成超 3 000 亩的修复工作并移出国家污染地块名录。不仅摆脱了沉重的历史包袱，还为城市能级赢得了提升空间，为民生福祉提供生态保障，为经济发展预留更多可能，以发展的“含绿量”，提升增长的“含金量”。

马合钢项目工业遗产高炉区

氯碱项目原位热脱附施工区域

二、主要做法

（一）增胆气，顶层设计、压实责任

2018 年，合肥市委、市政府成立由市委书记任组长，市长任副组长的合肥东部新中心建设工作领导小组，瞄准东部新中心生态环境治理和修复工作，将东部新中心的生态环境修复纳入全市“十四五”工作目标计划。领导小组定期组织召开工作推进会议，市委书记亲自调度重大事项，分管副市长坐镇指挥具体工作，细化任务分解，压实部门责任。从全市抽调建设发展经验丰富的人员，组建东管办（正县级）、东投公司专项负责具体实施工作。市直相关部门派专人驻点办公，形成了协同并进的工作合力，确保了工作的有序推进和高效执行。

（二）治顽疾，科学规划、系统修复

制定规划，有的放矢。为筛选出能够“治疗”土壤及地下水污染“顽疾”的“药方”，合肥东部新中心引入行业顶尖院所作为污染治理技术咨询单位，实地踏勘片区企业，结合片区项目建设时序，科学编制《合肥东部新中心瑶海片区工业污染地块风险管控与治理修复五年实施计划》，制定“摸清底数、明确责任、源头预防、风险管控、突出重点、分类实施”的修复规划。

分类施策，事半功倍。合肥东部新中心结合片区用地控制性详细规划，综合考虑污染物种类和地下水分布，将污染地块划分为 16 个子项目，进行分类、分区、分阶段治理，画好“十四五”期间全面完成区域生态环境治理工作的时间表、路线图，充分做到“心中有数”，以严谨的科学态度有序推进治理工作。

创新赋能，成效显著。新增一个“牵头人”，对所有污染地块修复项目进行统一调度及管理，编制项目全过程管理手册，统筹协调解决治理过程中的问题和矛盾，确保项目规范化实施、快速化推进、高质量完成。引进一个“专业人”，组建“141”专业团队。第一个“1”是环境咨询单位，聘请熟悉法规、政策、标准和技术的第三方机构作为“环保管家”，对疑难杂症进行“科学会诊”“下方拿药”。“4”是施工单位、工程监理、环境监理、评估单位，实行清单化施工+闭环式管理。第二个“1”是第三方巡查单位，对片区污染治理工程各参建方开展动态巡视，全方位把控项目施工运行与监督管理，稳步推进修复工程。

（三）补气血，向“绿”向“新”、绿色发展

在持续投入 20 多亿元资金推动土壤污染治理工作取得阶段性成果的同时，区域高质量发展也取得了良好成效。合肥东部新中心将近百亩污染程度最严重地块的土地利用类型，从原居住用地调整为城市绿地，为周边居民的美好生活、周边区域的高品质建设打下良好的生态环境基础；随着地块修复工作的完成，快速路网铺开，上海路、郎溪路、广德路等城市快速路建成通车；地铁贯穿，4 号线建成通车，6 号线计划 2025 年投入运营，9 号线、10 号线列入建设计划；公园环绕，4.2 千米长的滨河公园宛如一条翡翠丝带缠绕在南淝河之畔，364 公顷的青年创意田园犹如一只彩蝶飞舞在田野之中；教育资源聚集，合肥市第一中学、合肥市第三十八中学、合肥市和平小学依次建成；公共服务配套完善，市博物馆、市青少年活动中心、市儿童医院等场馆陆续投入使用。

合肥东部新中心通过生态环境治理释放的城市建设用地，为发

展新质生产力提供基本要素保障。依托既有的G60科创走廊示范园区——中国网谷，锚定新一代信息技术、新能源、智能网联等产业方向，积极推动以科技创新引领产业转型升级。

（四）强正气，完善机制、长效治理

建立土壤与地下水污染防治监管体系，覆盖土壤环境监测、污染源排查、风险评估、治理修复等多个环节，形成从源头到末端的全方位监管。优化土壤污染治理全要素保障体系，从国民经济发展规划、国土空间规划的制定，到联席工作机制、资金保障机制，再到专项工作推进机制，构建了常态化、长效化的土壤污染治理工作新格局。

三、经验启示

土壤污染治理给合肥未来发展带来新的机会，最终成为土壤污染治理的受益者。在这一场生态文明建设和生态环境保护的生动实践中，合肥探索了行之有效的做法。

（一）走绿色发展之路是老工业区转型升级的必然路径

合肥土壤污染治理的实践充分证明，老工业区转型升级必须坚定不移走生态优先、绿色发展之路。从过去老工业区只解决“有没有”的问题转向新城区发展既要解决生态环境“好不好”，又要解决发展质量“高不高”的问题，加快形成科技含量高、资源消耗低、环境污染少的产业结构，使生态效益、经济效益、社会效益协调统一。

（二）完备的体制机制是老工业区转型升级的必要保障

合肥市委、市政府从机构、人员、资金、运行机制等方面构建了一套完备的土壤污染治理和老工业区转型升级的工作制度，形成了党委政府靠前指挥、部门属地协同发力、企事业单位和公众积极参与的良好局面，获得了土地资源释放、发展能级提升、民生福祉保障的共赢成果。

（三）坚定走生态文明道路是新时代高质量发展的必由之路

合肥东部新中心修复污染地块并有效盘活，土地节约集约利用综合改革的红利正在释放，成为合肥市高质量发展的重要引擎，群众的获得感、幸福感、满足感得到极大提升。实践证明，正是因为坚持以人民为中心，坚持生态优先，以生态环境高水平保护支撑经济社会高质量发展，才能更好地满足人民群众对高品质生活的需求。

（合肥东部新中心建设管理办公室、合肥市生态环境局供稿）

科学施策护碧海银滩

——厦门市建立海漂垃圾“四化”机制

【引　言】2013年7月，习近平总书记在主持十八届中共中央政治局第八次集体学习时强调，要保护海洋生态环境，着力推动海洋开发方式向循环利用型转变。要下决心采取措施，全力遏制海洋生态环境不断恶化趋势，让我国海洋生态环境有一个明显改观，让人民群众吃上绿色、安全、放心的海产品，享受到碧海蓝天、洁净沙滩。

【摘　要】厦门市曾经面临突出的海漂垃圾和岸滩垃圾问题，严重影响城市景观和滨海生态环境。针对以上问题，厦门市建立海漂垃圾“四化”治理机制，即制度化责任落实，形成源头减量、治污保洁、清理转运全链条的海漂垃圾治理工作格局；常态化海上环卫，建立海上环卫＋岸滩保洁两支队伍，实现全覆盖近岸海域和全岸线保洁；系统化综合治理，建立“海上清理、吊卸转运、岸上处置”的全过程治理体系；信息化预测预报，建成智慧海上环卫指挥调度中心，充分运用海漂垃圾漂移轨迹预测、视频监控、无人机等各种手段提高海漂垃圾治理水平。2024 年厦门市海漂垃圾分布密度较 2020 年降低 78.76%，连续 5 年保持全省最高水平。

【关键词】海漂垃圾；“四化”机制；海上环卫

一、背景情况

厦门市位于福建省东南部、九龙江入海口，陆域面积 1 699 平方千米，海域面积 333 平方千米，海岸线总长约 265 千米，是少数在城区就能看到中华白海豚的城市。从 20 世纪 80 年代起，厦门城市发展进入快车道，城市和人口规模持续扩大，陆源污染的输入对海洋生态环境造成巨大压力，陆地垃圾收集处理设施等基础能力不足，许多沿海码头、岸线未设置垃圾容器，公众随意向海域倾倒抛撒垃圾的情况时有发生。加上九龙江流域水生植物及沿岸垃圾随江入海，漂浮在海上，冲积到岸滩，海漂垃圾和岸滩垃圾问题突出，严重影响城市景观和滨海生态环境，中华白海豚等海洋珍稀物种面临巨大的生存危机，亲海空间数量质量也与人民群众的需求不相匹配。

1985—1988 年，时任福建省厦门市委常委、常务副市长的习近平同志亲自主持编制《1985 年—2000 年厦门经济社会发展战略》，明确提出“创造良好的生态环境，建设优美、清洁、文明的海港风景城市”的目标，并强调“在发展特区经济的同时，一定要防止环境污染，保持生态平衡”“生活垃圾要采取焚烧、深埋或做基肥等进行分类处理，不要任其堆放或倾倒海域”，推动厦门市从永续发展的角度深刻思考城市建设与环境保护的关系。

针对海漂垃圾问题，厦门市开展坚持陆海统筹，打造美丽海湾——厦门建立“四化”机制治理海漂垃圾项目，创新建立制度化、常态化、系统化、信息化的海漂垃圾治理机制，助力高颜值生态花园之城建设。

二、主要做法

（一）明晰各方职责，建立制度化责任落实机制

厦门市积极引导广大市民人人动手、人人尽责，联动政府、高校、院所、协会、企业等力量共同参与，与漳州、泉州、金门等地区开展联防共治，深入推进海洋生态环境治理。

在职责分工上，相继出台《厦门市近岸海域海漂垃圾综合治理工作方案》《厦门市海漂垃圾整治三年行动方案（2020—2022 年）》《进一步加强海漂垃圾综合治理行动方案》等政策文件，明确由市生态环境部门负责牵头统筹，市市政部门负责打捞收集、转运处置，各区政府建立常态化岸滩保洁及海漂垃圾清理的工作机制。

在工作推进上，形成源头减量、治污保洁、清理转运全链条的海漂垃圾治理工作格局。加强河漂垃圾清理，对全市 9 条溪流 465 千米河道实施全覆盖管护，以有责任主体、有专人负责、有经费保障、有相应设施的“四有”标准，聘请社会化专业管养队伍进行管理，减少垃圾入海；加强船舶港口垃圾治理，在全市重点渔港渔村开展渔船垃圾分类宣传，设置垃圾分类公告牌，开展船舶垃圾接收作业现场检查，在高崎渔港设置视频监控，指导督促港口船舶垃圾规范收集处置。

在监督考核上，将海漂垃圾治理工作纳入各级党政领导生态环境

保护目标责任书考核内容，每年将海漂垃圾综合治理列入为民办实事项目，每半年召开海洋生态环境保护工作暨海漂垃圾综合治理联席会议，每月开展海漂垃圾综合治理工作调度，切实压实各区各部门治理工作责任。

（二）组建专门队伍，建立常态化海上环卫机制

海漂垃圾涨潮时涌到岸边，岸上垃圾退潮时又跑到海里变成海漂垃圾，单一的打捞模式会造成“清不掉”循环，清了“前浪”又来“后浪”。厦门市建立海上环卫＋岸滩保洁两支队伍，及时打捞海漂垃圾和岸滩垃圾，减少岸上垃圾入海、海漂垃圾上岸。

组建市级专业化海上保洁队伍。成立市级海上环境卫生管理站，专门负责海漂垃圾的收集、转运和处置，现有职工和社会化清洁作业人员 150 多人，配备机械化船只 8 艘、巡查快艇 3 艘、小型保洁船 48 艘，保洁面积从 2019 年的 68.02 平方千米到 2023 年已扩大至近岸海域 230 平方千米全覆盖。

海上环卫机械清扫船（张梁华 摄）

各区设立海域海岸线保洁队伍。配置岸滩保洁员约 580 人，岸线划分为 62 个岸段，每个岸段明确责任单位、责任人员，在两班制作业的基础上，根据潮汐的变化，合理调整作业时间，配备沙滩车、垃圾转运车、压缩车、深埋吊桶车等提升保洁效率，确保岸滩垃圾日产日清。

（三）加大投入保障，建立系统化综合治理机制

海漂垃圾潮湿易腐，容易滋生蚊虫、散发恶臭，厦门市探索建立“海上清理、吊卸转运、岸上处置”的全过程治理体系，确保海漂垃圾日产日清。

加强财政保障。市、区财政每年共投入资金近 1 亿元，用于船舶车辆运行维护、人员费用支出及保洁船舶委外服务，保障海域、岸滩清扫保洁和收集转运的有效运行。

海上环卫吊卸码头（张梁华 摄）

完善码头设施。在西堤、海沧、大嶝岛建设3座作业码头，在五通、马銮湾、杏林湾建设3个吊卸点，作为垃圾上岸靠泊转运点，由起重设备将船上垃圾吊装上岸，实现垃圾上岸的无缝衔接。

实行规范处置。2017年颁布实施《厦门经济特区生活垃圾分类管理办法》，全面推动垃圾分类，完善垃圾末端处理设施，生活垃圾日产日清，有效管控岸上垃圾进入海域；在打捞清理过程中，发现泡沫、饮料瓶等可回收垃圾及时分拣装袋，上岸后进行资源化利用，水草、树枝等植物类垃圾通过转运车辆运至垃圾焚烧发电厂进行焚烧发电无害化处置。

（四）强化科技支撑，健全信息化预报监管机制

海漂垃圾在茫茫大海上漂流不定，曾经海上保洁人员开着快艇在海面上追着垃圾跑，靠运气决定每天的海漂垃圾“收获”。如今，厦门市建成智慧海上环卫指挥调度中心，充分运用海漂垃圾漂移轨迹预测、视频监控、无人机等各种手段，多措并举提高海漂垃圾治理效率。

开展监测预报。充分发挥科研力量、智库优势，建设海漂垃圾监测预警预报系统，通过天气预报模型、海洋数值预报模型和实时视频监控，实现每日对入海垃圾漂移轨迹及分布区域的预测预报，为合理部署清扫保洁力量提供参考和指导。

实施智能视频监控。安装20路沿海岸段视频监控和6路船载视频监控，利用人工智能自动识别海漂垃圾，合理安排保洁船只类型和数量，提升保洁效率。

开展无人机航拍。市生态环境保护综合执法支队每月运用无人

机航拍巡查重点岸段，省、市生态环境部门每两个月开展无人机航拍抽查，实行一期一通报，对发现的问题督促限期完成整改。

三、经验启示

厦门市聚焦群众关心的身边问题，因地制宜不断丰富和完善海漂垃圾综合治理“四化”机制，通过跨部门跨区域协同治理、海面和岸上常态化保洁、资金和配套设施综合保障、科技赋能精准打捞，探索出了一条协同推进高质量发展和高水平保护、促进人海和谐的生态文明实践路径。

（一）坚持生态惠民，探索生态为民利民也靠民的共治共建共享发展模式

厦门市始终坚持以人民为中心，重点解决人民群众反映强烈的海漂垃圾问题，持续为人民群众办好事、做实事、解难事，因地制宜建设亲海空间，将最美自然景观、最核心生态基础设施留给百姓，让百姓能够亲密接触海洋，感受海湾的美丽与舒适。实践证明，要坚持生态惠民、生态利民、生态为民，持续改善海洋生态环境质量，协同推进高质量发展和高水平保护，持续书写人与自然和谐共生的海洋篇章。

（二）坚持改革创新，科技赋能让治理变“智理”

厦门市充分发挥科研力量智库优势，建设海漂垃圾漂移轨迹预测预报模型，利用人工智能自动识别海漂垃圾，运用智能无人机每日自

动巡查海漂垃圾，将科研院所、高校的科研成果有效转化为“智理”手段，提高治理水平。实践证明，要坚持以改革创新的思路举措破解生态环境领域中的突出问题和“瓶颈”短板，持续提高生态环境治理体系和治理能力现代化水平。

（福建省生态环境厅、厦门市生态环境局供稿）

千里大别山　好水在六安

——六安市统筹共治擦亮优质“大水缸”生态名片

【引　言】2023年7月，习近平总书记在全国生态环境保护大会上强调，碧水保卫战要促进“人水和谐”。统筹水资源、水环境、水生态治理，深入推进长江、黄河等大江大河和重要湖泊保护治理。

【摘　要】六安市境内有六大水库，蓄水量约70亿立方米，常年保持在地表水Ⅱ类以上，是安徽合肥、淮南和河南信阳的重要饮用水水源地。六安市坚决扛起碧水保卫战的政治责任，全力保障水源安全，确保一泓清流出六安。建立“水当家”和大别山水环境生态补偿工作模式，搭建城市智慧“水管家”服务平台，构建“厂网河一体、供排水一体、建管运维一体”的城市水环境综合治理体系，打造城市水环境综合治理“六安模式”。坚持生态赋能，做实做活水文章，优质水源在酒水、纯净水等商品制造以及温泉、漂流等旅游项目中实现生态产品价值转化，带动地方经济高质量发展。六安市水环境质量持续向好，“十四五”的22个国考断面均稳定达到考核目标要求，4个城市集中式饮用水水源地逐月水质达标率100%，大别山水生态补偿指数连续10年稳定优于考核要求。

【关键词】成本代价；饮用水水源地；一泓清流

一、背景情况

六安市位于大别山北麓，湖北、河南、安徽三省交界处，是鄂豫皖革命根据地的核心区域，国土面积1.545 1万平方千米。多年平均水资源总量为83.66亿立方米，占全省水资源总量的13.0%。六大水库蓄积了70亿立方米Ⅱ类以上优质水源，2024年放水31.59亿立方米，其中向合肥市调水9.99亿立方米，向淮南市调水5.04亿立方米，向河南省调水1.5亿立方米，有力保障了下游地区人畜饮用、农田灌溉和水产养殖等。

六安市22个国考断面、25个省考断面年均值总体达标，但仍然不够稳定，工农兵大桥、东湖闸、新安渡口等断面水质存在少数月份超标现象。主要影响因素为：城市排水管网存在一定程度的混错接、破损、淤积、合流，甚至有排水方向不明确的现象；县城及集镇污水收集率尚处于35%～50%，达不到55%的考核要求；农田退水、农村畜禽及生活污水通过雨水径流进入河流，对河流水质威胁较大；横排头水利枢纽以下的淠河、史河、杭埠河等重点河流在极端缺水年份，生态流量不能满足要求；市场化补偿机制发育不成熟，流域治理投入略显乏力。

为解决这些问题，六安市以建设“美丽河湖”为目标，坚持“长久管”和“管长久”，实施六大水库生态环境综合治理，实现优质水资源、健康水生态、宜居水环境全面提升。在保护好绿水青山的前提下，不断探索向“金山银山”的转化路径，为革命老区人民群众的生活提供保障。

淠史杭工程

二、主要做法

（一）找准“切入点”，以好山好水诠释生态文明生动实践

“保”在长久。严把建设项目准入关，规范生态红线管控，明确“绿三角”“金三角”空间布局，库区上游禁止新上涉水污染项目，先后否决可能对环境造成污染或不符合准入条件的高能耗、高排放和涉水污染项目150多个、总投资300多亿元。全面推行河湖长制，实施河湖清洁、河畅水清、生态河湖“三步走”战略，先易后难、循序渐进、久久为功。

“护”在管控。组建库区水上综合管理执法机构，整合生态环境、水利、交通、公安、渔业、旅游、应急等部门涉水权责，主要负责库区水质管理，彻底破除“九龙治水”的难题。为了确保大别山区生态功能稳定发挥生态效益，全市每年投入养护费用 50 亿～100 亿元。其中，城镇污水垃圾处理设施运行年维护费用 10 亿元；封山育林 11.3 万公顷，退耕还林 4.7 万公顷，六大水库上游建设水源涵养林 7.3 万公顷，保护生态公益林 598 万亩。

"治"在系统。坚持系统攻坚，全市 17 个主要河流、湖库均制定具体保护方案，谋划 83 项重点工程项目，推动规划目标任务落实。注重工业水污染防治，8 个省级以上经济开发区和化工园区均建成污水深度处理及其配套的雨污管网设施，工业废水处理能力达到 21 万吨 / 日。全面推进水源地规范化建设，累计完成 99 个"千吨万人"以上水源保护区和 55 个乡镇级水源保护区划定。强化饮用水水源地保护监测预警，完成 14 座水源地水质自动监测站、预警站建设。完成 13 条城区黑臭水体整治与岸线修复，黑臭水体全部消除，城区污水处理能力提升至 39.5 万吨 / 日。严格控制面源污染，实现乡镇政府驻地集镇污水处理设施全覆盖，日处理生活污水 15.78 万吨；完成 545 个行政村污水治理，农村生活污水治理率为 32.6%；治理农村黑臭水体 93 条 62.3 万平方米，其中，舒城县张母桥镇积极争取项目资金 7 260 万元，完成凤凰河集镇段控源截污、清淤疏浚、生态修复等综合治理，将曾经的"臭水沟"打造成如今的省级"幸福河"。

（二）提炼"经验招"，以创新做法实现水环境长治长效

建立大别山生态补偿机制。在安徽省委、省政府的高度重视下，2014 年 11 月，建立大别山区水环境生态补偿机制，出台《六安市大别山区水环境生态补偿实施方案》和《六安市大别山区水环境生态补偿资金管理暂行办法》。六安市与合肥市就《关于建立龙河口引水工程水环境生态保护补偿机制合作协议》达成一致，两市签订《跨界水

体水污染联防联控合作协议》，建立联席会议、联合监测、联动执法等制度，协调跨界流域污染防治工作，相互通报跨界水体水质、河道综合治理、环境执法、项目审批等，研究解决相关问题。2014—2024年罗管闸考核断面生态补偿指数均低于0.8，累计获得大别山水环境生态补偿资金23.94亿元，全额用于饮用水水源保护、城镇污水处理、农业面源污染防治、环境综合整治等441个水环境改善项目建设。

建立“水管家”监管服务机制。出台《六安市城区“水当家”监管服务工作导则》，建立“管控有力、节约高效、服务便捷、智慧科学”的“水当家”工作模式，搭建城市智慧“水管家”服务平台，构建“厂网河一体、供排水一体、建管运维一体”的城市水环境综合治理体系。先后落地长江大保护项目3个，投资规模为108.8亿元，累计完成投资83.1亿元，已投运供水厂4座（共50.5万吨/日）、水质净化厂8座（43.5万吨/日）、供水管网1 579.82千米、污水管网1 073.118千米、雨水管网1 848.056千米、水体河道14条49.31千米。其中，舒城县投资23亿元实施“厂网河”一体化工程建设，开展城区雨污分流改造和城东、开发区2个污水处理厂提标升级等工程建设，对老城区玉带河实施架管截污、内源治理、畅流活水、生态提升等环境治理。

集镇污水处理提升机制。六安市舒城县实施“三好”提升工程建设，争取国家开发银行政策贷款3.6亿元，按照“统一甲方供材、统一设计建设、统一监理管理”模式，统筹做好“重安全，保质量，促进度”。现已建成投运17个集镇污水处理设施，运行稳定、达标排放，实现了建设好、运维好、监管好的目标。

（三）算好“生态账”，以“两山”转化助推经济高质量发展

立足水源壮产业。注重水力生态发电，全市水能资源总蕴藏量为53.4万千瓦，年发电量达5.5亿千瓦时，是重要的“绿色银行”。打造生态系列品牌，佛子岭水库以水为媒，大力发展白酒、饮用水等产业，实现年收入60余亿元，年缴纳税金11亿元，探索出保护水资源、挖掘水文化、做活水文章、打造水品牌的生态产业发展模式。发展水产生态养殖，六大水库网箱、湖汊退出后，恢复了自然水体及生态养殖，提升了水产品质，如万佛湖有机鱼年销售额约1.6亿元，立足华东、辐射全国，深受消费者青睐。发展农林经济，依托盛产的110多种名特优稀农副产品和1 400余种中药材，不断培优壮大生态农林经济，境内粮、油、棉、麻、茶、茧、板栗、肉禽、羽绒、水产等产量多数居全省第一，六安瓜片、皖西白鹅、霍山石斛甲天下，走出了一条农村“资源变资产、资金变股金、农民变股东”的乡村振兴之路。

位于大别山境内霍山县的“新中国第一坝”——佛子岭水库大坝

立足环境促旅游。六大库区生态环境优良，空气清新，水质优良，森林茂盛，山石奇观独特，是休闲旅游度假胜地，先后打造出2个5A级景区和32个4A级景区。依托良好的生态资源开展度假休闲旅游、滨水旅游、漂流、农家体验、生态观光等，年接待游客5 710万人次，实现旅游收入402亿元。

立足自然保生态。划定天马国家级自然保护区、大别山国家级地质公园、六安淠河国家湿地公园和万佛山省级保护区，有效保护境内木本、草本植物3 800多种和水生及水陆栖生脊椎动物500多种，成为"中国最美小鸟"蓝喉蜂虎的繁衍地，中华秋沙鸭、白鹤、天鹅、娃娃鱼等珍稀动物的栖息地。投资7 805万元，打造占地1 000亩的霍山东淠河生态湿地项目，对县城及工业园区污水处理厂尾水进行水质净化处理，提高东淠河水质和生态自净功能，保护水源地，美化河岸环境，该生态湿地成为人们休闲娱乐、摄影写生的打卡地。建成淠河城南水利枢纽工程，与下游的新安橡胶坝、城北橡胶坝形成3个蓄水梯级闸坝，可蓄水1亿立方米，有效解决枯水期生态基流问题。苏大堰生态湿地每天可净化24万吨城市生活尾水，现已成为六安居民绿色休闲和生态科普的好去处。

三、经验启示

六安市坚定不移走生态优先、绿色发展之路，持续加大水污染防治力度，推动水环境质量不断提升，在最大限度地保护好皖西优质"大水缸"的前提下，让富集的水资源优势真正成为强市富民的"源头活水"。

（一）源头控制与生态修复是前提

大别山区环境基础设施建设普遍滞后，生活污水直排混排现象由来已久，导致过境河流水质变差，甚至变黑发臭。要想长久实现水清岸绿目标，既要在源头上控源截污，生活污水管网应接尽接，雨污分流彻底到位，又要恢复河道生态环境和生态基流，实现河道自然净化和流水不腐。

（二）因地制宜发展生态产业是保证

六安市因地制宜发展生态产业有效地促进了生态环境保护，实现了产业生态化与生态产业化良性循环、相辅相成、和谐共赢的目标。实践证明，实现产业生态化能够把对自然资源和生物多样化的破坏降到最低，也能够带动水资源、水环境、水生态有效保护。

（三）统筹共治推行生态补偿是保障

水环境保护需要上下游协调联动，按照“谁受益、谁补偿，谁破坏、谁承担”的原则，共同实施水环境生态补偿机制。实践证明，流域生态环境治理，要更加注重生态系统整体性和流域系统性，更加注重上中下游地区的互动协作，要推动构建流域上下游贯通一体的生态环境治理体系，共同促进流域、区域经济社会可持续发展、高质量发展。

（六安市生态环境局、安徽省生态环境厅供稿）

化“废水”为“肥水”助力农业与生态双赢

——上栗县农村生活污水治理桥头模式

【引　言】2017年12月，习近平总书记在中央农村工作会议上强调，农村环境整治这个事，不管是发达地区还是欠发达地区都要搞，标准可以有高有低，但最起码要给农民一个干净整洁的生活环境。

【摘　要】上栗县位于江西省西部、萍乡市北部，属长江中游地区，县域内主要河流有萍水河、栗水河及其支流16条，境内以丘陵、山地为主，大部分农户依山傍水建房分散而居，农村常住人口为22.4万人。农村生活污水治理是农村人居环境整治的重要内容，随着经济的快速发展和物质生活水平的提高，人们对农村人居环境整治越来越重视，而农村居民分散建房成为农村生活污水治理的“老大难”问题。上栗县委、县政府坚决扛起生态环境保护政治责任，深入开展农村生活污水治理，因地因时制宜、分区分类施策，探索出低成本、易维护、高效率的农村生活污水治理“桥头模式”，有效地改善了农村人居环境和水系生态，实现了生态效益与经济效益的“双丰收”。

【关键词】废水；肥水；生态优先；农村人居环境

一、背景情况

上栗县东源乡桥头村位于杨岐山脚下、萍水河源头，全村常住人口 1 420 人，农业产业比较丰富，水田面积约 900 亩，旱地面积约 3 000 亩，油茶林面积约 3 000 亩，村民人均年收入 1.2 万元左右。历史上，该村半数村民沿河散落而居，产生的生活污水通过家庭三格式化粪池直接外排渗入土壤或直排至萍水河。彼时，污水直排，村里到处臭气熏天，河里鱼虾也销声匿迹，下游百姓苦不堪言，人居环境和水域生态环境受到严重威胁。

农村化粪池的水为什么没有进行资源化利用，而是外排影响生态环境，在对直排生活污水进行溯源时，东源乡党委政府和桥头村村支两委发现了这个问题，并且深感疑惑。在与农户访谈后，才发现主要是因为在自家菜园子种菜的人少了，用传统农家肥的人也少了，化肥已经取代农家肥成为农民耕作物的主要营养补充来源。发现这一问题后，东源乡党委政府和桥头村村支两委认真研究分析，结合现有自然资源禀赋，将村集体经济发展与农村生活污水治理结合起来，通过三级三格化粪池将农村黑水进行深度发酵熟化处理后，用于农业生产，既解决了群众田间施肥路途较远、体力耗费大的问题，又解决了农村生活污水无处排放造成环境污染的问题，同时为农村化肥减量施用提供了新思路，探索出低成本、易维护、高效率的农村生活污水治理“桥头模式”。如今的桥头村，瓜果满山、鱼翔浅底、稻谷飘香，群众安居乐业。

二、主要做法

（一）当好群众贴心人，突出党建引领

凝聚治理共识。近年来，上栗县坚持以高质量党建引领高效能治理，持续深化拓展“群众贴心人”工作机制，选派党员干部作为群众贴心人，通过屋场贴心会，与群众面对面交流，听取意见建议，了解实际需求，解决各类问题，办好群众贴心事。屋场贴心会从为什么要治水到资金从哪里来，从治水变化到村里发展远景，开了几十余次，将农村生活污水直排入河会影响生态环境和后代子孙的利害关系逐一分析，统一思想，明确方向，引导人民群众积极主动参与农村生活污水治理。

共商治理模式。为系统谋划农村生活污水治理工作，按照县委、县政府统一部署，生态环境、住建等部门会同各乡镇、村级及群众代表深入一线进行实地调研，立足部门职责和农村实际，为上栗县农村生活污水治理建言献策。根据美丽乡村发展和乡村振兴战略要求，充分结合各乡镇农村生活污水治理实际、地形地貌、人口分布，合理确定农村生活污水排放收集方式和处理模式，并召开工作座谈会，充分吸纳人民群众对规划实施提出的意见和建议，形成了以“桥头模式”为主体的农村生活污水治理模式。

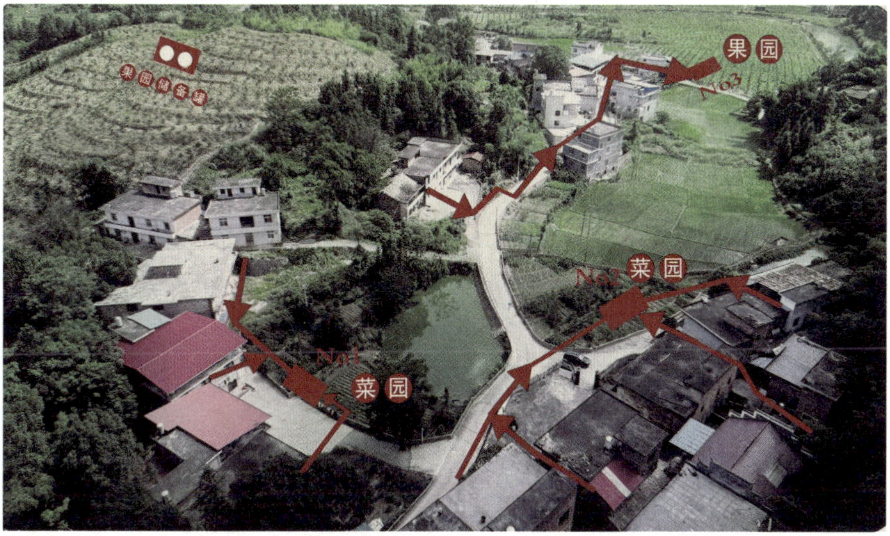

“桥头模式”治理效果图

（二）开好屋场贴心会，突出生态优先

因地制宜。由于各村面积、人口都不同，难以集中统一建设污水处理设施，但每户分散建设又会造成材料浪费。桥头村村支两委发动人民群众出主意、想办法，人民群众在污水治理方面的共识是凝聚了，但该如何治理让大家犯了难，资金投入和土地开挖等问题始终是人民群众密切关注的焦点。在屋场贴心会上，从产业发展和污水治理相辅相成方面进行宣讲：一方面，通过发展特色产业，如果蔬种植，可以提高村民收入，为污水治理提供资金支持；另一方面，采取集中处理与分散处理相结合的方式，确保污水得到有效治理，改善乡村环境，为产业发展创造良好条件。从示范引领出发，选取一些积极性高、有一定影响力的村民作为示范户，先期试点改造，继而产生示范效应，带动周边村民转变观念，积极参与进来。采用因地制宜、一村一策的方式，充分发挥村民的智慧。村民们在各自房前屋后构

筑化粪池，通过管道集中到一个大的化粪池，延伸到田间地头的消纳池，再将传统文化元素点缀其中，形成独特的风景线。

因地制宜设置污水处理系统

变废为宝。了解到人民群众挑黑水肥田消耗体力大，遂使用三级三格化粪池，将生活污水发酵灭菌熟化，通过重力作用自流到低处，直接在果园、农田施用，既降低了村民的劳动强度，又解决了萍水河两岸生活污水直排入河造成的环境污染问题，保护了一河清水，真正实现了鱼翔见底、秀美桥头的美景。同时，减少了农药化肥的施用量，降低了因施用化肥对土壤生态、地表水、地下水造成的污染，还减少农业生产资金投入量，相应地提高了村民收益。

（三）办好群众贴心事，突出全民参与

根据果园菜地废水消纳量，确定化粪池的大小，确保供需平衡。村支两委带领村民因地制宜采用“旱厕改新厕，菜园小三格，集中大三格”的思路建设容积大于 3 立方米的多级厌氧发酵处理设施 96 套

（28 套 9 立方米，68 套 3 立方米），县级财政投入资金 400 万元，农户受益率达 80% 以上。

通过菜地果园多级发酵深度降解，让废水肥效增加。依托三级三格式化粪池，将农户厨卫、保洁、洗浴等产生的生活污水统一收集到以户为单位的化粪池，实现第一次厌氧发酵。再根据住宅分布分散且地形地势有一定起伏的特点，铺设管网，以屋场为单位，将 5～10 户的三格式化粪池水通过污水管道引入中号三格化粪池，进行第二次厌氧发酵，二次厌氧发酵后的污水可用于果园、菜园、稻田等地农作物的灌溉和施肥。因地制宜地选择合适地点设置大三格式化粪池，将二次厌氧发酵后的污水进行收集，作为处理终端完成第三次厌氧发酵，三次厌氧发酵池设置在农村产业地块附近，通过吸污车定期将积满的污水作为有机肥运至草场、油茶林等地进行浇灌，实现“废水”变“肥水”再次利用。

在整个污水治理过程中，管网铺设和沉淀池安装均采用了经济实用的材料和简单易行的施工方法，使得平均每户建设成本低于 5 000 元，相比常规污水处理设施，大大降低了成本。管网的维护工作由果园、菜园等受益人负责，他们在日常的农业生产活动中，兼顾对管网进行检查和简单维护，确保其正常运行。村里的保洁员仅需关注公共检查孔情况，及时发现和处理可能出现的问题。这种分工明确、操作简单的运行管护模式，既不需要专业的技术人员和复杂的设备，也降低了运行管护的难度和成本，提高了项目的可持续性。

三、经验启示

桥头村实施的“户用、村头、田间”三格式化粪池多级发酵治理农村生活污水的新模式，具有群众参与度高、建设管护资金低、资源利用率高等特点，使得“废水”变“肥水”，实现变废为宝。

（一）“党建红”引领“生态绿”

上栗县通过与群众面对面交流，听取意见建议，了解实际需求，形成了农村生活污水治理“桥头模式”。其本质是以农村污水治理为纽带，引导群众参与农村人居环境整治和乡村文明共建等活动。实践证明，在农村地区实现资源的合理利用，要加强党建引领，全民参与，将政府主导要做的事变为百姓自己积极参与想做的事，积极构建农村生态环境保护共建共治共享机制。

（二）强自治，齐抓共管降成本

“桥头模式”建设和运维成本低，建设成本基本上是一次性投入，运维成本更是低到基本可以忽略不计，成本可控，非常适合以农业为主、经济相对不发达的农村地区，尤其是具有地势落差的丘陵地带。实践证明，在农村地区开展生态环境治理，要结合地方特点和发展水平，因地制宜地选用治理模式和治理手段，才能有效确保生态环境治理效果的可持续性。

（三）巧治水，良性循环促经济

“桥头模式”有效治理了生活污水，减少了对萍水河源头的污染，改善了河水水质，促进了河流生态系统的恢复和稳定。同时，农户和终端取用肥水浇灌大量草场、果园、油茶林、水稻、花木、蔬菜种植地等，促进了生态农业的发展，提高了农作物的附加值，而生态农业的发展又进一步提升了农村的生态环境质量。实践证明，发展循环经济是解决农村环境问题的重要举措，要充分挖掘传统农耕智慧，结合新技术、新手段，形成良性循环，实现生态、经济多重效益提升。

（江西省生态环境厅、中共上栗县委供稿）

从“失去生命”蝶变为美丽河湖

——南明河治理小记

【引　言】2021年2月，习近平总书记在贵州考察调研时强调，优良生态环境是贵州最大的发展优势和竞争优势。要牢固树立生态优先、绿色发展的导向，统筹山水林田湖草系统治理，加大生态系统保护力度，科学推进石漠化、水土流失综合治理，不断做好绿水青山就是金山银山这篇大文章。

【摘　要】为拯救贵阳市母亲河南明河，2012年以来，贵阳市坚持水资源、水环境、水生态、水安全、水文化“五水”共治，变“九龙治水”为一体统筹，积极构建上下游、左右岸、干支流贯通一体的生态环境治理体系，系统推进南明河综合治理，积极创建美丽河湖。完善污水收集管网，消除25处黑臭水体，分区分段建设20座污水处理厂，达标尾水就近回补生态流量，实施流域生态补偿。水清河畅、岸绿景美、鱼翔浅底的母亲河重回市民身边。

【关键词】“五水”共治；生态补偿；数字赋能；美丽河湖

一、背景情况

南明河，长江上游的重要二级支流，全长 219 千米，贵阳市境内长 185 千米，中心城区段长约 50 千米，是贵阳市生态屏障的关键支撑、经济发展的重要依托、历史文化的承载核心。南明河之于贵阳，是名副其实的“母亲河”。20 世纪 70 年代，南明河清澈见底、风光旖旎，是贵阳居民的直接饮用水水源，沿线“游泳垂钓、淘米浣衣”的美好景象随处可见。20 世纪末，随着城镇化、工业化快速推进，沿河两岸房地产项目骤增，工业项目上马投产，污水收集管网不完善，污水处理能力不足，导致大量生活污水、工业废水直排，重要支流贯城河水体变黑发臭，南明河中心城区段水质长期处于劣Ⅴ类，鱼虾等水生动物生境受到破坏，水生生物多样性遭到威胁，河流生态系统几近崩溃，丧失自然净化能力。同时，由于缺少生态补水，加之人口快速增长，取用水量大幅增加，造成河流水资源严重不足，南明河逐渐成为一条“失去生命的河流”。

2017 年，第一轮中央环境保护督察指出，“每天大约有 40 万吨生活污水直排造成南明河等河流水质受到污染”。2018 年，长江经济带生态环境警示片指出，“贵阳因雨污合流导致大量雨水混入污水管网，污水处理能力严重不足，新庄污水处理厂溢流排放问题十分突出，大量城市污水长期由水下箱涵经南明河直排乌江”。

为跳出“反复治、治反复”的怪圈，贵阳市按照“政府主导、科学统筹、分步实施”的总体原则，创新采用“分布式下沉再生水系统+

浅层好氧生态河道”技术，分救急治标、系统治本、巩固提升三个阶段逐步改善南明河水质，实现从黑臭水体到美丽河湖的华丽转身。

南明河亮丽风光

二、主要做法

（一）管水“布局”，水资源合理均衡配置

强化引流“造血”。贵阳市在落实最严格水资源管理制度基础上，利用黔中水利枢纽工程补充南明河上游花溪水库水量，通过花溪水库至南郊水厂、花溪水库至中曹水厂输水工程置换阿哈水库供水，每年可置换 6 120 万立方米清水用来补充南明河，常态化保障南明河径流量。

强化生态补偿。2018 年，贵阳市印发《南明河流域断面考核及奖惩办法》，在南明河干流及 7 条支流实施水量水质双重考核，建立区（县）间生态补偿机制，根据污染物超标总量缴纳生态补偿金，化学需氧量补偿标准为 0.4 万元 / 吨、氨氮和总磷补偿标准为 2 万元 / 吨。2019—2024 年，累计收取补偿资金 3 959.838 万元并反哺南明河生态治理。通过实施生态补偿，将“谁污染、谁补偿，谁保护、谁受偿”落到实处，倒逼属地政府加大治理力度，压实流域保护责任，进入补偿—治理—奖励的良性循环。随着生态补偿政策的实施，南明河水质不断改善，各区（县）缴纳的生态补偿金逐年降低，已从 2019 年的 1 804.4 万元减至 2024 年的 0.232 万元。

强化数智赋能。充分发挥贵阳市作为国家大数据（贵州）综合试验区的核心区优势，将大数据运用于南明河治理，在干支流建设 14 座水质自动监测站，建设南明河精细化管理平台，集成水量、水质、污染源、视频监控等信息，通过大数据智能分析，为地表水风险应对和污染管控提供数据支撑。开发“河长 App”，用于河湖管理人员日常巡护和开展生态治理，提升河流精细化管理水平，落实河长制实现“河长治”。

（二）治水治污，水环境面貌源清流洁

完善城市污水管网，实现清污分流。贵阳市不断补齐城区污水收集管网短板，打通污水收集运输大动脉，完成南明河沿线排水大沟综合治理，消除 25 处黑臭水体，新建污水管网 65 千米，建设生态排水大沟，分流约 3.5 万吨 / 日清水入河，减少污水溢流入河，污水收集率从 2019 年的 72.2% 提升至 2024 年的 78.8%。干支流河道清淤 113.08 万立方米，深坑整治回填 21.64 万立方米，改造翻板坝 5 座，新建 7 套截污沟除臭系统。

分段建设处理设施，提升处理能力。按照“适度集中、就

地处理、就近回用”原则，引入政府和社会资本合作模式，投入75.91亿元，新建污水处理厂20座，污水处理能力从99万吨/日提高到184.5万吨/日，处理稳定达标后的尾水回补南明河，保障了南明河充足的生态基流，有效提升了河流自净能力。

开展各类专项整治，全面治污减排。深入实施工业企业“退城进园”行动，将钢铁厂、水泥厂等排污大户搬入工业园区，关上了污水排放的“水龙头”，将工业污染“拦”在主城区外。实施贯城河、市西河、小黄河等南明河主要支流综合治理，开展河湖“清四乱”专项行动，基本实现“四清四无”。通过无人机航测、人工排查、“地毯式”排查工业、农业等入河排污口，开展溯源整治，14个超标排口全面完成整治。

南明河甲秀楼河段治理前

南明河甲秀楼河段治理后

（三）活水“美颜”，水生态功能复苏明显

突出生态改造。大力开展南明河干支流河道整治及沿线生态打造工作，新建浅滩湿地1.53万平方米、生态驳岸3万余平方米，完成生态构建及局部生态修复7.3万平方米，治理水土流失面积1 004平方千米，水土流失治理率达55.28%。精准实施水量调度，理顺了河网

水系，保障生态流量，实现生态补水。

涵养生态体系。为打造人与自然和谐共生家园，持续加强水生态环境治理，实施滨岸带生态修复，逐步恢复水生生态系统，全市生物多样性调查结果显示，多种鱼类和水生植物重现，水生植物突破10种，优势鱼类29种，底栖动物49种、湿地植物140种、藻类163种，干流沉水植物覆盖率从35%增长至80%。

开展健康评价。积极运用河湖健康评价手段，对南明河流域河湖物理、化学和生物状况进行实时监测，对健康状态进行评估并预测其未来趋势，为河湖治理保护工作提供重要参考。

（四）护水"防害"，水安全保障坚实有力

规范水源建设。先后完成南明河流域花溪水库、鱼洞峡水库和汪家大井、云锦水厂等集中式饮用水水源地保护区划定调整，在一级水源保护区人员活动密集区建立围栏围网，落实水源地隔离保护措施，开展饮用水水源保护区内环境问题整治，每年进行环境状况评估。

筑牢防汛堤坝。加强上游松柏山水库、花溪水库、阿哈水库、小关水库等蓄水调节、错峰泄放，合理安排洪水出路，保证南明河行洪水位始终正常可控。针对城区内地势低洼的喷水池、大十字等区域，利用南明河支流上设计流量为100立方米/秒的贯城河分洪隧洞，将大量洪水通过洞道引流绕过城区，最终在下游排入南明河主河道，确保城区安全度汛。

强化应急管控。制定南明河"一河一策一图"突发水污染事件环境应急响应方案，以"找空间""定方案""抓演练"为抓手，突出"以空间换时间"工作理念，强化南明河突发水污染事件应急准备，

逐步实现突发水污染环境事件应对方式由被动应对向主动防控转变。

防范物种入侵。加强对空心莲子草、福寿螺等外来物种的综合治理，确保生态安全。2021 年以来，未发生重特大突发环境事件，牢牢守住了水环境安全底线。

（五）兴水“润城”，水文化传承日益繁荣

临河筑梦，文化设施添彩水畔。秉持融合人文与自然的理念，贵阳市精心布局，结合特有人文历史、民族风情与科普教育元素，大力推进南明河水文化建设。一批独具匠心的亲水设施如河滨公园、筑城广场等相继落成，步道铺装与绿化景观改造工程共计 20.36 万平方米，绵延 5.2 千米的灯光亮丽工程让南明河的夜色如梦如幻。休闲步道与沿河座椅错落有致，为市民提供了舒适的休憩角落；水环境科普馆、生态科普馆及沿河文化墙等宣传教育设施，在传播知识的同时彰显南明河深厚的文化底蕴，让市民在亲水、乐水的过程中接受文化的熏陶与滋养。

文化为魂，街区重塑激活水岸。以文化街区改造为契机，贵阳市以“爽”为精神内核，重塑南明河核心段山水格局。依托“九门四阁十三关、五虎三狮一凤凰”的历史文化脉络，深入挖掘“阳明文化”“甲秀文化”等贵阳传统文化精髓，借城市改造东风，巧妙融合历史文化资源、城市空间与河道空间活力。在甲秀楼、翠微阁、观音寺、黔明古寺等历史遗迹周边，打造富有贵阳特色的传统文化街区。文化要素与河道空间的有机融合，使河道不再仅仅是水流的通道，更成为城市活力的重要延伸，成功吸引了众多产业聚集，路边音乐会、河边音乐会火爆出圈，让南明河畔人气爆棚，再现昔日繁华盛景。

传承经典，文化圈构建和谐共生。贵阳市全力打造“南明河流域文化圈和文化带”，其中贯城河复涌工程成为点睛之笔。这一工程通过整合周边优势资源，促进老城区文化保护传承，优化城市功能布局，历史脉络在现代都市中重新焕发生机与活力。如今的南明河流域，已成为集商业商务、文化创意、行政办公、休闲文旅等多功能于一体的“产业动脉、文旅动脉、体验动脉”。在文化空间的精心塑造下，全新消费场景应运而生，城市烟火气得以传承与升华。贵阳市在对南明河科学保护的基础上，真正实现了人水和谐共处，河湖生态与经济发展、文化挖掘、自然生态与人文生态完美融合，书写了城市可持续发展的崭新篇章。

三、经验启示

贵阳市通过制定出台一系列保护规定、生态补偿办法等，以建章立制促长效监管，探索出南明河流域生态与城市发展深度融合的治水兴水之路，实现了生态环境和民生福祉互惠共利。

（一）从九龙治水到一体统筹，重塑治理架构

打破“条块分割、多头治水”现状，变九龙治水为一体统筹，成立了专门的管理机构，确立了“市统筹实施，区配合完善”的治水原则，充分发挥各级河长作用，统筹推进南明河治理。进一步理顺了体制机制，市区两级工作合力逐步形成，有效避免了各自为战、推诿扯皮，推动形成了统筹协调、合力推进的工作格局，彻底走出了“反复治、治反复”的怪圈。

（二）从“三水”统筹到“五水”共治，拓展治理维度

坚持水资源、水环境、水生态、水安全、水文化“五水”共治，构建上下游、左右岸、干支流贯通一体的生态环境治理体系，推动污水处理方式由“末端兜底”向“前端减量、沿途分处”转变，充分挖掘历史文化、民族特色、人文特点，结合城市发展规划，探索流域生态与城市发展深度融合的治水兴水之路，实现有河有水、有水有鱼、有鱼有草的目标，完成从黑臭水体到美丽河湖的华丽转身。

（贵州省生态环境厅、贵阳市生态环境局供稿）

统筹全要素“五河”治理构建境优业兴美固原

——固原市以小流域治理绘就水环境改善新画卷

【引　言】2018年5月，习近平总书记在全国生态环境保护大会上指出，治理好水污染、保护好水环境，就需要全面统筹左右岸、上下游、陆上水上、地表地下、河流海洋、水生态水资源、污染防治与生态保护，达到系统治理的最佳效果。

【摘　要】固原市聚焦山、水、林、田、湖、草等生态要素，统筹水资源、水环境、水生态治理，把清水河、葫芦河、渝河、泾河、茹河作为一个整体，以小流域为基本单元，按照“流域齐治、水岸同治、全民共治”的思路，将保水、治水、节水、用水齐抓共管，采取截污纳管、河道疏浚、面源拦截、生态修复等措施，一个沟渠一个沟渠治、一条河流一条河流整、一个流域一个流域攻，疏通了长年阻塞“五河”的“毛细血管”，五条河流的“肌体”逐渐恢复健康，水体实现了由污浊腥臭到清亮透明，再到鱼翔浅底的巨大蜕变。坚持把流域治理与提高综合生产能力、发展特色产业等有机融合，走出了生态美、产业兴、百姓富的良性发展之路，让“苦瘠甲天下”的固原成为历史符号，让“最不适宜人类生存”的固原蝶变成绿水青山的“小江南”。渝河治理成果入选国家改革开放40周年成就展，彭阳县小流域综合治理经验在全国黄土高原同类地区得到推广。

【关键词】黄土高原；流域治理；生态修复

一、背景情况

宁夏回族自治区固原市位于六盘山东麓，海拔在1500～2 200米，国土总面积1.05万平方千米，总人口114万人。昔日的固原，自然条件差，沟壑纵横、梁峁交错，生态系统脆弱，十年九旱，水土流失严重，灾害频繁，生态问题突出，固原人民在“跑土、跑水、跑肥”的“三跑田”里刨食，因“苦瘠甲天下”闻名于世，一度被联合国世界粮食计划署确定为“最不适宜人类生存的地区”之一。作为西北重要的水源涵养区、陕甘宁3个省级行政区800多万名群众的生命之源，清水河、葫芦河、渝河、泾河、茹河（以下简称“五河”）等黄河重要支流，曾经遭人为破坏，以致面目全非，水质一路走低，给人民群众生产生活带来极大影响，幸福指数直线下降。

为解决这些问题，固原市持续开展黄河大流域下的小流域综合治理，统筹实施山水林田湖草生态保护修复项目，开展退耕还林还草、造林绿化、水土流失治理等工程，不断增强水源涵养功能。实施

“五河”流域综合治理，控源截污和生态修复一起抓，全面提升生态系统稳定性。全市森林覆盖率、草原综合植被盖度分别达到16.07%和87%。“五河”优良水体比例由2015年的20%提高到2024年的100%，变成河畅、水清、岸绿、景美的芳华清流。固原生态环境持续改善，经济效益与环境改善相得益彰，实现了从“最不适宜人类生存的地区”到全球“自然城市”的华丽蝶变。

水清岸绿的渝河

二、主要做法

（一）聚焦水土流失抓治理，增强固土培源功能

以流域为基本单元，针对不同山形、沟渠、流域、土质等要素特征，坚持以自然恢复为主、人工修复并举，因地制宜地探索出不同区域类型综合治理模式。黄土丘陵沟壑区，沟坡兼治，形成“山顶林草戴帽子、山腰梯田系带子、沟头库坝穿靴子”的立体治理模式，山

顶封山育林，涵养水源；陡坡退耕还林还草，保持水土；缓坡耕地修建高标准水平梯田，蓄积天上水；干支毛沟修建谷坊、塘坝、水窖，拦蓄径流，发展灌溉，并适当开发沟坝地。黄土残塬沟壑区，保塬、固沟，形成“上保、中培、下开发”的生态经济开发治理模式：上保，即山顶塬面修建高标准基本农田，保水保土；中培，即山腰坡耕地培育优质高效特色经济林，退耕还林区嫁接改良，调整种植结构，增加农民收入；下开发，即川道区发展设施农业，推动农业现代化。

截至 2024 年，全市累计治理小流域 492 条，兴建淤地坝 468 座，重点河流生态流量保证率达 90%，全市水土流失面积由 1980 年的 8 008 平方千米下降到目前的 2 683 平方千米，水土保持率达到 81.15%，高于全区平均水平 3 个百分点，高于全国平均水平 8 个百分点，实现了水不下山、泥不出沟、沙不入河，改善了地表径流状况，提高了流域涵养水源和水土保持能力。

六盘山小流域治理成效显著

（二）聚焦河流水质抓整治，改善“五河”环境质量

按照“源头治理—河道治理—流域治理”的思路，落实“控源、截污、治理、修复”措施。坚持整体规划与分类施策相结合，强化规划引领，把“五河”作为一个整体，编制“五河”流域环境综合整治规划，“一河一策”制定达标实施方案，分段治理。将城镇区及上游划分为源头控污段，采取雨污分流管网铺设、生活污水处理设施建设等措施进行控源截污；将城镇建成区下游划分为水质净化段，实施生态护岸、缓冲带、隔离带修复治理；将河流下游至出境断面划分为自然恢复段，通过河道治理，改善河道水生植物生态体系，促进自然恢复，净化水质。坚持河道疏浚与水质净化相结合，强化疏浚净源，实施河库清淤，建设壅水坝、柳谷坊、蓄滞净化池、生态湿地等清除水体病灶，重构健康水环境。坚持系统治理与综合管护相结合，强化建管并重，对全市 168 条河（湖）干支流，设立市、县、乡、村四级河长，建立“河长 + 检察长 + 警长”协调联动机制，落实联防联控、断面交接、交叉执法、考核问责等制度。

截至 2024 年，“五河”流域累计实施综合治理项目 55 个，完成河道清淤疏浚 480 千米，改造建设城镇污水处理厂 32 座、乡村污水处理设施 176 座，建成生态湿地 35 处。如今的“五河”水清岸绿、鸟语花香，成为人们的旅游休闲胜地和网红打卡旺地。

（三）聚焦高效利用抓节约，健全资源分配体系

固原市面对无过境客水和资源型缺水实际，坚持把“四水四定”作为开题破局的重要抓手，推进水资源节约利用。大力发展节水产业，在农业节水上挖潜，在工业节水上减量，在城乡用水上降损。全面推进适水种养、量水生产，压减高耗水和低效益作物，农田灌溉

水利用系数达 0.763，高于全区平均水平（0.582）。严格高耗水企业取水许可和用水定额管理，推动工业园区水资源利用向集约式转变，工业园区再生水回用率达到 85%，万元地区生产总值用水量为 38 立方米，远低于全区平均水平（每万元 122 立方米）。按照“用好泾河水、引好黄河水、利用雨洪水”的治水思路，实施黄河水调蓄、固海扩灌、水库联蓄联调、高效节水灌溉等民生水利工程，构建“南北配置，丰枯补给”的水资源配置格局，形成“挖潜利用当地水、双水互通外调水、互联互通用洪水、绿化环卫靠中水”的多元配置体系。严格水资源论证和取水许可制度，开展取用水管理专项整治行动，依法关停违规取用地下水自备井 321 眼。推行“互联网 + 城乡供水”一体化建管模式，建成集“调度、运行、监管、维护、应用、服务”于一体的集成运营体系。

（四）聚焦治理成果抓产业，推进生态富民双赢

牢固树立“绿水青山就是金山银山”理念，坚持流域治理和发展产业有机融合，大做治山理水、显山露水的文章。做好“治理 + 保障”，聚焦耕地保护、粮食安全，通过新修梯田、生产道路，营造水保林、经果林等水土保持措施，新建改建水平梯田 400 万亩，新修生产道路 1 050 千米，营造水土保持林 405 万亩，改善农业生产条件。“十四五”以来，累计粮食增产 5 万吨，农民收入增加 1.08 亿元。隆德县沙塘镇十八里村露地蔬菜基地，在渝河水的灌溉下，品质优良的红水菜薹，成熟后被销往广州、深圳、香港等地。做强“治理 + 产业”，以流域治理成效为基础，打造固原草畜产业新模式，建成种、养、肥、地适宜的百万头肉牛养殖基地和百万亩马铃薯种植基地、百万亩特色种植基地，配套加工设施，实现农业总产值 177.16 亿元，

农产品加工转化率达到65%。彭阳县白阳镇南山村，如今插上了生态建设的翅膀，当地村民因势利导，发展林下生态养鸡10万只，用生态的“绿钥匙”打开了增收致富的大门，并通过搭建户外拓展、科普基地等措施，吸引了络绎不绝的县内外游客。做优“治理＋旅游”，秉承流域综合治理和特色产业文化旅游等相结合的理念，推进小流域综合治理从生态型向产业型、清洁型转变，推进以原州区清水河、隆德县清流河、泾源县瓦亭、西吉县龙王坝、彭阳县金鸡坪小流域为代表的乡村旅游业发展，启动宁夏副中心城市和生态文旅特色市建设，着力构建文旅融合的全域旅游发展格局。2020—2024年，全市实现旅游收入231.48亿元，把绿水青山的“看点”变成了增收富民的“卖点”。

三、经验启示

固原市持续开展黄河大流域下的小流域综合治理，把每个小流域既当作水土治理单元又当作经济开发单元，打赢了一场场生态“翻身仗”，撬动了脱贫攻坚，为黄河流域人与自然和谐共生增添了生动注脚。

（一）环境治理和生态修复要持之以恒、久久为功

固原市的发展史是一部生态文明建设史，坚守一张蓝图绘到底，守住水土“生命线”，长期淬炼的领导苦抓、干部苦帮、群众苦干“三苦”作风，把“绿水青山就是金山银山”理念深深地镌刻在山川大地上，将“苦瘠甲天下”变为“绿水青山颜”。实践证明，生态兴则文明兴，生态好则发展好，生态环境是人类生存和发展的根基，要

把生态文明摆在全局工作的突出位置，持之以恒、久久为功，奋力谱写人与自然和谐共生的中国式现代化。

（二）环境治理和生态修复要因地制宜、突出实效

固原市因地制宜地采取不同模式进行环境治理和生态修复，如彭阳县的“山顶林草戴帽子、山腰梯田系带子、沟头库坝穿靴子”小流域治理模式和隆德县的“控源与治污、疏浚与净化、修复与绿化、治水与用水相结合”渝河治理模式，推动环境从“忧居”变“优居”。实践证明，生态治理不仅仅是简单的栽树，而是需要一个山头、一条河流、一个流域，因地制宜，综合施策，不断实践创新。

（三）环境治理和生态修复要以人为本、生态富民

固原市坚持“增绿”与“增收”相贯通，把生态优势转化为经济发展优势，水土流失综合治理取得历史性成就。实践证明，抓生态就是抓发展、抓生态就是抓机遇、抓生态就是抓经济，只要做好治山理水的文章，深入解决人民群众最关心、最直接、最现实的发展问题，就能走出一条生态美、产业兴、百姓富的高质量发展道路。

（固原市生态环境局、宁夏回族自治区生态环境厅供稿）

一座平原水库的“生态逆袭”之路

——蘑菇湖水库水环境综合治理

【引　言】2021 年 4 月，习近平总书记在中共中央政治局第二十九次集体学习时强调，要统筹水资源、水环境、水生态治理，加强江河湖库污染防治和生态保护。

【摘　要】20 世纪 50 年代，兵团第一代军垦战士在党中央“屯垦戍边”的号召下，在亘古荒原上，用双手一锹一锹地开挖建设了总库容 1.8 亿立方米的蘑菇湖水库，为下游 200 万亩农田提供灌溉用水。进入 21 世纪，受长期收纳城市污水等影响，蘑菇湖水库水质一度为劣Ⅴ类，严重影响了农业用水和周边环境。自第一轮中央环境保护督察反馈问题以来，第八师石河子市坚持把蘑菇湖水库治理作为重大民生工程，明确了“截污控源—过程阻断—末端治理”的综合治理思路，先后投资约 12 亿元，开展蘑菇湖水库水污染综合治理。付出自有回报，2023 年蘑菇湖水库水质改善率为 33.65%，排名全国第一，提前完成消除劣Ⅴ类目标，2024 年蘑菇湖各项水质指标均达到Ⅴ类及以上标准限值。

【关键词】截源控污；过程阻断；末端治理；高位统筹推动；生态修复

一、背景情况

有着“戈壁明珠”之称的“共和国军垦第一城”——第八师石河子市属于典型的大陆性半干旱气候，工农业和生活用水主要来自天山融雪和地下水。蘑菇湖水库位于石河子市西北 21 千米处，位于全市地势最低处，是一座大（二）型平原水库，水面面积 31.2 平方千米，年调节水量 2 亿立方米左右，水库引水渠自南向北穿城而过。蘑菇湖水库在第八师石河子市和塔城地区沙湾市具有重要的生态地位，不仅控制着第八师下野地灌区和塔城地区沙湾市部分乡镇灌溉面积近 200 万亩，汛期还承担新疆生产建设兵团和新疆维吾尔自治区共用的玛纳斯河分洪任务。

多年来，城镇生活废水、工业污水、渔业养殖以及周边农田排水源源不断注入蘑菇湖水库，导致水体重度富营养化，水质长期为劣Ⅴ类。第八师石河子市党委痛定思痛，拿出壮士断腕的勇气和魄力开展蘑菇湖水库治理，明确了“截源控污—过程阻断—末端治理”的综合治理思路，通过溯源分析，靶向施策，形成以蘑菇湖库区为主体，以滨岸带治理建设为生态屏障，以城镇生活污染源和工业污染源为重点整治对象，以双泉集干排、西干排和蘑引渠 3 个生态廊道建设为脉络的“一库、一带、两区、三廊”总体整治空间布局，确保了蘑菇湖水质稳定向好，实现历史性突破。

蘑菇湖远景（张德智 摄）

二、主要做法

（一）强化顶层设计，给予政策支持

第八师石河子市党委将水库系统治污工作纳入专题研究范围，强化顶层设计和系统谋划，编制《蘑菇湖水库水污染防治实施方案》《蘑菇湖水库消劣三年攻坚行动方案》。明确第八师石河子市人民政府是贯彻实施方案的主体，对行政区域的水环境质量负责；生态环境主管部门是落实方案牵头工作的责任主体；各类排污单位是落实治污减排、环境风险防范等责任的主体。强化各级党委、政府与生态环境主管部门在项目实施中的作用，同时，明确围绕蘑菇湖水库水质改善这一基本点，综合运用“减排”和“增容”两个方面措施，开展蘑菇湖水库水环境综合治理。

（二）多方提标改造，打好基础设施底子

自 2018 年起，第八师石河子市投资 5.17 亿元建成北工业园区污水处理厂，实现日处理污水能力 10 万吨，中水处理全部回收利用；投资约 2.37 亿元完成石河子市污水处理厂至十户滩园区中水回用管道建设，共 40 千米；投资 700 万元完成清泉集、西干排排渠改造工程，对两个排渠进行清淤、岸坡整治、进水建筑物修复；投资 1 000 万元完成蘑引渠 S115 线下游河道综合治理工程，完成河道清淤、岸坡整治，非法入河排污口拆除、截污纳管，河道管理范围内乱堆乱放整治，违法建筑物拆除，设置软 / 硬隔离，安装监控装置；投资 1 750 万元完成蘑引渠下段河道治理工程，对蘑引渠下游河道进行清淤、清废、边坡修整，加大过水能力；投资 1 300 万元完成蘑菇湖水库原位生态修复工程，在双泉集、蘑引渠末端安装原位生态修复设备，净化入库水质；投资 2 100 万元完成蘑菇湖水库滨岸带治理工程，在水库上游建设表流湿地，对湿地进水渠进行改造，引入石河子市污水处理厂的出水，通过湿地净化后进入水库。

蘑菇湖生态景观（杨银学 摄）

（三）落实监管巡查制度，多管齐下共治理

坚持源头治理管控。从源头上推进印染、化工、农副产品及食品加工等高污染、高耗能企业实施清洁生产制度，减少污染源产生量。完善工业园区污水处理设施，园区废水必须经预处理达到集中处理要求后，方可进入污水集中处理设施。推进工业园区出水在线监控设备安装，大力实施工业再生水回用工程，进一步实现节水减污。针对新疆土地盐碱化的现状，实施北工业园区排水企业深度治理，推动企业增配除盐治理设施，实现园区污水达标处理、稳定回用。全面排查修复排水管网，工业园区污水全部进入园区污水处理厂，严禁工业污水外排。加大生活污水处理厂中水回用，减少蘑菇湖水库的中水进量。完成蘑菇湖水库上游面源污染防治，对上游3 500亩鱼塘废水排渠进行清淤引流，杜绝养殖污水排入蘑引渠，指导团场连队开展测土配方施肥，有效降低农田面源污染。控制蘑菇湖库区放牧，载畜量控制在3 000头以内，并建立兵地联防联控机制，组织对库区放牧遗留的粪便进行清理。

坚守环境质量底线。遵循环境质量“只能更好，不能变坏”的原则，科学评估环境质量改善潜力，充分衔接相关规划环境质量目标和限期达标要求，确定第八师石河子市分区域、分阶段环境质量目标，提出污染物排放总量限值要求。基于自然资源资产“只能增值、不能贬值”的原则，以保障生态安全和改善环境质量为目的，确定水资源开发、土地资源利用、能源消耗总量、强度、效率等，核算自然资源资产负债表，构建行政区域内自然资源资产数量增减和质量变化统计台账，提出分区域分阶段的资源开发利用总量、强度、效率等上限管控要求。出台管理办法严禁“三高”项目进入石河子市。建立工业类项目准入负面清单，不得采用国家和自治区淘汰或禁止使用的

技术设备，不得建设生产工艺或污染防治技术不成熟的项目。严格执行环境保护“一票否决”制度，在功能区划中列出需要保护或引导开发区域，对其严格把关。

严格环境执法监管。围绕监察执法能力达标建设、流域污染源监管体系建设内容，构建环境监察执法信息化平台，全面提升流域环境监察能力。采取随机抽查监管模式，执行监理企业警示处罚制度，定期公布“黄牌”“红牌”处罚企业名单。开展达标考核、综合督查、挂牌督查、环境保护大检查后续整改等工作，严厉打击超总量、超标准违法排污行为。落实河长制，开展排干日常巡查和保洁工作，在各排干汇入口处设置警示牌，加强水环境动态监管力度和频次。在蘑菇湖水库上游“散乱污”企业专项整治行动中，联合属地单位，利用无人机开展巡查，整治蘑菇湖水库上游废旧资源回收、塑料加工、砂石料筛分等“散乱污”行为。强化对石河子市污水处理厂（一污）的监督检查，发现问题，即刻下达整改通知，督促企业落实整改，确保污水处理厂稳定运行，达标排放。

三、经验启示

第八师石河子市聚焦蘑菇湖水库污染问题，围绕“改善水质、修复生态、人水和谐”的总体目标，坚持截污控源和生态治理并重的系统治污理念，推动蘑菇湖水质逐年改善。

（一）完善制度体系建设是干好工作的前提

第八师石河子市建立了以党政领导负责制为核心的责任体系，综合运用经济、法律和必要的行政手段，有效推进蘑菇湖水库水污染综合治理。实践证明，推进生态文明建设，关键在于以制度体系建设为抓手，不断推进生态环境治理体系和治理能力现代化。

（二）强化监督检查，重拳整治污染源是干好工作的手段

第八师石河子市加强环境监察能力建设，推动建立工作机制，定期检查区域内环境现状及环保工程建设工作，实行动态监管，严格执法、督促整改。实践证明，要强化监督检查，加强源头预防，注重事前预警，推动精准执法，持续提升执法能力与水平，切实解决突出环境违法问题，为持续深入打好污染防治攻坚战、建设美丽中国提供有力保障。

（新疆生产建设兵团第八师石河子市生态环境局供稿）

第三部分

提升生态系统多样性、稳定性、持续性

弘扬塞罕坝精神 建设新时代生态强市

——承德市牢记嘱托探索生态建设“二次创业”路径

【引　言】2017 年 8 月，习近平总书记对河北塞罕坝林场建设者感人事迹作出重要指示指出，河北塞罕坝林场的建设者们听从党的召唤，在“黄沙遮天日，飞鸟无栖树”的荒漠沙地上艰苦奋斗、甘于奉献，创造了荒原变林海的人间奇迹，用实际行动诠释了“绿水青山就是金山银山”的理念，铸就了牢记使命、艰苦创业、绿色发展的塞罕坝精神。2021 年 8 月，习近平总书记在河北承德考察时强调，要传承好塞罕坝精神，深刻理解和落实生态文明理念，再接再厉、二次创业，在实现第二个百年奋斗目标新征程上再建功立业。

【摘　要】承德市孕育了从飞鸟无栖树到百万亩人工林海的塞罕坝林场。多年来，承德市广大干部群众因地制宜探索营林、护林、拓林、用林新路径，全力推动林场二次创业，焕发出新的光彩。在营林上，全面推行林长制，探索出了大苗带坨移植、沙棘带状密植、容器苗造林、索道运苗设备等造林攻坚技术。在护林上，建设市、县、乡、村四级智慧监管平台，建立“135”（1 分钟推送、3 分钟出警、5 分钟专业队出动）火情推送打击机制，科学推广有害生物绿色防控技术。在拓林上，形成了林下种植、林下养殖、林下采集加工和森林景观利用等四大产业体系，打造林下发展新业态。在用林上，创新降碳产品核算、生态价值转化机制，探索出了一条林业固碳可度量、可交易、可变现的途径。

【关键词】塞罕坝精神；生态建设；二次创业

一、背景情况

承德市是京津冀水源涵养功能区和习近平总书记批示倡导的塞罕坝精神发源地，辖区总面积 3.95 万平方千米，总人口 335.44 万人。中华人民共和国成立前夕，承德森林覆盖率仅为 5.8%，经过几代人推动塞罕坝等国土绿化建设，森林覆盖率达到 60.03%。全市林地面积 3 556 万亩、蓄积量 1.02 亿立方米，分别占京津冀区域的 32%、50.5%，成为华北森林覆盖率最高的城市。草原 670 万亩，湿地 30 万亩，森林、草原、湿地每年吸收二氧化碳约 1 100 万吨，所涵养的水量相当于一座储水 20 亿立方米的水库，年向大气蒸发约 3 800 万吨清洁水。

为解决中幼龄林占比高、造林疏密不均、亩均蓄积量低、经营模式单一、林业带动性低、生态价值未得到充分开发、地方财政支撑能力不足等难点痛点问题，承德市大力弘扬塞罕坝精神，推进林业二次创业，打造林下发展新业态，初步形成了林下种植、林下养殖、林下采集加工和森林景观利用等四大产业体系，实现“绿水青山”和“金山银山”双向转化的良性循环。

二、主要做法

（一）以“营林”为基础，厚植生态根基

推深做实林长制。全面建立市委书记、市长兼任总林长的市、县、乡、村四级林长组织体系，设立四级林长 13 142 名，吸纳协作单位 235 个，制定实施林长巡林、护林员管理等 9 项制度，实行“5 单 2 函”管理，形成全链条闭环监管机制。

科学开展国土绿化。大力实施北方防沙带、国土绿化试点等重点生态修复项目，宜封则封、宜造则造、宜林则林、宜灌则灌、宜草则草，着力提高造林绿化质量。创造了三锹半人工缝隙植苗法、苗根蘸浆保水法等人工植苗和苗木保水技术，探索出了大苗带坨移植、沙棘带状密植、容器苗造林、索道运苗设备等造林攻坚技术。

坚持择优抚育。优先栽植油松、落叶松、桦树、云杉等自然寿命长、吸收二氧化碳能力强的乡土树种，容器苗混交林比例达到 90% 以上，有效防范化解单一树种风险。塞罕坝人工林森林生态系统入选了全球“生物多样性 100+ 案例”。

塞罕坝机械林场

（二）以“护林”为关键，筑牢安全防线

实施智慧护林。开发林长应用程序，建成四级共用、集约共享的林长智慧平台，设置网格管理、工作清单、业务管理、绩效考核、动态监测、林草大数据、公众服务、智慧中心等八大板块，实现巡林轨迹全程追溯、指令下达、督办考核、公众参与等“一网统管”。

推行科技防火。承德市已连续30年无特大森林火灾，为巩固成果，聚焦环京、环塞沿线和重点林区、自然保护地，依托48个防火战区，全面建立“半小时扑救圈”，实施“135”（1分钟推送、3分钟出警、5分钟专业队出动）火情推送打击机制，2022—2024年实现森林草原“零火灾”。推动塞罕坝机械林场用上数字孪生防火技术，建成天空地一体化的森林草原防火预警监测体系，在“云上”1∶1搭建数字塞罕坝机械林场，系统对火险等级进行预判。

推动监管创新。建立“林长＋检察长”“林长＋河湖长”协作体系，强化多部门信息互通、联合治理。探索建立“林长制＋督查”模式，采取明查暗访、交流座谈、问询走访等方式，对各级林长履职尽责情况进行“问诊把脉”。推行林长网格与森林草原防火网格“双网”融合，明确责任网格22 716个，四级林长与25 335名护林员、技术员、警员共同构建“一长＋三员”管理体系，探索出轨迹监测、常态化巡林等一批实践成果。

坚决阻断虫害。严格落实林业有害生物联防联治机制，持续开展有害生物监测预警和疫情普查，有效遏制了美国白蛾等有害生物“由外向内”的传播途径，全面阻截松材线虫等外来有害生物向承德蔓延，利用物联网智能监测站监测林区小气候，为科学预测虫害发生提供借鉴。2021—2024年，承德市有害生物成灾率为零。

（三）以“拓林”为路径，壮大林下经济

发挥政策引导作用。聚焦林蜂（中华蜜蜂）、林菌（栗蘑）、林药（苍术、北柴胡、黄精、黄芩等）和林禽（鸡、鸭、鹅等）等林下经济产业，出台地方财政支持政策，重点对市场前景好、有市场竞争力、示范带动作用明显的经营主体或种植大户给予补贴，从事林下经济的农民约有150万人次。承德市宽城满族自治县、滦平县因地制宜出台符合当地实际的特色农业产业高质量发展工作方案及产业融合发展衔接乡村振兴配套政策等规范性文件，明确补贴范围及方式，使有限的资金发挥更大的带动引导作用。

全力培育市场主体。围绕育苗、种植、养殖、加工、销售等产业，广泛推行“政企合作”“公司＋合作社＋农户”“股份制经营”“企业自营”“家庭林场”等多元化发展模式，积极有序培育种植大户、专业合作社、龙头企业，不断延伸产业链，累计培育林下经济

龙头企业4家。在龙头企业的带动下，先后建设了道坝子乡八家村林下赤松茸、哈里哈镇八十三号村林下灵芝、兰旗卡伦乡砖瓦窑村林下中药材等林下经济示范点，初步形成了“以点带面、点面结合、辐射周边、覆盖全县”的发展格局。

倾力打造生态旅游。按照“林上果、林中游、林下套”的发展思路，引导林下经济产业多元融合发展，重点打造集种植中药材、观光、研学、采摘、休闲于一体的林下经济产业综合项目，建成国家级林下经济管护示范基地2家。吸引社会资本参与，做优兴隆山、白草洼、七彩森林、山楂小镇等康养基地，推行林中滑雪、林中“洗肺”等运动养生体验，助力森林康养、森林人家等产业发展，使林业产业发展从单纯利用林木资源向综合利用林木、林地和景观资源转变，实现了生态受保护、农民得实惠的双赢。

承德坝上草原生态环境

（四）以“用林”为红利，转化生态价值

探索降碳转化路径。开发降碳产品是河北省重点推行的一项改

革措施，2021 年承德市成功争列省级试点，截至 2024 年，累计完成降碳产品备案 507 万吨；实现交易 115 万吨、价值 6 449 万元，占全省的 81%。参照《最高人民法院关于审理森林资源民事纠纷案件适用法律若干问题的解释》，创新开展了“降碳产品价值实现 + 生态环境损害赔偿”，实现交易 21 例、金额 107 万元。

拓展中国核证自愿减排量转化路径。布设覆盖全域和 3 林龄（幼龄林、中龄林、近熟林）、12 个优质树种的监测点位 108 个，经初步核算，2005—2025 年森林固碳产品总量可达 8 698 万吨，后续每年新增约 700 万吨。塞罕坝机械林场作为全国林业代表，在全国温室气体自愿减排交易市场启动仪式上签署了自愿减排项目开发和减排量交易合规倡议。

创新绿色金融转化路径。探索金融支持生态产品价值实现方式，创新了碳配额质押贷、排污权抵押贷等一系列绿色金融产品，累计为承德市固碳产品核证机构的降碳产品授信 7 亿元，为 79 家企业发放绿色贷款 58.17 亿元。

着力拓展生态补偿路径。全面落实公益林、天然林停伐保护措施，“十三五”以来获得中央下达天然林停伐管护补助资金 19.12 亿元，重点生态公益林补偿资金 13.28 亿元。争取重点生态功能区转移支付补偿，2009 年支付范围仅有丰宁、围场两县，2014 年已拓展至全市域，金额由 2009 年的 1.5 亿元增加至 2024 年的 11.48 亿元。争取流域横向生态补偿，推动与北京市建立潮河流域横向生态补偿，与天津市建立滦河流域横向生态补偿，2017—2024 年累计获得补偿资金 43.34 亿元，实施治理修复项目 264 个，实现流入北京、天津水质稳定保持在Ⅱ类以上。

三、经验启示

从初代造林到二次创业，从因林而生到与林共进，承德生态建设发展史与塞罕坝林场的建设史一脉相承，共同坚守了“牢记使命”的崇高理想，共同发扬了“艰苦创业”的奋斗精神，共同坚持了“绿色发展”的不懈追求，一张蓝图绘到底，善始善终，善作善成，用实际行动谱写出绿色发展的乐章。

（一）因地制宜探索生态产品价值实现路径

林业资源在产品供给、水源涵养、土壤保持、固碳释氧、空气净化、气候调节、文化旅游等多方面发挥着重要的功能。承德市树牢森林是“水库、钱库、粮库、碳库”理念，不断提升对森林生态系统价值的深入认识和理解，深化改革和科技创新推动绿色生产力发展，深挖森林生态系统价值，推动森林“水库、钱库、粮库、碳库”更好联动，实现生态效益、经济效益、社会效益相统一。

（二）以造林技术创新协同推动产业体系发展

承德市因地制宜探索营林、护林、拓林、用林新路径，研发出了大苗带坨移植、沙棘带状密植、容器苗造林、索道运苗设备等造林攻坚技术，科学推广有害生物绿色防控技术，形成林下种植、林下养殖、林下采集加工和森林景观利用等四大产业体系。

（河北省生态环境厅、承德市生态环境局供稿）

万物同兴惠长宁

——长宁区探索超大型城市生物多样性保护实践

【引 言】2020年9月，习近平主席在联合国生物多样性峰会上的讲话中指出，生物多样性既是可持续发展基础，也是目标和手段。我们要以自然之道，养万物之生，从保护自然中寻找发展机遇，实现生态环境保护和经济高质量发展双赢。

【摘 要】高密度城区内的生态系统与生物多样性保护提升是当下生物多样性研究中的重要议题。长宁区具有良好的生态环境基底，具备在上海中心城区先行先试、探索城市生物多样性保护与提升的基础和潜力。长宁区较早地开展了城市生物多样性复育的探索，以“生境+”为抓手，制定生物多样性保护规划，积极推动构建“生境+”复合生境系统，全面推进建成27座生境花园，探索宣传模式，搭建公众深度参与的实践体验平台，创建自然教育品牌“生境课堂”，不断探索实现超大型城市生物多样性保护的有效途径，加强全区生物多样性的保护和管理，全方位讲好城市生物多样性保护的“长宁故事”。

【关键词】生物多样性保护；生境花园；全社会参与

一、背景情况

长宁区位于上海市中心城区西部，具有人口密度高、经济密度高、外籍人口比例高和受教育人口数量大的特征，这里既有传统历史文化街区，也有20世纪五六十年代建设的新村住宅，还有近年开发的新型社区和商务区，是典型的“钢筋水泥森林”的代表。近年来，长宁区紧抓“生境”这个着力点，从“带、廊、园、家”四个方面，积极营造适于生物生存的生境，探索试点“生境花园”建设，大力构建“生境+”复合体系，系统谋划提升城区生物多样性保护功能，利用现有的各类空间，全面提升城区生态环境品质，改善城市生物多样性功能。

二、主要做法

（一）系统谋划，统筹推进区域生物多样性保护

强化生物多样性保护规划引领。结合长宁区作为超大城市中心城区的实际，制定《长宁区关于进一步加强生物多样性保护的实施方案》，编制《长宁区城市生态空间系统和生物多样性保护提升规划》，全面部署区域生物多样性保护工作。面向上海生态之城建设总体目

标，明确全区目标定位为“建设迈向人与自然和谐共生的国际精品城区”，将生物多样性保护目标和主要任务纳入长宁区中长期规划和相关部门行业发展规划。建立长宁区生物多样性保护重大项目库，完善生物多样性保护配套制度、管理办法，健全生物多样性保护监管制度，积极探索生物多样性保护的绿色金融应用模式，支撑生态友好、绿色可持续发展。

虹桥商务区内的新虹桥中心花园

促进生物多样性保护理念全面融入长宁区生态文明建设全过程。与城市更新、“十五分钟社区”美好生活圈、公园城市引领示范区建设结合，在区域良好的绿地、河湖空间营造生境单元，形成城市生态空间网络。构建“生境城区—生境社区—生境花园”组成的“生境+”系统，以“生境空间+生物服务圈+生活圈”的方式，打造生物友好城区、自然感知城区、健康韧性城区与生态精品城区，增加市民接触自然的机会，为生物提供城市栖息地，推动实现高密度城区内的人与自然和谐共生。

（二）分类实施，落实绿色基础设施建设

开展生物多样性本底调查，摸清生物多样性本底。长宁区通过调查记录到辖区内苔藓植物 43 种、维管束植物 445 种、昆虫 219 种、鱼类 18 种、鸟类 45 种、两栖动物 5 种、爬行动物 3 种、大型底栖动物 20 种、兽类 5 种、浮游植物 132 种、浮游动物 41 种、大型真菌 36 种，共计千余种。对此进行鉴别归类并形成评估报告，为生物多样性保护工作提供科学依据。形成《万物同兴惠长宁》资料宣传片，展现了长宁在高密度城区环境下探索人与自然和谐共生的生动实践。

推进公园绿地建设提升，促进生境营造。加强生态绿廊、绿带建设，锚固生态节点，整合区内森林资源、水资源、生物资源及建成环境，综合提升各类城市空间的复合功能，提高区域生态空间的系统性、协同性，形成以“基质—斑块—廊道”为主要结构的城市绿色网络，如稳步推进苏州河绿廊、外环生态林带等建设，扩大以地区公园、社区公园、口袋公园、生境花园为重要补充的绿色空间，打造人类与动物共生的栖息地，促进动物在绿色空间之间的移动。

构建“近自然”栖息地，打造“亲生物”城市。推进长宁区公园城市引领示范区建设，对辖区内诸多公园、绿地“拆围透绿”，开放共享，实现生态空间融合开放，推动市民更好地了解自然之城丰富的生物多样性。对公园绿地、生境花园等地选择本地物种进行生境适应性改造，提升区域生物多样性保护功能。通过植被群落结构优化、划定特定管控区域、加大古树名木和本土树种保护力度等措施，增种池杉、黄山栾树、乌桕、大吴风草等本土植物，为昆虫、鸟类和小型动物提供栖息地和食物来源，复育更多的本土动物和植物。

加强水系连通，打造“人水和谐”的美丽河湖。通过河道整治工程、生态景观提升工程，促进水资源、水环境、水生态“三水统

筹”。建设生态护坡和河岸缓冲带，丰富河滨带植物和鸟类生物多样性。落实水生植物种植管养常态化，维持本土水生植物生长，重点打造苏州河沿线、新泾港、外环生态林带等重点生态廊道。例如，依托苏州河步道贯通，对中环桥下、江苏北路桥下等原有封闭空间更新改造，挖掘公共空间潜力，叠加生态功能，打通堵点，形成多层次、成网络、功能复合的区域生物多样性保护空间格局，提高城市生态空间在生态教育、自然体验和生态旅游等方面的生态产品供给能力。

（三）强化宣传，营造全社会生物多样性保护氛围

广泛组织动员社会各方参与城市生物多样性保护。加强党对基层治理的领导，搭建街镇、社区居民、专家学者、设计团队、共建单位、公益组织等多方合作的工作机制，践行全过程人民民主理念。在新泾镇绿八居民区乐颐生境花园，居民区党总支携手各方，通过召开宣讲会、“四位一体”联席会、意见征询会等，广泛听取吸纳居民意见建议。居民参与植被栽种、石笼建造等工作，党员志愿者作为“居民监理”监督施工。编制维护手册，制定《生境花园居民管理公约》，指导社区居民共治共享。此外，长宁区积极推动社区生境花园与周边学校共建，生境花园成为“体验式”生态科普样本；积极推动商业景观建造与公共空间营造共生共融，通过“乐园式”快乐消费场景体验，实现企业价值与社会价值共生。“这座都市里的‘绿野仙踪’就是习近平生态文明思想的生动实践，也是长宁区积极践行‘全过程人民民主’理念的典型案例。”这是一位社区志愿者发出的感慨。

新泾镇绿八居民区乐颐生境花园

打造城市生物多样性保护相关知识的科普教育品牌。区生态环境局和上海自然博物馆联合开发推出“季候令”栏目，以四季更迭中的动物和植物为内容，形成“身边的多样生物”系列科普推文，采用图文并茂、通俗易懂，与传统节气、节日等相结合的形式，让公众感受自然魅力，提升保护理念，逐渐聚集了一批热心于长宁生物多样性保护的忠实“粉丝”，共同谱写人与自然和谐共生宜居长宁的生态篇章。

积极打造生境课堂，沉浸式提升生态环境教育功能。2022年7月19日，乐颐生境花园的山房里，“生境课堂”第一课以“人与自然在城市里的共存”为主题沉浸式地展开，“我们在城市的河里钓鱼，会不会破坏生态平衡？我们社区的生境花园里播放着音乐，会打扰小动物栖息吗？”小朋友们热情洋溢地提出各种问题。在各类空间开讲的“探访林间精灵”“秋天的植物：生命的绚烂与寂静的交替”等9期课程约61万人次参与线上线下活动。

开展公民科学项目，推动公众共育共享蓝绿生态空间。长宁区自 2022 年起持续开展生物多样性影像记录，形成区域生物多样性保护档案。带上手电筒，拿好记录簿，在专家的带领下，市民志愿者们走进草丛，在水边搜寻，开始了在长宁外环林带生态绿道的第一期户外蛙类调查。“这里有只青蛙！”在强光照射下，一只静立的中华大蟾蜍出现在人们眼前。专家为志愿者们仔细讲解，志愿者们则忙不迭地进行记录。“我拍到了两只金线侧褶蛙！”“我找到了好几只中华大蟾蜍！”经过一个小时的实地调查，志愿者们收获颇丰。这些调查成果直接被纳入数据库，每位志愿者都成为长宁生物多样性保护工作的直接贡献者，为科研保护、科普宣传提供重要支持。

三、经验启示

长宁区探索高密度城市空间的高度复合利用，着力打造城市“生境花园”，积极提升公众对生态环境和生物多样性保护的认知度和参与度，营造全社会保护生物多样性的良好氛围。

（一）城市生物多样性保护工作应坚持协调统筹、永续利用

长宁区在发展过程中，加强全区生物多样性的保护和管理，科学合理规划城市的生产空间、生活空间、生态空间，处理好城市生产生活和生态环境保护的关系。实践证明，保护城市生物多样性，要科学统筹推进“人、产、城、自然”融合发展。让城市融入大自然，不仅能为居民提供更加宜居的环境，还能够提高城市抵御自然灾害的能力，减轻气候变化带来的负面影响。

（二）城市生物多样性保护工作应坚持保护优先、科学规划

长宁区在面对资源约束紧、人口密度高等现状的同时，加强顶层战略指引，坚持保护优先，以科学的规划，整合提升各类城市空间资源，增加生态功能，构建城市生物多样性保护体系。实践表明，城市建设和发展同样需要尊重自然、顺应自然、保护自然，坚持生命共同体理念，将生物多样性保护理念融入城市规划、建设、运行、治理的各个环节，融入生态文明建设的全过程，明确目标任务，细化工程项目，指导各类行动细化实施落地。

（三）城市生物多样性保护工作应坚持共同参与、长效治理

长宁区在城市生物多样性保护工作中，充分体现人民意志、保障人民权益、激发人民动力，提升了公众的生态保护意识，促进了人们对自然价值、人与自然关系认识的良性转变。实践表明，要积极践行全过程人民民主理念，不断拓宽公众参与渠道，提升公众对城市生物多样性保护的认识，激发全社会生物多样性保护的热情，让人民成为建设治理的主体，为建设人与自然和谐共生的美丽城市集聚广泛的社会力量。

（上海市长宁区人民政府、上海市长宁区生态环境局供稿）

逐“绿”而行　大江焕新颜

——南通市高质量建设长江口绿色生态门户

【引　言】2016年1月，习近平总书记在推动长江经济带发展座谈会上强调，必须坚持生态优先、绿色发展的战略定位，要把修复长江生态环境摆在压倒性位置，共抓大保护、不搞大开发。2023年10月，习近平总书记在进一步推动长江经济带高质量发展座谈会上指出，从长远来看，推动长江经济带高质量发展，根本上依赖于长江流域高质量的生态环境。

【摘　要】南通市地处长江口，拥有长江干流岸线166千米，是万里长江在江苏奔流入海的最后一道生态屏障。2016年以来，南通市坚定落实“共抓大保护、不搞大开发”战略导向和“生态优先、绿色发展”核心理念，坚持“砸笼换绿”、还岸于民，破解沿江岸线生态困局；坚持由点及面、靶向施策，深化合力攻坚源头治理；坚持“透景增绿”、诗意栖居，探索生态产品价值实现路径，奋力展现

“面向长江、鸟语花香”的美丽胜景。南通市因2021年生态文明体制改革、制度创新、模式探索等方面成效显著，获国务院督查激励。

【关键词】长江大保护；水岸共治；沧桑巨变

一、背景情况

南通市地处黄海、东海、长江三水交汇处，长江入海口北翼，素有“江海门户”之称，境内岸线资源禀赋丰厚，拥有长江岸线166千米、海岸线206千米，是江苏省唯一一座滨江临海的城市，也是万里长江奔流入海的最后一道生态屏障，生态地位十分突出。南通市主城区南部五山（狼山、军山、剑山、黄泥山、马鞍山）临江而立，拥有沿江黄金岸线14千米，总面积约17平方千米，自然生态资源丰富，被誉为江海平原上宝贵的都市“野生生物基因库”。

自南通先贤张謇先生在天生港兴建“通源”“通靖”两座码头以来，南通便开始了“以港兴城”的沿江布局。南通港作为长江全线首批对外开放港口，是江海河联运的重要枢纽。经过多年的发展，五山滨江地区集聚起大批水泥、化工等临港产业，码头、港区、厂房林立，隔阻在城市与长江之间，使南通“滨江不见江、近水不亲水”；扬尘、污水、噪声等污染严重，附近居民不堪其扰，沿江“黄金岸线”变成了触目惊心的“生态伤疤”。2016年8月，第一轮中央环境保护督察期间，南通市因危险化学品集装箱装卸码头、硫黄散货装卸码头位于狼山水厂水源地二级保护区内，被中央环境保护督察组通报，更是增强了五山及沿江地区进行生态修复的紧迫性。

为答好长江大保护这一时代考题，南通市深入贯彻落实党中央、国务院关于长江大保护、生态文明建设的部署要求，在深入调研勘查、广泛听取社会各界意见的基础上，作出全面实施生态保护修复的战略决策，累计投入超过120亿元，统筹推进产业退、港口移、生态保，整体搬迁狼山集装箱码头，全面取缔硫黄等散货码头，退出港口货运功能。经过几年的探索和实践，五山滨江地区保护修复取得了显著成效，腾出岸线12千米，新增森林面积6平方千米，长江南通段总体保持Ⅱ类水质，实现了从“生产岸线”到“生活岸线”、从“城市后巷”到“城市绿核”的美丽蜕变。2020年11月12日，习近平总书记视察江苏，第一站就来到南通市五山滨江片区，点赞南通“好通”、沧桑巨变、生活幸福。

二、主要做法

（一）“砸笼换绿”、还岸于民，破解沿江岸线生态困局

以守土有责的担当推动空间布局优化。南通市高标准绘制沿江共抓大保护“一张图”，全面推进落实长江经济带高质量发展战略任务行动计划，划定生态保护红线2 534平方千米，有效保证生态空间和生态容量。出台《江苏南通狼山国家森林公园管理条例》，明确森林公园的禁止事项和规划建设、保护管理等举措。以山水、森林、文化为特色元素，统筹山林、江河、湿地等空间，打造军山自然生态保留地和南通植物园两大特色项目。发挥“绿色标尺”作用，积极开展全国首批生态环境分区管控与国土空间规划衔接试点，省内率先划定444个陆域、132个近岸海域管控单元，打造“全域覆盖、管控精准、责任清晰”的生态环境分区管控标杆区。

以猛药去疴的决心推进港区整体搬迁。2018 年 11 月，长江经济带生态环境警示片披露硫黄码头存在环境污染风险隐患，让港口搬迁成为刻不容缓的任务。面对企业股权结构复杂、近 3 000 名职工的思想稳定工作等难题，南通市深入开展市领导挂钩谈判帮扶，逐一理顺港口的股权关系。2019 年，南通市实施滨江老港区整体腾迁，硫黄码头被整体取缔，集装箱码头搬迁至下游通海港区，原有 2.62 千米港口岸线及 1 980 亩陆域土地重新调整为生活、生态岸线。同时，做实做好“帮困、劝搬、代办”等工作，有效解决五山滨江地区大型国有改制企业原厂房、职工宿舍、历史性违章等遗留问题，切实做到惠民利民、温暖人心。

全国最大的硫黄码头退出前

硫黄码头退出修复后的滨江花海

滨江岸线之变（南通日报社供图）

以产城融合的路径重焕岸线发展生机。通海港区自 2018 年建成运行以来，集装箱吞吐量连续多年刷新纪录，2024 年达 193.4 万标箱，比搬迁前增长 264%，实现“搬优搬活、搬大搬强”。围绕生态修复、产业转型、品质提升，在五山及沿江地区东北侧高标准打造 17 平方千米的中央创新区，建设中央森林公园景观带和科创、文创、医学、会展“四大中心”，精准对接新一代信息技术、智慧建筑、现代纺织等产业，重点瞄准企业研发中心与总部、新型研发机构、创新型科技企业等各类创新创业主体，着力建设南通版“科创特区”，实现功能核与景观核“双核互动”。

（二）由点及面、靶向施策，深化合力攻坚源头治理

全方位攻坚，构建齐抓共管治理格局。2018 年以来，南通市建立市级污染防治攻坚指挥部，健全督察、点评、述职攻坚机制，凝聚合力、一体推进；开展环保执法检查，“三代表一委员”督察，查摆短板、指明方向。各部门严格落实生态环境保护责任清单，相关重点部门每年制定攻坚重点任务清单，实现照单履职、密切配合、高效响应。开展环保专项市县联动巡察，各板块制定年度攻坚责任书，通过全域齐发动、全员齐上阵，确保整体联动、责任到位。

全过程谋划，推动重点行业向绿而行。2017 年，南通市打响“三河三行业”（如泰运河、通吕运河、通启运河，化工、印染、钢丝绳行业）整治攻坚战，围绕拆、建、清、管四大重点，依法依规开展整治，从岸上切断污染源，坚决杜绝污水入江。经过三年的努力，全面完成了淘汰落后产能、压减污染物排放等目标。以化工行业为例，主动取消 2 家沿江园区化工单位，累计关闭化工企业 273 家，压减率约 58%，化工生产企业入园率由整治提升前的 52.4% 提升至近 80%。南通市于 2020 年跻身 GDP 万亿城市，2024 年，全市地区生产总值达 1.24 万亿元。“好生态”成为南通市吸引优质项目最亮眼的“招牌”。

全要素治污，提升生态环境保护水平。南通市持之以恒打好蓝天、碧水、净土三大战役，“十四五”期间，每年均超额完成主要污染物减排任务。五山滨江地区实施船舶污染、非法码头和饮用水水源地环境保护等 20 多项专项行动，清理“小杂船”162 条（户），

拆除河道周边违建 6.5 万平方米，长江狼山水源地水质达标率保持 100%。深入实施水务一体化改革等措施，区域治水面积达 5 000 平方千米，2024 年省考以上断面水质优于Ⅲ类比例比 2018 年上升 41.6 个百分点，长江干流南通段水质稳定保持在Ⅱ类。持续深化低效废气治理设施改造，狠抓扬尘源、移动源、生活源管控，$PM_{2.5}$ 浓度和优良天数比例连续多年居全省前列。

（三）“透景增绿”、诗意栖居，探索生态产品价值实现路径

从“锈带”到“秀带”，重塑出江入海生态屏障。统筹推进山体修复，军山生态岛被纳入全省首批生态岛试验区，实施生境修复、物种保护小区建设等重点工程，打造本土植被的种质基因库、野生动物的丰富食源地和安全庇护场。采用“生态水利工程 + 小微湿地”的方式，对五山及新城片区实施湿地化、海绵化、森林化改造，大幅提高水体自净能力。建成生物多样性综合观测站，观测记录物种 3 983 种。“山畔嬉江水、江上揽五山”，五山滨江岸线春日百花齐放，夏日树荫照水，秋日芦苇摇曳，冬日候鸟翩跹。

从“后巷”到“绿核”，充分凸显人文意蕴。突出“生态文化、张謇文化、传统文化”三大主题，建设五山自然科普馆、军山气象台、赵绘沈绣之楼等主题展馆和文旅项目，彰显五山“山水文化、滨江风貌”的独特个性。打造以江豚文化为核心的南通长江生态保护段，建成南通滨江江豚文化科普研学旅游基地，2023 年开展长江江豚智慧化监测以来，累计观测到江豚 7 300 余头次，“江豚湾”成为南通生态环境保护新标识。430 千米沿江沿海生态带全线贯通，串联起沿线景、产、镇、村，大江大海风光带、江海风貌城镇带、诗意田园乡村带次第呈现。

狼山北门外生态之变

从“伤疤”到“氧吧”，打造特色休憩空间。南通市在五山滨江地区开展长三角轮滑马拉松、滨江啤酒节、文旅嘉年华等活动120多场次，近700万人次现场参与，进一步激发市民、游客对长江大保护的认同感和参与度。探索“长江岸线生态修复实现资源升值溢价”“都市绿色生态圈激发经济活力”等生态产品价值转化模式，实现土地资源增值溢价，万亩农田变身为具有经济动力的现代农业产业园，有力壮大“生态＋文旅”“生态＋农业”等业态集群。

三、经验启示

南通市坚持不懈推进沿江生态修复保护与产业转型升级，推动五山滨江地区长江岸线由生产型岸线向生活型和生态型岸线转型，用一次次正确的“生态抉择”推动高水平保护与高质量发展行稳致远。

（一）坚持“加强水岸共治、拓展生态空间”这一治本举措，构建“三生融合”可持续发展格局

南通市坚持问题导向，找到“水中污染、关键在岸”这一主要矛

盾，紧扣水岸共治分类施策制订方案，面对“港口搬迁、腾退岸线”这一矛盾的主要方面，动真碰硬、真抓实改，从源头上入手，科学合理规划城市的生产、生活、生态空间，成功下活“优化产业布局，提升城市品质”这盘棋，把绿水青山保留给城市居民。实践证明，面对复杂形势和繁重任务，要优先解决主要矛盾和矛盾的主要方面，以此带动其他矛盾的解决。深入探究生态问题的根源，保护好、修复好、建设好生态空间，为高质量发展守住战略空间、筑牢绿色安全屏障。

（二）坚持“山水林田湖草沙是生命共同体”，厚植江风海韵的生态文化基底

南通市从系统工程和全局角度寻求新的治理之道，加大生态系统保护力度，实施好生态保护修复工程，积极打造山水人城协调发展城市格局，精心打造绿色城市名片，以生态环境“沧桑巨变”为幸福生活“增光添彩”。实践证明，只有结合实际进行整体保护、宏观管控、综合治理，全方位、全地域、全过程地开展生态文明建设，才能达到经济发展与生态保护的平衡统一，才能真正实现人与自然和谐共生。坚持正确的生态观、发展观，更加注重综合治理、系统治理、源头治理，真正实现“活血化瘀”“药到病除”。

（三）坚持“在发展中保护，在保护中发展”理念，提升经济发展的“含绿量”和加速度

南通市扎实推进长江大保护，深入打好污染防治攻坚战，深化生态文明体制改革，变“督着干”为“主动干”，变“要我保护”为“我要保护”，连续五年挺进 GDP“万亿俱乐部”，让环境美成为南通

市高质量发展的鲜明标志。实践证明，生态环境保护和经济发展是辩证统一、相辅相成的。人不负青山，青山定不负人，绿色生态是最大的财富、最大的优势、最大的品牌。坚持生态优先、绿色发展，因地制宜壮大“美丽经济”，能把生态优势更好地转化为发展优势，使绿水青山产生巨大效益。

（南通市生态环境局、中共南通市委党校供稿）

从濒临“消失”的万亩果园到最美城央湿地

——海珠湿地走出生态优先、绿色发展四部曲

【引　言】2022年11月，习近平主席在《湿地公约》第十四届缔约方大会开幕式上的致辞中指出，要凝聚珍爱湿地全球共识，深怀对自然的敬畏之心，减少人类活动的干扰破坏，守住湿地生态安全边界，为子孙后代留下大美湿地。

【摘　要】广东广州海珠国家湿地公园集国际重要湿地、世界最佳自然保护地、全球最大城央湿地三大称号于一体。其前身是万亩果园，被誉为“南肺”。随着工业化和城市化进程加快，万亩果园不断遭到破坏侵蚀，城市“保肺”和村民“保胃”之间的问题日益凸显。为科学有效处理保护环境与发展经济两者关系，广州市首创“只征不转”政策，将万亩果园集体用地征收为国有，作为永久性生态用地进行保护，立法建盟破解污染难题，师法自然修复湿地生境，

大幅提升生物多样性。激活“四大资源”、开发“四大产品”加速生态产品价值实现，探索出一条都市生态与经济互动发展的新路径，奋力打造人与自然和谐共生的中国式现代化“城央绿心”。

【关键词】海珠湿地；只征不转；湿地生态执法联盟；生态保护修复；生态产品价值实现

一、背景情况

海珠湿地位于广州城市中轴线上，占地 16 500 亩，作为极为罕见的城市内湖、河涌、涌沟与半自然果林镶嵌交混的复合湿地生态系统，在广州中心城区起着调节气候、净化水网和空气的重要生态屏障作用，是广州市的“南肺”。海珠湿地的前身是万亩果园。20 世纪初，随着广州外贸发展，岭南佳果远销海外，万亩果园鼎盛时期一度达到 4 万亩。20 世纪 90 年代，随着工业化与城市化的推进，万亩果园土地商业开发价值飙升，其周围逐渐被城市居住区和工厂包围，村民追求高于农耕的收入，在果林开办农家乐、烧烤场等，废水排入河涌，河道堵塞，水浊泥污，万亩果园随之遭到破坏侵蚀，果树减产，万亩果园走向凋敝，果园面积萎缩至 1 万多亩。村民种植的积极性降低，对果林进行经营开发的冲动愈发强烈，城市“保肺”和村民“保胃”之间的问题日益凸显。

直接对万亩果园进行商业开发可得万亿元，保护绿色屏障还要继续投入，在权衡眼前利益和永续发展之后，广州市海珠区选择走生态文明之路，坚持“保护优先”的宗旨，遵循“原生态、微改造、少干预”原则，用心守护城央“绿心”，针对区域内不同湿地的区位和类型特色开展一系列生物多样性保护修复措施，构建完整、健康的生态系统，让绿水青山造福人民、泽被子孙。从2012年海珠湿地成为国家湿地公园试点建设单位，到2015年正式成为国家湿地公园，再到2023年成功列入国际重要湿地名录，回首往昔，一片亟待修复的土地变身为国际大都会城央湿地典范，海珠湿地以其坚韧不拔的生命力，书写了一份关于重生与希望的绿色答卷。

广州市新中轴线上的“绿心”

二、主要做法

（一）保护为先，只征不转，都市果林涅槃重生

经过前期调研，海珠区想把万亩果园这片集体农业用地征收为国有进而保护起来，如此大体量的集体农业用地征收为国有土地会占用

建设用地指标，将严重制约特大城市中心城区发展空间。广州市在全国首创“只征不转”征地政策，在不影响城建用地规模和年度土地利用计划指标的前提下，将万亩果园集体农业用地征收为国有，作为永久性生态用地由政府统一保护、统一管理。将征地面积的10%作为村集体留用地，用于发展壮大集体经济。根据对湿地生态的影响程度，政府投入5.5亿元，采取“一村一策”的方式对12个城中村进行改造，为被征地村民购买社保，并提供就业指导培训，优先聘请被征地村民到海珠湿地从事果树保育、维护管理等工作，解决其生计问题。在海珠湿地养护果树的莫叔说：“环境好了，我们的出租屋和民宿很受青睐。”

（二）法治为剑，部门协同，织密湿地保护体系

海珠区在河湖长制、河湖警长制的基础上，成立海珠湿地生态保护联盟，通过“公安网+盘查”“大数据+预警”等措施，“人防+技防”精准打击破坏湿地环境等违法行为。2012年，成立海珠区生态城人民法庭，有力打击涉及污染生态环境、破坏生态资源的刑事犯罪。2024年，海珠区生态城人民法庭更名为海珠湿地人民法庭（环境资源法庭），为湿地生态保护提供司法保障。成立国家湿地公园公益诉讼法治教育基地，与海珠湿地建立“双员互聘”机制，聘请湿地业务骨干兼任检察官特别助理的同时，安排检察官兼任海珠湿地生态监督员，定期开展巡查。推出生态环境法律风险提示、动植物纠纷诉调对接、湿地保护前置司法服务等多项机制，有效实现生态保护前置化。

（三）修复为要，推陈出新，广州“绿心”焕发新生

坚持节约优先、保护优先、自然恢复为主的方针，遵循“微改造、少干预”原则，编制《广州海珠国家湿地公园湿地恢复总体规划》《广东广州海珠国际重要湿地修复方案》等规划，引领湿地高水平保护与精细化管理。

针对原有退化、受污染的果园，在清淤的基础上，建设果基鱼塘生态农业示范区约 20 公顷，恢复滩涂约 13 公顷，恢复乡土水生植物种植约 11 公顷，建立果树创新研究中心，以专业科学管养让百年老树重新挂果，果树品种也从 10 余种增加到 200 多种。果基鱼塘生态农业，再现“河涌水流果林间，河泥堆起肥林田，鱼在河涌水桠现，鸟栖芦荡滩涂涟”的独特农业生产方式，营建出独特的南亚热带湿地景观类型——垛基果林湿地，促进基、果、水、岸、人各要素的协同共生，案例被纳入《国家湿地公园湿地修复技术指南》。

对海珠湿地及周边水网结构、地形风貌、生态图景进行全盘整理，建设海珠湖水利工程，与石榴岗河、大围涌、大塘涌、上冲涌、杨湾涌、西碌涌相交汇，贯通海珠东南部 39 条河涌，依法清理“三无”船只、拆除临涌违建，充分利用珠江自然潮汐动力——涨潮引水，为果林提供新鲜水源，改善湿地水环境；落潮排水，丰沛的活水经湿地净化后回流珠江。投资 4.88 亿元在全流域开展城中村截污纳管工程，实现污水进厂、清水入河。经过十余年的不懈努力，湿地内的水质净化至Ⅲ类，部分指标达到Ⅱ类和Ⅰ类标准。

坚持科技赋能生态修复，成立行政机关科协——广州市海珠区林业和湿地管理局科学技术协会，与 20 余家知名高校及科研机构建立合作关系，打造政产学研用完整链条。申报落地全国首批国家生态质量综合监测站、国家级野外台站、院士科研站点等重要站点，开

发无人机组网监测系统，通过布控3座无人机基站，搭载RGB、多光谱、热红外等传感器，对湿地边界变化、植物群落动态等进行长序列遥感监测。积极推进科研资源科普化，上线“海珠湿地云上科普”小程序，打造全景科普游览路线，研发品植物天然美态、观湿地物种百科图谱、享湿地物种卡牌游戏等多项互动体验活动，让市民触动指尖、滑动屏幕即可体验城央生态保护成果。2023年，海珠湿地成功入选国家长期科研基地。2025年初，广州数据交易所海珠服务专区揭牌，来自海珠湿地的城央湿地生态环境监测数据产品和自然科普数据产品作为首批数据产品亮相，以高水平保护培植新质生产力发展沃土。

修复后的海珠湿地，绿树婆娑，百果飘香，鸢飞鱼跃，“城市海绵”与“城市绿肺”功能日益增强，生物多样性指数逐年上升。截至2024年，海珠湿地记录的植物从294种增加到835种，鸟类从72种增加到201种，先后发现全球新物种“海珠斯萤叶甲”“海珠珐轴甲”，继“鸟中国宝”东方白鹳现身城央后，又有在广州消失了40多年的红领绿鹦鹉重新回归，为后续其他本土野生动物恢复积累了宝贵经验。

（四）转化为径，绿里淘金，释放生态价值红利

以水为魂，做优水上文章。引入皮划艇、桨板、无人智能船等水上项目，泛舟湖上，看“落日与白鹭齐飞，珠水共长天一色”，小蛮腰（广州塔）、文化馆等城市地标尽收眼底。特别是每年端午节到来时，观龙舟赛、品龙船饭、赏英歌舞好戏连台，“端午到，去湿地，看龙船”已成为广州市民的一种习惯。

以果为基，做活农旅品牌。传承千年高畦深沟农业文化遗产，

举办水果节、赏荷节、月亮灯会、清塘节等民俗活动，大人小孩齐上阵，挖藕抓鱼享丰年，活动结束后，带着黄皮月饼、“海珠礼遇”果干礼盒、“海上珠”普洱茶等文创产品满载而归，“坐着地铁去插秧”在广州市海珠区得以具象化。

以花为美，做强赏花经济。策划“花朝节”系列活动，飞龙寻芳、福寿果廊、湖畔塔影三大花海丛中留倩影，十里观花大道上散步，数十万名游客与盛开的宫粉紫荆浪漫邂逅，看汉服巡游，赏国风古韵，截至2024年，活动累计拉动二次消费超2 000万元。

宫粉紫荆观花大道

以鸟为灵，做实自然教育。举办粤港澳大湾区观鸟大赛，引来两岸三地小朋友扛起“长枪短炮”，在走读自然中接连发现新物种。创建自然学校品牌，培育“雁来栖”志愿者队伍，研发200多项课程，设计飞羽寻踪、趣侦探夜、探秘农遗等多条精品自然教育游线，带动提升全民科学素养，年度累计营收超百万元。

厚植绿色底蕴，建设“城央生态会客厅”。成立“发挥生态价值，提升营商环境”工作专班，定期举办海珠湿地论坛，组织投资机构、研究院、优质产业项目参与招商撮合，构建生态招商平台。截至 2024 年底，海珠湿地周边汇聚 28 家世界 500 强企业。“很多时候，谈不下来项目，我们就带客人到海珠湿地走一走，”某企业负责人如是说道，“海珠湿地已成为我们的‘金色招牌’。”2024 年，海珠湿地面向世界，面向未来，依托 28.9 平方千米外围圈层，打造环海珠湿地生态价值圈，组建海珠湿地生态价值联盟，40 余家单位协同赋能海珠区成为绿水青山处、经济繁荣地。

三、经验启示

俯瞰海珠湿地，生命图景镌刻在繁华都市间，百花争艳，千鸟归巢，万众共享，这不仅是一幅人与自然和谐共生的生态画卷，也为都市生态建设与经济发展提供了海珠经验。

（一）坚持法治护航生态，筑牢环境安全屏障

生态文明建设每向前推进一步，环境法治建设就要跟进一步。要建立健全监督体系，确保人人守法，做到有法必依。要凝聚公检法等不同领域力量，打通部门壁垒，专业权威科学执法，高效处置违法案件，做到执法必严，违法必究。实践证明，要依靠法治护航生态环境保护，结合地方实际，立足“小切口”，有针对性地开展生态保护领域立法工作，做到有法可依。

（二）立足优势本底资源，保护与发展两手抓

生态保护与经济发展是辩证统一的，二者相互依存、相互转化，良好的保护是高质量发展的基础，生态优势也可直接转化为经济优

势，但发展必须以保护为前提。实践证明，无论保护还是发展，都不可“大水漫灌”，要充分结合区域优势和资源禀赋，突出“人无我有，人有我优”，更好地融入服务地方新发展格局。

（三）激活社会多元力量，共建共享生态福祉

在现代社会，生态环境作为最公平的公共产品、最普惠的民生福祉，对其有效保护不仅是政府责任、企业责任，还是社会责任。与此同时，生态保护涉及多层面、多行业、多领域，单靠某个部门或企业难以推进。实践证明，生态环境保护工作要发动企业、高校、科研院所以及人民群众共同参与进来，在具体的实践中提高环境保护意识，共建共享生态建设成果。

（广州市海珠区林业和湿地管理局、
广州市生态环境局海珠分局供稿）

筑牢保护之基　守护万千生灵

——青海湖生物多样性监测探索形成“四固定、三统一”机制

【引　言】2021年6月，习近平总书记在青海考察时强调，青海湖生态保护和环境治理取得的成效来之不易，要倍加珍惜，不断巩固拓展，要落实好国家生态战略，总结三江源等国家公园体制试点经验，加快构建起以国家公园为主体、自然保护区为基础、各类自然公园为补充的自然保护地体系，守护好自然生态，保育好自然资源，维护好生物多样性。

【摘　要】青海湖国家级自然保护区（以下简称保护区）于1997年正式设立，主要保护对象为青海湖及其环湖湿地等脆弱的高原湖泊湿地生态系统和栖息、繁衍的野生动物。从2007年开始，保护区持续开展生物多样性调查监测，不断推进青海湖生物多样性监测常态化、规范化、体系化建设，形成了“四固定、三统一”的监测规范，同时，构建了纵向涵盖水、空、地，横向涵盖日常巡护、行业监

管和志愿管护的全方位巡护体系，实现了对重点保护对象和保护区域的监测监管全覆盖，为青海湖生物多样性监测工作注入持久动力，生态保护成效显著。

【关键词】青海湖；生物多样性；监测

一、背景情况

青海湖位于青藏高原东北部，是我国最大的内陆咸水湖，是高原湖泊生态系统的典型代表，是青藏高原气候变化的传感器和调节器、生态环境的“晴雨表”，在全国乃至全球生态安全格局中都具有极其重要的地位。青海湖被誉为青藏高原生物多样性宝库，是普氏原羚和青海湖裸鲤在世界上唯一的分布区，东亚、中亚两条国际候鸟迁徙路线在此交会，是国际迁徙候鸟保护的关键区、国际重要湿地，已查明鸟类 282 种、兽类 42 种，种子植物共计 457 种。

2005 年，青海湖鸟岛暴发了世界首例野生鸟类 H5N1 高致病性禽流感，保护区工作人员通过保护区布设的普清探头监测到这一突发状况，并及时采取相应措施妥善处置。这一事件让保护区意识到青海湖生物多样性监测手段单一、基础薄弱，摸清“家底”成为保护区发展的迫切需要，自此拉开了青海湖生物多样性监测与保护工作的序幕。从 2007 年开始，保护区推进生物多样性监测常态化、规范化、体系化建设，逐步形成了“四固定、三统一”的监测规范，积累了大量监测基础数据，做到底数清、情况明，为青海湖生态保护夯实了基础。

二、主要做法

（一）建立健全规范化监测制度

保护区坚持以基层保护和巡护监测能力建设为基础，制定发布《青海湖生态环境保护巡护监测工作方案》《青海湖景区保护利用管理局生态保护巡护监测制度》《青海湖国家级自然保护区野生动物疫源疫病监测防控应急预案暨环湖巡查方案》等制度规范，对24个水鸟栖息地、15个普氏原羚活动区、28个植被重点区域和重点保护对象开展常态化巡护监测，逐步形成由保护区管理局为主体面、管理分局为基础线、保护站为补充点的“面、线、点”工作格局，构建和完善“保护区管理局—保护站—巡护队”一体化巡护体系，探索建立了适宜青海湖发展的新模式。保护区探索形成了“四固定、三统一”监测规范，即固定监测频率、固定监测人员、固定监测对象、固定监测样点样线样地，统一监测统计方法、统一监测数据汇交、统一监测报告汇编的监测规范，逐步形成了生态保护科研化、科研成果科普化、科普宣教多样化、资环管理社区化的“四化”保护管理模式。

（二）持之以恒开展日常巡护监测

保护区工作人员日复一日，年复一年，坚持“四固定、三统一”监测规范，常规开展水鸟、植被、普氏原羚、黑颈鹤等物种监测，专项开展流域内鸣禽、两栖动物、爬行动物、鱼类以及青海湖湿地生态系统监测，及时整理分析监测数据，编制年度《青海湖生物多样性监测报告》，内容涵盖水鸟、植被、普氏原羚、黑颈鹤、猛禽、湿地类型与变化、水生态环境监测等。通过多年来规范化的生物多样性监测，掌握了青海湖野生动植物的分布与栖息地生境状况，摸清了“家底”。监测数据显示，近年来青海湖整体生态环境持续向好，主要表现为“三增、三减、一不变”，即青海湖湿地面积持续增加，高密度植被覆盖率持续增大，青海湖整体生态功能持续增强，沙地、裸地、盐碱化土地面积持续减少，保护区内保护功能性用地长期保持不变。青海湖还实现了“三个增量、两项稳定”。三个增量即旗舰物种普氏原羚野外种群数量实现增量，从 1994 年的 300 余只增加到目前的 3 400 余只；湿地指示性物种水鸟多样性实现增量，青海湖指示性物种水鸟种类突破 100 种；湿地关键性物种青海湖裸鲤实现增量，资源蕴藏量恢复到 12.03 万吨，达到保护初期的 44 倍。两项稳定即湿地指示性物种水鸟整体种群数量多年保持稳定，统计总量约 60.6 万只；整体水环境质量重要指标多年来保持稳定。

青海湖水鸟天堂

（三）不断推动青海湖资源监测信息化建设

保护区在信息化建设工作上持续发力，不断推动保护区资源监测信息化建设步入快车道，现已建成视频监控节点116个，监测范围覆盖野生动物、水生态环境、人类活动重点区域，为青海湖野生鸟类禽流感主动预警、研究鸟类行为和生态环境变化监测提供了更为精准的保障。经过十多年的不懈努力，已初步构建起青海湖天空地一体化生态监测网络体系。通过实施野生动植物保护、湿地保护与恢复、国家级自然保护区补助、青海湖重点水域水生态环境保护与修复、青海湖生态网络感知监测监管基础平台（视频监控及监测预警）建设等项目，建立了湿地自动气象观测站、大气环境监测站、青海湖野外视频监控系统、青海湖基础科研监测数据平台，确立设定水生、水质、水深、土壤、植被、鸟类监测、观测样点、样线200多个，为青海湖生物多样性和生态系统监测预警提供了保障。

（四）科技支撑引领青海湖生物多样性监测迈上高台阶

青海湖生态保护科研合作始于1961年。多年来，科研人员在青海湖海拔高、条件差、底子薄的条件下，“自带干粮”、开拓进取，勇闯青海湖科研的“空白区”，依靠智慧的头脑和勤劳的双手，把各种不可能变成可能，在高原大地上结出一个又一个科研硕果，为青海湖生态环境高水平保护打下了坚实基础。以2005年高致病性禽流感防控工作为开端，保护区强化“生态保护，科研先行”理念，不断拓展青海湖生态观测研究领域和空间，启动科研合作新模式。经过多年的建设，相继建立多个“国字号”科研台站，开展了青海湖鸟类动态地理分布、迁徙及病毒传播途径、DNA监测、禽流感预警、湖深测定、水质水生监测、湖沼实验、植被类型分布及演替等研究，科技支撑能力日益增强。

青海湖湿地

三、经验启示

保护区始终将青海湖生态环境保护作为“国之大者”，不断推进青海湖高水平保护，着力推动生物多样性监测取得新成就，守护好“碧波荡漾”的青海湖。

（一）建立完善的制度规范体系是做好生物多样性保护的重要保障

保护区始终坚持制度先行，针对保护对象分类制定生物多样性监测技术规程，建立健全监测规范，完善制度体系建设，为科学性、系统性开展生物多样性保护工作提供了重要保障。实践证明，坚持以制度引领为主线，用高质量、高效率、可持续的制度体系推进生态环境高水平保护，从生态之“制”走向生态之“治”，人与自然和谐共生的美好画卷必定实现。

（二）建立高效的监测网络体系是做好生物多样性保护的重要基础

保护区始终将推动信息化建设作为青海湖生态保护的重要引擎，形成“天上看、空中巡、地上查、网上管”的生态环境和生物多样性全要素全覆盖智慧监测网络，为科学性、系统性开展生物多样性保护工作夯实了基础。实践证明，数字技术赋能生态文明大有可为，天空地一体化监测体系的构建，科学、精准、智能化的数字赋能，有助于实现生态环境高水平保护和生态治理能力现代化。

（三）建立专业的科研监测体系是做好生物多样性保护的重要支撑

保护区始终强化“生态保护，科研先行”的理念，遵循搭建高能级科研平台、汇聚高水平科研人才、开展高质量科研项目的原则，搭建专业的科研监测体系，为生态环境和生物多样性保护注入强劲动力、打下坚实基础。实践证明，科研合作是推进生态文明建设的有效路径，以科技支撑助力生物多样性保护，生态环境高水平保护的步伐才能迈得更加坚定，绿色发展的路子才能走得更加宽阔。

（青海湖景区保护利用管理局、
青海湖国家级自然保护区管理局供稿）

坚决筑牢祖国西北重要生态安全屏障

——贺兰山生态保护修复实践

【引　言】2020年6月，习近平总书记在宁夏考察时指出，贺兰山是我国重要自然地理分界线和西北重要生态安全屏障，维系着西北至黄淮地区气候分布和生态格局，守护着西北、华北生态安全，要加强顶层设计，狠抓责任落实，强化监督检查，坚决保护好贺兰山生态。

【摘　要】贺兰山是我国重要自然地理分界线和西北重要生态安全屏障，蕴藏着丰富的煤炭、硅石、灰岩、砂石等矿产资源。长期以来，大规模矿产资源开发让贺兰山生态环境遭受严重破坏。宁夏保持加强生态文明建设的政治定力和战略定力不动摇，“一张蓝图”绘到底，一任接着一任干，全面清退贺兰山国家级自然保护区内人类活动，全面整治保护区外生态环境，全面提升贺兰山生态系统质量与稳定性，协同推进生态保护修复与生态产业发展，贺兰山生态保护修复取得显著的生态效益、经济效益和社会效益。2021 年 6 月，贺兰山生态保护修复被自然资源部与世界自然保护联盟（IUCN）列入 10 个中国特色生态修复典型案例。2023 年 10 月，贺兰山东麓矿山生态修复项目成功入选“中国山水工程”首批 15 个优秀典型案例。

【关键词】山水林田湖草沙；系统治理；协同推进

一、背景情况

贺兰山地处宁夏和内蒙古交界处，自西南向东北横亘在祖国西北黄土与大漠之间，南北延伸 220 余千米，东西跨越 40 多千米，平均海拔 2 500 米。贺兰山是我国重要自然地理分界线和西北重要生态安全屏障，维系着西北至黄淮地区气候分布和生态格局，守护着西北、华北生态安全。作为我国为数不多的南北走向山脉之一，贺兰山有效遏制了腾格里沙漠东移，抵御了乌兰布和沙漠南袭，拦截了毛乌素沙地西进，阻挡了冬季西伯利亚高寒气流，庇佑了宁夏“塞上江南”的富足美丽，被宁夏人民亲切地称为“父亲山”。

贺兰山在 20 多亿年地质史中经历了数次隆起抬升与下沉入海，形成并蕴藏了丰富的煤炭、硅石、灰岩、砂石等矿产资源，成为我国重要的矿产资源富集区。从 20 世纪 50 年代开始，贺兰山进入大规模工业化开采阶段。在鼎盛时期仅煤炭资源的各类采矿权达 100 余处，涉煤企业近千家，60 多年来采挖原煤 6 亿多吨。长期以来，大规模矿产资源开发不仅形成了大量矿坑，还造成植被稀疏、砂砾裸露、生物多样性减少、生态服务功能弱化、冬春季扬尘增加、水体污染、土壤污染等生态环境问题以及崩塌、泥石流等地质灾害。面对满目疮痍的“父亲山”，宁夏深刻认识到加强生态文明建设的重要性和必要性，痛定思痛、迅速行动，全面打响贺兰山生态保卫战，全力推动贺兰山生态环境持续改善、生物多样性不断增加、生态产业蓬勃发展，坚决筑牢祖国西北重要生态安全屏障。

二、主要做法

（一）提高政治站位，全面打响贺兰山生态保卫战

科学绘制贺兰山生态保护修复蓝图。自 2017 年 5 月起，宁夏按照“整体保护、系统修复、综合治理”的思路和“三步走”的策略，全面打响贺兰山生态保卫战。出台了《贺兰山国家级自然保护区生态环境综合整治推进工作方案》《贺兰山生态环境综合整治修复工作方案》《宁夏回族自治区矿山地质环境恢复和综合治理规划（2018—2022 年）》《贺兰山生态保护修复专项规划（2020—2025 年）》，制定了《宁夏贺兰山东麓山水林田湖草生态保护修复工程试点实施方案》，对贺兰山生态保护修复进行系统设计与部署安排。2022 年 6 月，将贺兰山生态保护修复列入宁夏回族自治区重大项目，建立了省级领导包抓工作机制。2023 年 9 月，出台《关于推进贺兰山生态保护修复的实施方案》，纳入宁夏回族自治区全面推进新征程生态文明建设的“1+4”系列文件。

严格落实贺兰山生态保护修复职责。宁夏坚持把考核和评估作为贺兰山生态环境综合治理的“指挥棒”“风向标”，严格落实生态环境保护“党政同责”和“一岗双责”。建立考核验收机制，将贺兰

山生态保护修复纳入相关市县和部门年度效能目标考核，与领导干部工作业绩、选拔任用、离任审计挂钩；推行企业自验、市县初验、自治区终验的三级验收机制，全方位、全过程、高标准验收项目。建立评估奖惩机制，落实贺兰山生态保护修复专项规划实施跟踪分析和动态评估制度，适时评估规划落实情况，对贺兰山生态保护修复任务完成好的，在资金配套、审核审批、投资融资等方面优先支持。反之，给予通报批评并责令改正；对改进不力的，减少转移支付资金额度；对滥用职权、失职渎职、贪污腐败的公职人员依法依纪严肃追责问责。

（二）坚持系统观念，全方位推进贺兰山生态保护修复

全面清退自然保护区内人类活动点。贺兰山国家级自然保护区（以下简称保护区）作为贺兰山重要生态安全屏障的核心组成部分，贺兰山生态保护修复的第一仗就是集中力量对保护区内 169 处人类活动点进行清理整治，退出采矿权、修复矿坑，对矿产资源开发造成的生态破坏进行修复治理。整治期间，自治区成立整治工作领导小组，建立省级领导包抓机制，研究制定整治推进工作方案和财力保障、两权价款与保证金退还、职工安置等“1+8”配套政策，筹措专项资金 14 亿元，推进保护区内整治工作。自 2017 年 5 月开始，用了不到两年的时间对保护区内 169 处人类活动点进行了全面清理。汝箕沟、石炭井、王泉沟、正义关四大矿区所有露天煤矿全部关闭，清理注销煤炭采矿权 17 个、非煤矿业权 29 个，退出煤炭产能 2 000 万吨 / 年，近四千名企业职工得到妥善安置。累计投入人力 5 万人次、机械 4 万余台，拆除工矿设施 53 处、建筑物 55 万平方米，修复治理采矿点 83 处，清运土石 5 000 多万立方米。在非法人类活动退出后，保护区坚持以自然恢复为主，实施封山育林、退牧还草还林、种质资源

归集等全域封育保育措施，着力提升保护区内生态系统多样性、稳定性、持续性。

全面整治自然保护区外生态环境。为确保保护区内生态环境问题不反弹，2019 年，针对自然保护区外围“散、乱、污”企业多、“脏、乱、差”等问题，启动保护区外围综合治理，对外围 2 千米地带的煤矿、非煤矿山、煤炭集中加工区，以及不具保留价值的遗弃工矿、废弃村庄等 45 处点位进行全面整治，将影响保护区生态环境的工矿企业全部退出，对一些积重难返的污染区域进行重点整治。2019 年 5 月，宁夏再次制定工作方案，全面实施保护区外围重点区域生态环境整治修复，对一些时间久、污染重的“老大难”地区进行攻坚。在不到 3 年时间里，依法关停取缔不合规企业 561 家、整治提升企业 126 家，11 家煤矿和 2 家砂石矿全部关闭退出，遗留的 384 处工矿设施逐一拆除，完成 20 处大型矿坑和无主渣台整治，保留的 10 个矿山全部按照绿色矿山标准进行建设。宁夏相继出台了转产补偿等经济扶持政策，协调化解企业涉法涉诉、银行抵押等问题，建设了高标准储煤仓和防风网。大力开展植树绿化，使保护区外围生态环境大幅改善，当地群众称赞“黑三角”变成了“绿三角”。

贺兰山东麓开采破坏区域依托原始地形地貌建设运动休闲公园

全面提升生态系统质量与稳定性。2018 年，宁夏成功申报了贺兰山东麓山水林田湖草生态保护修复工程试点，按照“整体保护、系统修复、综合治理”的要求，重点围绕“修山、治污、增绿、固沙、扩湿、整地”六大任务，实施废弃矿山整治及生态修复、生物多样性保护、水污染防治与水生态修复、水资源保护与综合利用等八大类工程 173 个子项目，累计投资 61.38 亿元，27 项绩效目标全部达成。在保护区内人类活动全面清退和保护区外生态环境综合整治的基础上，分保护区、关联区、延伸区对贺兰山开展分级保护、分区治理、分层修复，累计投入 43.01 亿元，实施历史遗留废弃矿山治理、国土绿化和湿地保护修复、水土保持、自然保护区建设等 177 个子项目，进一步提升贺兰山生态保护修复成效。

（三）践行“绿水青山就是金山银山”理念，协同推进贺兰山高质量发展和高水平保护

协同推进生态保护修复和葡萄种植产业发展。2021 年，国家葡萄及葡萄酒产业开放发展综合试验区落地宁夏，沿山生态修复与产业发展交融共进。贺兰山东麓葡萄酒产业带年产葡萄酒 1.4 亿瓶，占国产酒庄产量的近 40%，葡萄酒产业综合产值达到 401.6 亿元。在矿区生态修复和葡萄酒产业发展的基础上，建成多个具有典型东方风格的园林酒庄、生态酒庄、文化酒庄。曾经的乱石荒滩藤织起了绿色长廊，废弃采砂坑变成了“紫色聚宝盆”。

贺兰山东麓开采破坏区域依形就势建成园林式酒庄

协同推进生态保护修复和多元生态产业发展。充分利用贺兰山矿山生态修复成果和保护区外围保留的工矿遗址，成功打造了山上自然风光、文旅小镇、科普宣教等旅游综合体和山前休闲康养、绿皮小火车等精品观光项目，推动红酒、旅游、文化、餐饮、民宿、研学等"生态＋多种业态"融合发展。利用工矿遗址打造的石炭井工业文旅小镇、大磴沟生态修复示范区，成为影视剧拍摄基地和生态环境法治宣传教育示范点。特色酒庄融合"美酒＋美景＋文化"，形成集红酒文化品鉴、休闲观光体验、科普教育示范等于一体的多功能庄园，每年为当地提供就业岗位 1 200 个，人均年增收 1.3 万元。

三、经验启示

宁夏统筹推进贺兰山生态系统质量与稳定性全面提升，协同推进生态保护修复与生态产业发展，为生态环境破坏地区开展山水林田湖草沙一体化保护和系统治理、正确处理高质量发展和高水平保护的关系等提供参考借鉴。

（一）“一张蓝图”绘到底，一任接着一任干，一以贯之推进生态文明建设

宁夏保持加强生态文明建设的政治定力和战略定力不动摇，坚决扛起保护好贺兰山生态、筑牢祖国西北重要生态安全屏障的政治责任和历史使命，为推动贺兰山生态保护修复取得显著成效提供了根本保障。同时，宁夏坚持生态为民、生态惠民、生态利民，持续营造全社会广泛关注、共同参与的良好氛围，使得“绿水青山就是金山银山”理念成为全党全社会的共识和行动，全面打响贺兰山生态保卫战，促进贺兰山从矿产资源开发到生态保护修复再到生态产业发展的有序转变。实践证明，推进生态文明建设需要刀刃向内的决心、壮士断腕的勇气，也需要久久为功的韧劲、众志成城的力量，“一张蓝图”绘到底，一任接着一任干。

（二）坚持系统观念，遵循自然规律，全方位、科学开展生态保护修复

宁夏牢牢把握山水林田湖草沙是生命共同体的系统思维，在遵循生态系统整体性、系统性及其内在规律的基础上，科学开展贺兰山生态保护修复。近年来，贺兰山森林覆盖率和植被盖度不断增加、四合木等野生植物生长范围不断扩延、雪豹等珍稀濒危野生动物失而复返，彰显了山水林田湖草沙一体化保护和系统治理成效。实践证明，生态保护修复不仅是植树种草，还要统筹考虑山水林田湖草沙各类生态要素和自身自然地理条件、生态系统内在规律。各部门各领域要紧密衔接、积极配合，全方位、科学开展生态保护修复，着力提升生态系统多样性、稳定性、持续性。

（三）充分利用生态保护修复成果和自然地理条件，精准发展生态产业

在生态保护修复的基础上，宁夏利用当地积温适宜、日照时间长、气候相对干燥、昼夜温差大等独特气候优势，积极发展葡萄种植及葡萄酒产业；利用保留的工矿遗址建设酒庄，着力打造旅游综合体和精品观光路线，实现红酒、旅游、文化、餐饮、民宿、研学等“生态+多种业态”融合发展。实践证明，因地制宜、发展适合自身的生态产业是统筹推进高质量发展和高水平保护、加快建设人与自然和谐共生的现代化的关键之举，也是实现生态保护修复生态效益和经济社会效益的重要支撑。

（宁夏回族自治区生态环境厅、
宁夏回族自治区自然资源厅供稿）

由“瘦身”到“健体”

——新疆维吾尔自治区卡拉麦里山有蹄类野生动物自然保护区重现生态活力

【引　言】2023年7月，习近平总书记在全国生态环境保护大会上指出，要着力提升生态系统多样性、稳定性、持续性，加大生态系统保护力度，切实加强生态保护修复监管，拓宽绿水青山转化为金山银山的路径，为子孙后代留下山清水秀的生态空间。

【摘　要】新疆维吾尔自治区卡拉麦里山有蹄类野生动物自然保护区（以下简称卡山保护区）是我国低海拔荒漠区域内重要的超大型有蹄类野生动物自然保护区，是野生动植物的“天然基因库”，更是阻止古尔班通古特沙漠东扩的关键生态屏障和连接天山与阿勒泰山的重要生态廊道。然而，此前为了给经济发展让路，卡山保护区历经6次调整，对戈壁荒漠生态系统、野生动物栖息地和生物多样性造成严重破坏。2015年6月至2016年2月，习近平总书记先后三次对卡山保护区有关问题作出重要批示，新疆维吾尔自治区积极响应，着力推动卡山保护区整改和生态修复工作，首次针对自然保护地单独立法，为卡山保护区管理提供法律依据，遏制部分地区随意调整压缩卡山保护区面积的行为；与周边县（市）建立共建共管机制，共同推进整改；依法依规退出卡山保护区内的矿权和油井，降低人为活动干扰；修建野生动物迁徙通道，保护水源地，强化监管并搭建智慧化平台，全方位推动卡山保护区生态环境的改善与提升，为卡山保护区的可持续发展筑牢根基。

【关键词】生态保护修复；制度化建设；信息化建设；矿权退出

一、背景情况

卡山保护区于 1982 年经新疆维吾尔自治区人民政府批准建立，位于昌吉回族自治州与阿勒泰地区境内，旨在保护多种珍稀濒危有蹄类动物及其栖息环境。卡山保护区是众多珍稀濒危有蹄类动物的栖息家园，拥有丰富的野生动植物物种资源，是珍贵的“天然基因库”，在维护区域生态平衡、防止沙漠东扩以及连接天山与阿勒泰山生态廊道方面发挥着不可替代的作用。

但是，2005—2011 年，卡山保护区面积因经济发展需求被先后 5 次调减，累计减少 5 178.56 平方千米，导致野生动物生存空间碎片化，栖息地完整性遭到破坏，荒漠生态系统的稳定性受到严重威胁。2015 年的第六次调整更是将核心区、缓冲区大面积调出，进一步压缩了野生动物的生存空间，加剧了生态环境的恶化。针对上述问题，习近平总书记先后三次作出重要批示。新疆维吾尔自治区高度重视整改工作，各级党委政府积极与周边地区和工业园区沟通协作，签订协议，共同致力于整改工作的推进，开启了保护区生态修复的艰难征程。

经过多年的不懈努力，卡山保护区的生态质量得到显著提升，生态质量等级为优的面积由 2002 年的 2 484 平方千米大幅增加至 2022 年的 7 434 平方千米。野生动物种群数量也明显增长，2016 年以来，保护区内普氏野马、蒙古野驴、鹅喉羚等数量分别由 169 匹、2 144 头、6 900 余只增加至 339 匹、3 800 余头、11 400 余只。生态保护成效日益显著，同时也为经济社会发展注入新活力，阿勒泰地区富蕴县 2024 年地区生产总值 78.75 亿元，较 2016 年同比增长 117.6%。其中，农牧民可支配收入达 17 467 元，较 2016 年增长 44.28%；接待游客 1 015.95 万人次，较 2016 年增长 410.5%；旅游收入 79.35 亿元，较 2016 年增长 402.2%。

二、主要做法

（一）高位推动，层层落实责任

面对卡山保护区生态环境的持续恶化，自治区党政主要负责同志先后 28 次亲赴现场调研督导整改，召开专题会议 63 次，深入研究卡山保护区整改问题，对重要工作亲自部署、重大问题亲自过问、关键环节亲自协调、重点案件亲自督办，确保整改工作落到实处。自治区相关部门积极响应，召开 20 余次专题会议，成立卡山保护区专项整改工作领导小组，督促落实自治区党委的决策部署。成立督查问责工作组，深入开展调查，对各层级相关责任人严肃追责问责，以强有力的问责机制推动整改工作的高效执行，形成了自上而下、层层落实的工作格局，为卡山保护区整改工作提供了坚实的组织保障。

（二）建章立制，强化制度执行

自 2015 年开始，陆续印发《关于进一步加强卡拉麦里山有蹄类野生动物自然保护区管理工作的决定》等多项文件，为整改工作提供规范指引。2016—2018 年制定、发布并修编《新疆维吾尔自治区卡拉麦里山有蹄类野生动物自然保护区管理条例》，发布《新疆维吾尔自治区自治区级自然保护区调整管理规定》，使卡山保护区管理工作有法可依，从法治层面有效遏制了部分地区随意调整压缩保护区面积的不良行为，为卡山保护区的生态保护与可持续发展构建了严密的制度防线，确保各项保护措施在法治轨道上稳步推进。

（三）降低干扰，助力生态修复

为减少人类活动对野生动物及其生存环境的干扰和破坏，相关部门着力完善矿产资源勘查开发退出机制，依法依规对卡山保护区内的采矿权、探矿权和油井进行退出、注销、永久性关闭处理。累计拆除 10 余家矿企生产生活设施 24.2 万平方米，治理修复因开发建设受损区域 1 246 万平方米，关闭退出 284 口油井，并将具有重要生态价值的区域重新划入卡山保护区范围，使卡山保护区面积修复至设立之初的 14 856.48 平方千米，让自然生态逐步回归宁静与和谐。

遵循自然规律，制定基于自然的生态保护修复方案。建立生态廊道，增强野生动物栖息地之间的连通性，建立全疆首座上跨式动物迁徙天桥，并在高速公路和铁路沿线规划建设野生动物通道 53 处；拆除保护区内围栏、围网 600 多千米，消除其对野生动物的不利影响；加强野生动物饮水点建设，清理扩建原有水源 43 处，新建人工水源地 12 处，有效解决了野生动物在极端干旱天气下的饮水难题，为卡山保护区生态系统的原真性和完整性提供了有力保障。

鹅喉羚

制定并实施《新疆卡拉麦里山有蹄类野生动物自然保护区开展常态化巡护工作方案》等文件，每年开展专项巡护工作，在重要路口设置卡点，严厉打击乱采滥挖野生植物和盗猎行为，显著降低了人类活动对卡山保护区的负面影响。自 2003 年开始，每年开展 3 次人工影响天气作业，在野生动物重要栖息地开展人工增雨，改善了卡山保护区的生态环境，促进了野生植物的生长，加快了生态修复进程。

（四）共建共治共享，构建良好格局

2018 年，自治区有关部门组织卡山保护区管理中心与周边六县（市）人民政府及检察院、准东经济技术开发区等签订共建共管协议，建立守护卡拉麦里国家公园生态检察跨区域协作机制，建立共建共管委员会和联席会议工作机制，共同商讨解决卡山保护区重大生态保护问题，划分卡山保护区外围责任片区并开展日常巡查，加强卡山保护区与政府部门之间的协同合作。同时强化科研协作，与科研院校建立野生动物研究合作机制，组织专家开展综合科学考察，全面摸清了

卡山保护区的生态资源和环境状况，为科学调整边界、高水平创建国家公园提供了坚实的数据支持。此外，借助《人民日报》、新华社、中央广播电视总台等权威媒体，以及安装宣传牌、发放宣传单等方式，广泛宣传卡山保护区的野生动植物资源、核心价值景观和国家公园创建进展，提升卡山保护区的知名度和公众对生态环境保护的认知度，增强公众的生态保护意识，营造全民参与生态保护的良好氛围，逐步形成共建共治共享的生态保护新格局。

普氏野马（赵君安 摄）

（五）加强信息化建设，提升科学监管水平

卡山保护区引进现代化科学监测技术，建立远程监控系统，在核心区、典型生态群系区、旗舰物种活动密集区等重点区域建设安装无人值守无人机 4 处和野外远程视频监控重载云台 23 套，并将数据并入监控系统，实现对野生动物、自然资源、人类活动的实时监测，初步达成“全域看，随时调”的目标。通过卫星无人机遥感影像、多

维度矢量数据、综合展现与对比分析等技术手段，实现卡山保护区信息“一张图资源呈现”，为科学决策提供直观、准确的数据支持。与阿勒泰气象局签订战略合作协议，在卡山保护区内建成10处气象站，对11处重点区域的气候信息进行实时监测和48小时预报，为卡山保护区的生态保护和管理提供气象数据支持。

三、经验启示

自治区把卡山保护区生态环境保护与修复作为贯彻党中央重大决策部署的具体体现，从严、从细、从实、从快，抓好卡山保护区生态环境专项整治工作落实，全面加强卡山保护区生态保护与修复工作，西部荒漠“观兽天堂”景象重现。

（一）树立正确政绩观是关键

卡山保护区过去的违规“瘦身”现象，根源在于部分领导干部未能正确理解保护与发展的辩证关系，过度看重矿产资源的短期经济利益，而忽视了荒漠生态系统的脆弱性及其长期生态价值。卡山保护区整改的深刻教训警示，在生态脆弱地区，当发展与保护出现矛盾时，决策者必须牢固树立和践行“绿水青山就是金山银山”的理念，严守生态优先底线，统筹兼顾保护与发展，实现两者的协调共进，避免重蹈以牺牲环境为代价换取经济发展的覆辙，切实肩负起生态环境保护的政治责任和历史使命，为子孙后代守护好绿水青山。

（二）尊重自然规律，推进生态修复

卡山保护区在生态修复过程中，深刻认识到尊重自然规律的重要

性，坚持因地制宜、因时制宜、分区分类的科学策略，最大限度减少外界扰动，充分发挥自然的自我修复能力，促进生态平衡的修复。对于生态破坏较为严重的区域，采取适度的人工干预措施，加速生态系统的修复进程，提高生态修复的效率和质量，实现生态系统的可持续发展，让大自然重新焕发生机与活力。实践证明，生态保护修复必须尊重自然、顺应自然，坚持山水林田湖草沙生命共同体理念，强化体制机制、规划设计、科技创新、工程措施等多方统筹，才能标本兼治，持续提升生态系统多样性、稳定性、持续性。

（三）完善制度建设，严格执法监管

自治区加强卡山保护区法治建设，坚决抵制过度开发行为，加强法治宣传教育，提高公众的法治意识和环保观念，以法律的强制力守护生态保护红线。卡山保护区管理部门要加强与政府各部门之间的协作联动，建立紧密的共建共管机制，明确各部门生态保护职责分工，形成工作合力，共同推动生态保护工作的深入开展，确保生态保护各项措施落到实处，取得实效，构建起全方位、多层次的生态保护法治体系和工作格局。生态环境的保护和修复离不开健全的法律法规和严格的规章制度。实践证明，生态环境保护工作涉及多主体、多部门，必须加强各项工作的系统性、整体性、协同性，形成全社会共同参与的模式，才能实现优势互补、提质增效，持续改善保护区及周边生态环境。

（新疆维吾尔自治区生态环境厅、新疆维吾尔自治区卡拉麦里山有蹄类野生动物自然保护区管理中心供稿）

第四部分

积极稳妥推进碳达峰碳中和

创绿色发展模式　促林区经济发展

——大兴安岭地区全力推进低碳试点城市建设

【引　言】2023年9月，习近平总书记在黑龙江考察时强调，森林是集水库、粮库、钱库、碳库于一身的大宝库。要树立增绿就是增优势、护林就是护财富的理念，在保护的前提下让老百姓通过发展林下经济增加收入。

【摘　要】大兴安岭是祖国最北方一颗璀璨的“林海明珠”，绵延8万多平方千米的绿色林海，是大兴安岭最为珍贵的财富。60年前，嘹亮的“伐木号子”叫醒了林海雪原，大兴安岭成为国家重要的木材生产基地，历经50年采伐，累计为国家提供商品材1.3亿立方米。一直到2014年，大兴安岭全面停止天然林商业性采伐，把发展重心投入保护生态。森林静了、绿了，全区各级政府部门不断研究论证新的经济发展之路，立足生态、能源和后发优势，统筹生态建设与经济社会发展，将低碳经济作为首要发展战略，建设国家级低碳经济示范区。大力发展生态旅游、特色经济等接续替代产业，努力打造低碳、绿色、生态的品牌价值，积极探索低碳经济发展模式，拓宽生态产品价值实现路径，努力寻找资源保护与开发矛盾的突破口，实现林区可持续发展，走出了一条生态优先、绿色低碳发展的振兴之路。

【关键词】绿色低碳；生态产业；生态产品价值实现

一、背景情况

大兴安岭地区位于我国版图的“金鸡之冠”、黑龙江省的“天鹅之首”，是我国最北、纬度最高的边境地区。行政区划面积为8.3万平方千米，森林覆盖率高达85.7%，森林蓄积量为6.36亿立方米，是我国重点国有林区和天然林主要分布区之一，也是我国的寒温带明亮针叶林区和国内仅存的寒温带生物基因库，更是中国最北生态安全屏障。

大兴安岭地区曾经是国家重点木材生产基地，历经50年的过度采伐，大兴安岭林区森林质量严重下降，生态功能不断弱化，树龄结构严重失衡，森林资源一度陷入危机。为使森林休养生息，自2014年4月1日起，大兴安岭地区全面停止木材商业性采伐，数以万计的林区职工放下斧头和锯，转岗投入生态保护工作，由“砍树人”转为“看树人”。

木材商业采伐支柱产业消亡了，但经济还要发展，必须摸索接续产业发展新路子。处在可采森林资源枯竭期、经济转型关键期、发展方式转变紧要期的大兴安岭地区，10年间不断摸索，大胆创新，积极调整产业结构，转变经济增长方式，秉承“保护生态环境就是保护生产力、改善生态环境就是发展生产力”的理念，探索出一条从木材生产到生态保护，再到生态产品供给转化和价值转化的有效途径，一大批适合林区转型发展的新兴项目从无到有、由弱到强，构建了林下经济、生态旅游、“双寒产业”等生态主导型产业发展格局，全面建设生态自然化、产业低碳化、经济持续化、生活和谐化的具有林区特色的低碳经济先行区，为绿色低碳发展增添了新引擎，为全面振兴提供了新动能。2014—2024 年，地区国民生产总值增长 70.7 亿元，城镇居民可支配收入增长 1.6 万元。

二、主要做法

（一）积极探索适应林区的生态产品价值实现机制

编制生态产品目录清单。发挥地域面积广阔、生态产品类型完整的优势，结合卫星遥感数据，基于现有 7 个野外生态监测台站和 1 个森林资源监测中心，全面开展生态产品基础信息调查，摸清各类生态产品数量、质量等底数，为编制生态产品目录清单奠定基础。开展生态产品价值的实物量和功能量现场核证，完成生态产品类型分布与质量比对，构建寒温带地区生态产品价格体系，编制完成《大兴安岭地区寒带陆域生态系统产品目录清单》，将全区生态产品按照物质产品、调节服务、文化服务三类，纳入目录清单，为最大限度体现好、利用好全区生态产品资源价值提供基础支撑。

规范化制定核算标准。在国家生态产品核算规范框架下，制定《大兴安岭地区生态产品总值（GEP）核算指南与技术办法》（DB 2327/T 049—2022），首次提出符合大兴安岭地区特点的生态产品核算参数，创新性地提出冻土生态产品价值核算办法，为确定生态产品市场价格、动态监测生态产品变化情况、评价生态系统质量、反映生态保护成效等提供量化依据。

加大地区生态产品认证。制定《大兴安岭生态产品认证标准》，从生态可持续、社会可持续和经济可持续三个方面，以“原则 + 指标体系”为总体结构，确定偃松仁、蓝莓、黄芪等野生生态产品认定标准。出台《大兴安岭生态产品认证实施通则》，提出大兴安岭生态产品认证方法，以“自我声明 + 现场审核 + 认证结果评价与批准 + 获证后监督”为主要模式开展生态产品认证。编制完成《大兴安岭生态产品认证报告》，确认大兴安岭生态产品的认证结果。严格落实产品安全主体责任，从需求方案设计、后台开发、界面设计、二维码读取开发等方面，建立大兴安岭生态产品追溯系统，开通运营小程序“生态追溯宝”，构建生态产品安全全过程管控体系。

（二）努力提升大兴安岭绿色低碳的品牌价值

发展林下经济，提升传统产业附加值。加快发展寒地中药材产业，截至 2024 年底，绿色有机作物种植面积达到 163.5 万亩，中药材野生保护面积达 22.7 万亩。稳步扩大食用菌品种规模，松杉灵芝种植比例稳定在 30% 左右，赤松茸、毛尖蘑、榆黄蘑、花菇等鲜食品种稳步走向规模化生产。推进浆果产业发展，圈建野生蓝莓、红豆保护抚育基地 6 处，面积为 1.08 万亩，新建红豆越橘抚育示范基地 2.3 万亩。食品加工比例全面提升，2024 年食品加工企业生产覆盖食用菌、浆坚果、山野菜等 10 个系列 165 款产品。

发展特色旅游，由“卖木材转为卖风景”。全力打造“中国生态自然景观旅游最佳目的地”和“全国低碳旅游示范区”等旅游名片，促进生态保护与经济发展协同共进。立足生态资源禀赋和区位优势，打造“一核三线五区”旅游空间发展布局，依托整合鄂伦春族、古鲜卑族等民族文化，加快文旅产业集聚，促进“神州北极·大美兴安”旅游全要素布局，培育新的经济增长点，形成多元化的旅游业态群，“神州北极·大美兴安”已成为国人心中的“诗和远方”。围绕“追寻总书记足迹”推出 6 条精品研学路线，漠河林场自然林成为必游景点。“俺们村民的日子肯定会越来越好”，经营民宿的村民情不自禁地露出了笑脸，满足的笑容里蕴含着对未来生活的期待，“总书记来北极村考察后，北极村旅游的招牌越来越亮了，很多南方游客都慕名而来。”

发挥地域特色，强力发展“双寒产业”。大兴安岭地区利用气候条件和区位优势，大力发展寒地生物、寒地测试“双寒产业”，让冷资源变成热产业，出台系列政策文件，谋划储备项目 157 个。全面推进寒地生物产业，重点围绕赤芍、关防风、金莲花等 7 个道地药材品种，谋划寒地生物产业项目 35 个，推进野生抚育与种质种源保护、种苗繁育、仿野生栽培、生态种植 4 种培育模式，培育一大批规模化种植主体。升温提速寒地测试产业，初步形成“两核、一心、多场”寒地测试产业基地空间发展新格局，依托漠河机动车测试场、塔河军工产品测试场，建设国家级机动车检验检测认证中心，开展机动车及相关产品的检验检测业务，完善产品低温可靠性试验标准体系。

漠河红河谷寒地试车场

（三）积极探索森林碳汇补偿机制

夯实资源监测基础。开展林草湿生态综合监测工作，完成 472 块固定样地及 1 337 块图斑监测样调查。

重点培育林业碳汇项目。漠河林业局造林碳汇项目成为我国温室气体自愿减排交易重启后首批公示项目之一，经审定，项目总面积为 2.34 万亩，预计总减排量为 24.27 万吨，年均减排量为 0.61 万吨。十八站林业局造林碳汇项目总面积为 11.38 万亩，预计总减排量为 19.20 万吨，年均减排量为 3.20 万吨，已在黑龙江省林业碳汇项目管理平台注册，完成初审已待核验。图强林业局入选国家森林碳汇试点，推进碳汇项目开发储备、永久性碳汇监测样地布设、湿地碳汇监测等工作，倾力培育管护森林资源，推动森林质量和碳汇能力进一步提升。

漠河林业局造林碳汇项目

优化产业服务保障。建立地企推进林业碳汇价值实现工作机制，成立由 48 名多行业、多领域专家组成的林业碳汇专家库，组织召开协调推进会议，就培育重点碳汇项目、推进碳汇产业发展基础能力建设、营造良好产业发展环境等方面深入研究，制定《推进林业碳汇产业发展实施方案》，科学有序推进产业发展。

三、经验启示

大兴安岭地区坚持生态优先、绿色发展，多领域推行减污降碳，以绿色新质生产力，带动传统产业转型升级，促进经济社会可持续健康发展，实现经济效益、社会效益、环境效益的统一。

（一）坚持将绿色发展作为高质量发展的底色

大兴安岭地区坚决扛起生态环境保护政治责任，主动融入“双碳”布局，持续推进产业绿色低碳转型，为百姓创造了优良生态环境，实现碳排放强度大幅降低。实践证明，协同推进降碳、减污、扩绿、增长，构建“双碳”目标下的绿色发展格局，不仅能够助力全国“双碳”目标如期实现，更是走高质量发展道路的必然选择，同时也提供了良好的生态环境这一最普惠的民生福祉。

（二）坚持以新兴产业引领带动绿色低碳转型

大兴安岭地区依托资源禀赋和地理条件，开创寒地生物、寒地测试新兴产业，优先发展旅游康养产业，重点发展寒地中药材产业，持续发展食用菌产业，适度发展森林养殖产业，稳步发展浆坚果产业，增产业不增化石能源，实现绿色低碳与经济发展双赢。实践证明，要提高战略思维能力，把系统观念贯穿“双碳”工作全过程，处理好发展和减排的关系。减排不是减生产力，也不是不排放，而是要走生态优先、绿色低碳发展道路，在经济发展中促进绿色转型、在绿色转型中实现更大发展。

（三）坚持把“两山”转化作为绿色低碳发展新路径

大兴安岭地区坚持“绿水青山就是金山银山”理念，积极探索生态产品价值实现路径和模式，开发多元生态产品，努力将生态优势转化为经济优势、发展优势，入选全国首批生态产品价值实现机制试点。实践证明，推动生态产品价值实现，要充分发挥资源优势和生态优势，因地制宜、系统谋划，完善生态产品价值实现机制，推进产业生态化和生态产业化，锲而不舍，久久为功，就一定能把“绿水青山”变成“金山银山”。

（中共大兴安岭地区委员会、大兴安岭地区行政公署供稿）

创新体制机制
助力绿色低碳发展

——深圳市多元化气候投融资体系取得实效

【引　言】2023 年 7 月，习近平总书记在全国生态环境保护大会上指出，要完善绿色低碳发展经济政策，强化财政支持、税收政策支持、金融支持、价格政策支持。

【摘　要】深圳市是全国三大金融中心之一，创新、创业活跃，但一度面临气候友好的项目不明确、社会资金参与有限、投融资模式单一、支持政策不精准等问题。2020 年以来，深圳市按照“政府引导、市场主体”的原则，持续完善气候投融资机制，高标准建设深圳气候投融资项目库，构建入库项目全生命周期融资支持机制，探索金融产品和工具创新，强化金融财税支持。形成气候投融资改革方案，发布总数 293 个、融资需求 638 亿元、预期碳减排量 993 万吨的气候投融资项目库，出台最高 100 万元的融资成本补贴以及最高

50% 的信贷风险补偿的支持政策，落地一批投融资案例，取得了较好效果。

【关键词】绿色金融；气候投融资；应对气候变化；绿色低碳转型；经济政策

一、背景情况

深圳市作为国家首批低碳试点城市、碳排放权交易试点城市、可持续发展议程创新示范区、生态文明建设示范市，定位为可持续发展先锋城市，也一度面临气候友好的项目不明确、社会资金参与有限、投融资模式单一、支持政策不精准等问题。2020 年，中共中央办公厅、国务院办公厅印发《深圳建设中国特色社会主义先行示范区综合改革试点实施方案（2020—2025 年）》，提出“完善气候投融资机制”任务。深圳市抢抓机遇，在顶层制度设计、项目库建设、金融支持、产品和工具创新、政策保障等方面展开探索。据统计，2024 年，深圳绿色低碳产业增加值为 2 439.16 亿元，同比增长 19.3%；截至 2024 年底，深圳绿色贷款余额为 1.08 万亿元，同比增长 18.2%；与此同时，深圳万元地区生产总值能耗、水耗、二氧化碳排放强度分别为全国平均水平的 1/3、1/8、1/5，较好地实现了产业、金融、低碳的协同推进。

二、主要做法

（一）强化顶层设计，完善气候投融资机制

完善工作体制机制，明确责任分工。成立深圳市气候投融资改革领导小组，指导实施气候投融资工作。挂牌成立深圳气候投融资促进中心，开展气候投融资产融对接、国际交流、合作促进等业务。印发《深圳市气候投融资改革实施方案》，作为深圳市碳达峰、碳中和“1+N”顶层制度设计之一。

设立法律依据，解决关键问题。出台《深圳经济特区生态环境保护条例》，其中设应对气候变化专章，明确完善气候投融资机制。出台《深圳经济特区绿色金融条例》，明确金融机构环境信息披露、绿色投资评估等要求，并制定相应罚则。修订《深圳市碳排放权交易管理办法》，创新核证自愿减排量的类型和交易方法，为气候投融资项目核证减排量开发和消纳创造条件。

出台地方标准，便于各方参与。按照开放自主的原则，在与《气候投融资项目分类指南》等国内标准和《欧盟可持续金融分类气候授权法案》等国际有关规定兼容的基础上，结合深圳市“20+8”产业发展规划，出台气候投融资地方标准《气候投融资项目分类与评估规范》（DB 4403/T 452—2024），强化了对新能源、安全节能环保、智能网联汽车等领域的支持。

（二）建设气候投融资项目库，充实绿色金融标的

发挥政府部门优势，扩充项目信息来源。为解决金融机构通过市场化手段收集到的绿色低碳企业信息有限的问题，深圳市生态环境部门系统梳理本部门环境统计、污染源普查、环境影响评价等环境管

理数据库，从中筛选出低碳能源、低碳交通、低碳建筑、废弃物资源化利用等领域的企业。对接深圳市环境保护产业协会等机构，了解会员单位融资情况。关注减污、降碳等重点项目的资金情况，扩充信息来源。

采用科技手段辅助项目征集，提高征集效率。运用征信等大数据和智慧城市底层数据主动追踪潜在的气候友好型融资项目。建设气候投融资项目库申报平台，申报过程实现远程不见面、申报材料实现电子化。开发“碳金融通气候投融资服务平台”，加强人工智能、物联网等技术及碳监测技术在碳排放核算数据报送、核算校验等方面的应用，提高供给效率。

开展基于气候效益的项目分类，发挥先进项目示范功能。按照项目气候效益等参数的领先度，将气候投融资项目分为孵化、开发、推广三大类，数量依次递减，标准依次提高，支持力度依次加大。三类项目分别对应基本的市场化金融支持、重点财政支持和全方位金融财税推广支持。

2022—2024 年，深圳市先后公开发布 3 批气候投融资项目，累计推出项目 293 个，涉及氢能、太阳能、智能超级充电站、城市厨余利用、动力电池梯级利用等领域，融资需求 638 亿元，项目实施后每年将减少二氧化碳排放约 993 万吨。某银行深圳分行经理表示，项目库的发布使金融机构后续服务投融资相关的企业时更聚焦、更专注、更突出重点，让金融机构有的放矢地支持可持续发展工作。

（三）引导各类资金，构建全生命周期融资支撑

对起步期小微企业，强化股权融资支持。深圳市生态环境部门与两个政策性投资机构合作，不定期向其推送入库的初创期项目，组

织基金公司与入库的民营初创型气候投融资项目举办股权创投会，促进股权融资，从天使轮开始支持绿色低碳项目发展。某入库项目的副总裁表示，金融支持是实现纯电动物流车运营的重要因素，在企业发展需要支持的时候，深圳气候投融资政策搭建了重要的对接平台。

对扩张期的企业，强化商业银行信贷支持。深圳市生态环境部门与中国人民银行深圳市分行签订战略合作协议，在绿色金融政银企对接会、推动项目库建设等方面深化合作，先后举办大型政银企对接会 6 场，参会金融机构 70 多家，参会企业 100 多家，落地贷款 294 亿元。

深圳市气候投融资政银企对接活动

对成熟期大型企业，强化政策性银行信贷支持。深圳市生态环境部门深化与政策性银行的对接，与国家开发银行深圳分行签订协议，围绕气候投融资等多个领域，在融资利率、费率、周期、贷款方式等方面给予优惠，规划可投资于气候领域的投资金额为 500 亿元。2023 年，某入库项目与国家开发银行下属融资租赁机构完成战略合作协议签署，获得 100 亿元授信，用于该项目企业购买不低于

10 千兆瓦时的动力电池，满足未来 3 年新增和运营 15 万辆新能源物流车的需求。

强化其他各类资金的对接和运用。深圳市生态环境部门与香港绿色金融协会签署合作协议，深化在信息披露、标准体系建设等方面的合作。加强与世界银行、亚洲开发银行的合作，强化气候投融资入库项目与境外资金对接。赴香港地区发行离岸人民币地方政府绿色债券，主要用于城市轨道交通、水治理和产业园区建设等项目，其中 2024 年发行规模为 70 亿元人民币。

（四）探索新工具和模式，推动多元化气候投融资服务

探索全新国家核证自愿减排量（CCER）挂钩贷款。将贷款利率与项目发电量及碳减排量挂钩，激励企业提升减排成效，2024 年 1 月，某银行为深圳市气候投融资入库项目提供 1 000 万元、两年期的中期流动资金贷款，专项支持 CCER 项目开发。

深圳探索福田红树林碳汇项目交易

推行企业碳账户。深圳市生态环境部门会同中国人民银行深

圳市分行等单位共同打造低成本、广覆盖、多应用的企业碳账户模式，在数据底座、等级评定、应用场景、政策支持等方面积极探索。2024 年 7 月，企业碳账户在金融领域首先开展应用，8 家银行试点“降碳贷”，依据企业碳账户评级结果，为 8 家企业提供利率优惠的授信 3.1 亿元。

探索碳资产证券化。以企业碳资产未来预期收益为支撑，通过发行市场流通证券，为企业节能减排、绿色发展提供融资支持。2024 年 7 月，深圳担保集团与深圳市南山区 6 家企业达成碳资产证券化项目合作，落地融资金额 1.15 亿元。

（五）多维度完善经济政策，强化项目支持保障

推出气候投融资金融支持政策，调动金融机构积极性。深圳市将符合条件的气候投融资项目纳入规模达 50 亿元的深圳中小微企业贷款风险补偿资金池的支持范围，提供最高达 50% 的风险补偿。制定引进境内外资金的便利制度，支持入库项目实施企业借入外债及商业银行向国内气候投融资项目提供贷款。将商业银行开展气候投融资等情况纳入深圳市银行机构合规评价。

加大财政支持力度，真金白银支持入库项目。深圳市生态环境部门印发《深圳市全面加强生态环境保护推动经济高质量发展的若干措施（2024—2027 年）》，对于纳入深圳气候投融资项目库、推广库和开发库的项目业主，通过银行信贷、担保、保险、融资租赁等途径融资的，按融资成本的 50% 给予最高 100 万元资助。

强化绿色税收支持，尽可能降低企业负担。梳理与气候投融资重合交叉的绿色税收政策，并汇编成册，对入库项目提供绿色税收培训，并根据企业要求，开展绿色税收优惠诊断。

强化宣传和价值挖掘，赋能绿色低碳项目。开展专题培训，指导项目开发 CCER 和国际自愿减排量（CER、VER 等）。以“深圳气候投融资项目库的投资机会”为主题，制作宣传片、宣传折页，在联合国气候变化大会等场合播放，为有境外推广需求的入库项目提供宣传。

三、经验启示

深圳市通过完善支持气候投融资的体制机制，拓宽了气候投融资项目的融资渠道，充实了金融机构开展绿色金融的标的，推动了经济社会绿色低碳高质量发展，为绿色低碳发展经济政策体系的构建作出了有益探索。

（一）要聚焦科技创新的投资标的

深圳市气候投融资项目库中有核心科技优势的初创型企业占比达60%，有利于引导风险投资、商业银行、担保、保险等各类金融机构关注相关项目，推动气候领域科技和金融的融合发展。实践证明，绿色低碳科技创新是推动解决生态环境问题的利器，也是深化金融供给侧结构性改革的重要内容。加强对科技型企业的金融支持，促进资本向科技创新领域聚集，有利于推动构建完善市场导向的绿色技术创新体系，为“双碳”目标实现提供科技支撑。

（二）要坚持开放自主的投资理念

深圳市在制定相关标准时，参考了国内外金融、产业、环保领域的各项标准，在坚持气候属性的基础上注重体现本地产业特色，同时制定引进境内外资金的便利制度，确保投资与国家绿色发展和经济全球化潮流一致，遴选具有深圳特色的本地项目进入气候投融资项目库。实践证明，必须主动顺应经济全球化潮流，坚持对外开放，并因地制宜，探索符合地方实际的低碳发展道路。

（三）要构建系统协同的投资政策

深圳市在推动气候投融资的工作中，生态环境、人民银行、财政、工信、税务等部门通力协作，各自发挥所长，赋能气候投融资项目遴选、金融对接、政策保障等各环节，形成了强大的政策合力。实践证明，构建政府各部门共同引导、市场力量全面参与的绿色低碳发展经济政策体系，可以引导各类金融机构和社会资本积极投入，形成共同推动绿色低碳发展的良好局面。

（深圳市生态环境局供稿）

第五部分

健全美丽中国建设保障体系

环境有价 损害担责

——南通市深入推进生态环境损害赔偿制度实践引领区建设

【引 言】2023 年 7 月，习近平总书记在全国生态环境保护大会上强调，严格落实生态环境损害赔偿制度，让保护修复者获得合理回报，让破坏者付出相应代价。

【摘 要】为破解“企业污染、群众受害、政府买单”的困局，南通市积极践行“环境有价，损害担责”理念，推进生态环境损害赔偿制度改革，在细化案件办理范围、拓展赔偿实施主体、创新损害评估方法、创新修复实施方式、完善资金管理模式、健全工作推进机制等方面进行积极探索，构建“1+7+2”生态环境损害赔偿制度体系，推动生态环境损害赔偿制度改革工作走上法治化轨道，先后打造五山滨江片区、通州长江生态修复基地等修复样板，生态环境损害赔偿工作取得显著成效，“环境有价，损害担责”理念日渐深入人心。截至 2024 年底，南通市累计签订损害赔偿协议 2 100 余份，办理了全国首例长江非法采砂生态环境损害赔偿案、长三角首例长江船舶大气污染生态环境损害赔偿磋商案等一系列典型案例。“江苏省南通市：领先探索完善生态环境损害赔偿制度”入选第二批全国法治政府建设示范项目。

【关键词】生态环境损害赔偿；依法治污；生态修复；改革创新

一、背景情况

南通市在改革开放的进程中，社会经济持续快速发展，产业富集，2017 年经济总量在全国大中城市中位居前二十。但是经济的快速发展给当地生态环境带来了负担和压力，尤其是纺织、化工等传统支柱产业环境治理压力大，违法排污、固体废物非法倾倒等案件频发。“企业污染、群众受害、政府买单”困局成为南通市亟须解决的难题。

以国家推进生态环境损害赔偿试点为契机，南通市把生态环境损害赔偿制度改革作为全市生态文明体制改革的重点内容，系统推进生态环境损害赔偿工作，先后办理了一系列生态环境损害赔偿典型案例，推动解决了一批环境污染问题，探索形成了生态环境损害赔偿规范化、制度化的经验做法。2024 年 11 月 28 日，《南通市生态环境损害赔偿程序规定》经江苏省第十四届人大常委会批准通过，成为全国首部专门规范生态环境损害赔偿工作的地方性法规，生态环境损害赔偿制度改革工作走上法治化轨道。南通市通过严格落实生态环境损害赔偿制度，有效补齐了生态环境治理体系和治理能力现代化的短板。

南通五山地区开展生态修复后照片

二、主要做法

（一）破解制度缺失困境，强化制度体系建设

南通市不断完善并形成“1+7+2”生态环境损害赔偿制度体系，市委市政府出台《南通市生态环境损害赔偿制度改革实践引领区建设实施方案》纲领性文件；生态环境、自然资源、财政等 8 个部门联合出台案源筛选、现场调查、索赔磋商、鉴定评估、修复监督、资金管理、信息公开等 7 个办法，规范生态环境损害赔偿全周期操作流程；生态环境部门牵头印发《生态环境损害赔偿工作指南》《生态环境损害赔偿工作规程》2 个指引，进一步细化工作要求，增强制度的可操作性。南通市将生态环境损害赔偿工作纳入深入打好污染防治攻坚战的实施意见和每年度的污染防治攻坚战工作计划，压紧压实各地各部门责任。通过地方立法明确生态环境损害调查、生态修复、办理时限等相关内容，解决无法可依的问题。

（二）面对磋商主体局限，适度拓展主体范围

试点改革初期，根据国家政策文件，国务院授权省级、市地级政

府作为本行政区域内生态环境损害赔偿权利人，市级以上生态环境等各相关部门受市人民政府指定开展生态环境损害赔偿具体工作。但由于环境资源领域突发事件处理、信访投诉核查、行政处罚等多由县级相关部门直接办理，市级部门开展索赔工作存在线索筛查脱节、工作效率低下等问题。南通市适度拓展磋商主体范围，由县级部门先行开展磋商索赔，市级部门统筹做好指导、协调和见证，充分调动基层积极性、主动性，磋商效率明显提升。坚持原则性和灵活性相结合，明确损害事实不协商、赔偿方法可商议，推动生态环境损害问题及时、有效化解。2022 年 4 月，南通市如东生态环境局执法人员在检查中发现某南美白对虾养殖户将养殖废水非法排入附近河流。执法人员在办理行政处罚案件过程中同步启动生态环境损害调查，通过评估确定损害赔偿数额为 7 376 元，在行政处罚案件办理期限内即与赔偿义务人签订了赔偿协议。截至 2024 年底，南通市办结的 2 100 余件生态环境损害赔偿案件中有 1 845 件来自基层行政处罚案件，占比 87.6%。通过县级部门第一时间开展磋商索赔，实现了行政效率与社会效果的统一。

（三）针对鉴定评估难题，探索简易评估制度

试点改革初期，全国普遍面临损害鉴定评估机构少、鉴定评估周期长、费用高等问题，在部分案件中甚至出现了损害赔偿费用与鉴定评估费用倒挂的问题，个别案件的鉴定评估费用甚至是损害修复费用的数倍，不仅赔偿义务人难以认可，社会效果也不佳。南通市创新实施简易评估程序，建立生态环境损害评估专家库，出台《南通市生态环境损害评估专家库管理制度》《南通市生态环境损害赔偿简易评估案件专家选取办法》，优化专家结构，明确专家职责，规范专家选取流程，对事实清楚、案情简单、损害明显的小额案件，委托专家开

展评估。同时，依托生态环境损害综合认定辅助决策软件，组织开展生态环境损害电子化评估等工作，有效化解鉴定评估难、鉴定评估费用倒挂等问题。2022 年 4 月，南通市如皋生态环境局在办理一起挥发性有机物无组织排放案件时发现，该案违法事实清楚且损害后果轻微，如果邀请第三方机构或专家进行鉴定评估，则极易导致费用倒挂问题。生态环境部门使用电子化评估软件开展了评估。从发现生态环境损害行为到签订协议仅历时两周，不仅缩短了案件办理时间，也降低了行政成本和赔偿义务人的负担。

（四）细化损害赔偿工作职责，提升部门参与度

生态环境损害赔偿工作因缺乏明确的法律职责规定，在改革过程中存在横向部门参与度不高、行政执法与磋商索赔脱节等问题。南通市出台了《关于贯彻落实生态环境损害赔偿管理规定的实施方案》，细化明确生态环境、水利、农业农村、城市管理等 17 个部门具体工作职责。借助检察机关法律监督职责，构建生态环境损害赔偿和公益诉讼联动协作机制，南通市水利局、南通市海事局等相关部门分别办理了各自领域内首例生态环境损害赔偿案件。南通市生态环境局制定生态损害赔偿从轻处罚情节裁量表，相关部门正确运用自由裁量，将积极履行赔偿或修复义务的，依法从轻或者减轻行政处罚，在减轻赔偿义务人负担的同时有力增强了赔偿责任人的履约积极性。2022 年 12 月，启东市发现有不明外来建筑垃圾和固体废物被填埋在辖区内。鉴于建筑垃圾的监管部门为城市管理部门，南通市生态环境局邀请检察机关以法律监督的形式召开座谈会，督促相关部门及时履职。在生态环境部门指导和检察机关配合下，城市管理部门积极推进生态环境损害鉴定评估、损害赔偿磋商和修复等工作。2023 年

10 月底，城市管理部门与赔偿义务人签订损害赔偿协议，由赔偿义务人缴纳 300 万元保证金，用于损害赔偿修复工作。赔偿义务人积极履行赔偿义务的情节也被司法机关在刑事案件中予以充分考量。

（五）化解履约能力不足难题，优化责任承担方式

综合考虑当事人赔偿能力，允许实施分期赔付、延期缴款，同时引入第三方担保、司法确认等机制，保障赔偿资金赔付到位。强化生态环境损害者主体责任，对于赔偿义务人自行或者委托开展修复的，设置履约保证金，由相关部门对修复进程、修复效果等进行监督，确保赔偿责任落实到位。生态环境部门会同金融监管等有关单位，对环境污染责任保险进行改革创新，将生态环境损害赔偿与环境污染责任保险有机融合，将“生态环境损害、修复、修复期间服务功能的损失、永久性损害”等相关费用纳入环境污染责任保险保障范畴，实现生态环境损害赔偿责任的全流程覆盖。2022 年 7 月 30 日，南通市海安生态环境局接群众反映，曲东中心河河面有黑色浮油。经查，浮油系海安某物资回收有限公司废机油泄漏所致，并通过北侧相邻厂区雨水管网进入河道。经鉴定评估，此次废机油泄漏环境事件造成生态环境损害费用 24.62 万元。2022 年 11 月 9 日，该公司与生态环境部门签订生态环境损害赔偿协议并履行到位。其后，环境污染责任保险承保公司在保险责任限额范围内向该公司赔付损害赔偿金 3 万元。截至 2024 年 12 月，南通市环境污染责任保险新方案承保企业 228 家，承担责任风险 3.9 亿元。

（六）加强故意违法惩戒，开展惩罚性赔偿试点

针对故意污染环境、破坏生态造成严重后果的，组织开展生态

环境损害赔偿案件适用惩罚性赔偿试点改革。聚焦惩罚性赔偿适用情形难确定问题，明确8种故意违法以及12种严重后果的具体认定情形。围绕惩罚性赔偿金额难计算问题，设计惩罚性赔偿裁量计算表确定具体计算标准。针对惩罚性赔偿证据难固定问题，确定应当收集的三大类证据，细化取证要求。2021年11月25日，南通市海门生态环境局联合公安部门检查发现，海门某器材厂蚀刻机所在车间内北侧设有一个管道，用于偷排蚀刻机生产废水，并通过雨水管网进入河道。经检测，外排废水中的总铜超过《污水综合排放标准》（GB 8978—1996）中“第二类污染物最高允许排放浓度”一级排放标准61.4倍。经专家评估，该案造成生态环境损害价值量为7.12万元。因该企业故意违反《中华人民共和国水污染防治法》相关规定，通过私设暗管的方式排放水污染物，并且水污染物超标倍数极高，南通市生态环境局对该厂启动惩罚性赔偿工作。在具体金额计算上，对照“惩罚性赔偿裁量计算表”，综合考虑超标污染物数目、超标倍数等因素，确定惩罚性赔偿裁量系数为1.47。最终，赔偿义务人赔偿损害金额为10.87万元，其中惩罚性赔偿金3.35万元。2022年5月25日，该企业与市生态环境部门签订了赔偿协议并履行到位。截至2024年底，南通市办理惩罚性赔偿案例128件，赔偿金额300.64万元，其中惩罚性赔偿金79.9万元。

（七）抓好环境污染修复，扎实做好“后半篇文章”

注重磋商索赔与生态修复同步推进，在做好原地原样修复的同时，针对无法修复的生态环境损害行为，探索开展多类别、差异化的修复方式。拓展运用增殖放流、植树育林、提高清洁生产水平、劳务代偿等修复方式。坚持因地制宜、分类施策，将损害赔偿与长江生态保护修复、突出环境问题整治等有机结合，妥善处理历史遗留问题，既确保受损环境得到修复，又有效降低修复成本。钢丝、钢绳是南通市的传统特色产业。在南通市某钢丝绳企业非法倾倒磷化渣系列案推进过程中，经科学论证，南通市结合各污染地块的周边情况及未来用途，对需要人工修复的土壤选择补植复绿和固化稳定化技术进行修复，对不需要人工修复的地块采取市政工程与修复工程相结合的方式，推动受损环境实现了有效修复。该案获评全国第二批生态环境损害赔偿磋商十大典型案例。截至 2024 年，南通市先后推动处置、修复土壤超 18 万立方米、地表水 0.8 万平方米、固体废物 7 万吨，实现了对绿水青山的更好守护。与此同时，南通市鼓励各地结合区域环境治理需求等建立生态修复基地，先后建设了青龙港生态修复公益林、长江生态环境修复通州基地等 17 个生态环境损害赔偿修复基地，先后组织 55 家企业 267 人次在修复基地开展植树育林、绿化养护等劳务代偿活动。

长江生态环境修复通州基地建成挂牌

三、经验启示

南通市经过七年多的生态环境损害赔偿改革实践，“环境有价，损害担责”的理念日益深入人心。

（一）充分发挥地方党委领导、政府主导作用，是生态环境损害赔偿工作顺利推进的有力保障

作为一项改革试点工作，在没有法定职责和明确操作路径的情况下，如何充分调动各地、各部门的工作积极性是一项难题。南通市委市政府高度重视生态环境损害赔偿工作，自2017年启动改革工作以来，多次审议生态环境损害赔偿改革相关方案、听取改革进展工作报告，成立市政府领导担纲挂帅的改革工作领导小组，由政府协调解决改革过程中出现的痛点难点问题，为改革工作顺利推进描绘了路线图、提供了有力保障。实践证明，在生态文明体制改革中，要充分发挥党委领导、政府主导的作用，引领和推进改革，调动各方面积极性，确保党中央关于生态文明各项决策部署落到实处，见到实效。

（二）注重生态环境部门牵头与各部门协同参与相结合，是生态环境损害赔偿制度改革顺利推进的关键所在

生态环境损害赔偿是由生态环境部门牵头推进的一项改革试点，但具体试点内容不仅涉及生态环境部门，还涉及自然资源、水利、农业农村等十余个部门。南通市在推进改革过程中，注重发挥生态环境部门的牵头引领作用，充分发挥水利、住建、海事等相关部门的主体作用，强化司法联动协作，检察机关在关键环节深度参与，为明晰部门职责、合理分配赔偿责任等提供了有力法治保障。实践证明，

深入推动生态环境损害赔偿制度改革落实落地，要强化部门协调和工作衔接，加强行政处罚与生态损害赔偿有效衔接，做好生态环境损害赔偿案件办理工作。

（三）抓好受损生态环境修复，是生态环境损害赔偿工作的出发点和落脚点

南通市在生态环境损害赔偿工作中，没有仅停留于书面赔偿、没有满足于金钱赔付，而是更加关注受损生态环境是否修复到位。在具体工作中，对于能够修复的，及时组织开展修复工作；对于不能修复的，积极探索多元化的修复方式，在推进补植复绿、增殖放流及劳务代偿多元化修复的基础上，积极开展生态环境损害赔偿修复基地建设。实践证明，开展生态环境损害赔偿工作，重在守护和实现人民群众的环境权益，坚决贯彻好“环境有价，损害担责”的原则，才能有力增强人民群众的获得感和幸福感。

（南通市生态环境局供稿）

携手同心同行　共建美丽中国

——淮安市打造“六个同行”生态环保志愿服务品牌

【引　言】2023 年 7 月，习近平总书记在全国生态环境保护大会上强调，持续开展“美丽中国，我是行动者”系列活动，广泛动员园区、企业、社区、学校、家庭、个人积极行动起来，形成人人、事事、时时、处处崇尚生态文明的社会氛围。

【摘　要】江苏省淮安市以“美丽中国，我是行动者”系列活动为引领，创新打造“六个同行”生态环保志愿服务品牌，组建志愿者联盟，广泛凝聚市民、网民、青少年、企业、干部职工、新闻媒体六支力量，引导社会各界与生态环保同心、同向、同行，自觉践行绿色生活，积极倡导绿色生产，构建了志愿先行、全民参与的生态环保行动体系，努力让“携手同心同行　共建美丽中国”成为全体民众的自觉行动。

【关键词】“六个同行”；志愿服务；全民行动

一、背景情况

2018年之前，淮安市生态环保志愿服务呈现组织松散、资源碎片、行动杂乱的状况，许多优秀志愿组织和个人各自为战，遇到困难无处倾诉，发现问题无处反映，难以实现协同效应。为积极响应“美丽中国，我是行动者”号召，引导社会各界与生态环保同心、同向、携手同行，自2018年起，淮安市精心打造“六个同行”生态环保志愿服务品牌，形成了市民、网民、青少年、企业、干部职工、新闻媒体六支力量共同为生态环境改善持续助力，生态环保志愿服务在淮安市悄然兴起、蔚然成风，成为推动美丽淮安建设的重要力量。

二、主要做法

（一）组建志愿者联盟，广泛凝聚志愿者力量

政府主动作为，打破松散格局。淮安市生态环境部门通过前期调研座谈、问卷调查等方式，全面掌握环保志愿服务现状、需求和痛点，牵头成立“六个同行”生态环保志愿服务队伍，构建覆盖广泛、机制健全、管理规范、服务完善的志愿服务体系，明确政府部门牵头，吸纳不同领域的志愿者，打造统一服务平台，逐步实现志愿服务的规范化、专业化和常态化。

组建志愿者联盟，健全工作机制。借助淮安生态环境微信、微博平台广泛招募各类环保社团和志愿者，联盟成立前组织召开专题座谈会，邀请环保社团代表和志愿者共同探讨联盟建设方案、联盟章程、工作机制等。联盟成立后每季度组织工作例会，总结本季度工作、交流下季度打算，分享信息、分享体会、分析不足，相互学

习、取长补短，增强了联盟的凝聚力。截至2024年底，联盟志愿者人数已突破2万人，累计开展志愿活动超过7万人次，受益群众达到110万人次。

打造志愿品牌，创新志愿文化。打造品牌标志（Logo），围绕“六个同行”集体特征，以中文“六”为创作核心，融入绿叶、花朵和朝阳等生态环保元素，传递拥抱自然、汇聚全民力量、放大环保成果的理念，成为品牌推广的核心视觉标识。统一志愿服装，以“六个同行”品牌标志、书法字样和“美丽中国，我是行动者”美术字为设计内容，采用绿色、白色为主色调，设计独具特色的环保志愿者服装，成为志愿红色主流中一抹绿色力量。创作文化作品，淮安市先后创作志愿者形象宣传片《携手》和志愿者主题歌《携手》，感恩志愿者的无私付出。“伸出我的手，拉起你的手，与自然共生；献出我的爱，追逐你的梦，与环保同行”志愿者之歌唱响淮安大地，志愿者的呼声激励人心。

（二）激发主体活力，聚力打造品牌活动

淮安市生态环境局积极搭建联盟交流平台，一方面通过开展活动吸引志愿者参加，另一方面鼓励支持并主动融入志愿团队的品牌活动，积极参与其开展的公益项目。此外，主动为志愿活动提供宣传平台，将优秀案例推荐至省级及以上层面扩大宣传。对表现突出的志愿者，通过多种形式予以宣传和表扬，逐步建立以精神激励为主的志愿服务评价体系和激励机制。

市民：全民参与，共护绿色家园。联盟充分发挥志愿者的热情和特长，广泛吸引市民积极参与环保行动。针对东方白鹳在电线上筑巢，粪便腐蚀电线这一难题，联合淮安湿地与野生动植物保护协会

和供电公司，启动“保护东方白鹳”全民科学计划，推动“小红伞”措施的落实，为60余个东方白鹳巢穴安装“小红伞”。联盟为志愿者提供平台和资源，帮助他们在丛林和湿地中拍摄、救治受伤野生动物，通过广泛宣传，增强公众的野生动植物保护意识。家住洪泽湖畔的孙家父子，多年来为环境监测提供支持，已成为“洪泽湖生态环境监督员”。

网民：指尖传递，点亮生态之美。联盟重视凝聚网络力量，引导更多网民成为环保志愿者。2023年，联盟组织专业人员，协助志愿者拍摄并发布了短视频《人鸟情未了》，在网络上引起广泛关注。通过传递人与自然和谐共生的温馨故事，引发网友深刻的情感共鸣，无形中推动生态文明理念内化于心。2020年，邀请新浪微博“大V”走进污水处理厂，带领网友们全程参观了解“生活污水如何变清水”的过程，直播吸引了4.7万人次观看，“网络大V看环保”话题阅读量突破21万。

青少年：同心筑梦，共绘绿色未来。联盟通过资源整合，开展丰富的生态环保教育和实践活动。借助专业团队和专家力量，帮助淮阴师范学院智眼团队研发“水鸟识别助手”小程序，获全国大学生自然资源科技作品大赛特等奖；智眼团队开发的“动物监测助手”为保护野生动物提供了有力支撑。小志愿者们积极参与拍摄《我想要这世界》《天蓝地绿水清清》《淮安环保三字经》等生态环保歌曲。通过开展湿地观鸟、环保企业参访、“美丽淮安我的家”环保作品征集等活动，激发青少年志愿者的环保热情，培养青少年的环保情怀，为环保事业贡献智慧和力量。

“六个同行”进校园“童”绘美好生态

企业：绿色引领，助力可持续发展。联盟鼓励并联合环保企业主动向公众开放，邀请各界人士走进企业，了解污水净化、垃圾焚烧发电和废旧家电循环利用的全过程，更好地向社会宣传环境保护的重要性。淮安某公司作为环保志愿企业，以绿色生产理念深入企业文化，构建涵盖绿色创新、绿色采购、绿色生产、绿色运筹、绿色服务、绿色再生和绿色生活的绿色文化，推行“源头管理+末端精进”的环保策略。

干部职工：贴近群众，提供精准服务。全面动员生态环境系统的干部职工们深入社区、走进家庭，开展“免费入户测甲醛”服务，帮助市民解决甲醛超标问题。在服务过程中，志愿者们为房屋装修的家庭提供专业甲醛检测，详细解释甲醛危害，并根据检测结果提出治理建议。在一次检测中，一家有老人和孕妇的家庭甲醛含量超标 30 倍，志愿者及时为家庭提供了解决措施，避免了潜在健康风险。志愿团队经过专业培训，编制了服务报告和温馨提示，已帮助超百户家庭解决了甲醛问题，赢得了市民的广泛好评。

新闻媒体：关注美好生态，传播环保正能量。联盟积极引导广大新闻媒体分享行业见闻与环保理念，媒体志愿者既是环境问题的曝光者，也是美好生态的宣传者。2023 年 7 月，关于淮安市大气污染治理创新的报道《“48+12”，守护天空蓝，淮安在行动》在《中国环境报》《江苏经济报》等媒体上发布，引起了强烈反响。媒体志愿者还通过新闻发布会、专题报道、专刊等形式，围绕生态环保热点进行宣传引导，形成强大的正面舆论声势。各级媒体记者加入志愿联盟后，利用职业优势将发现的环境问题第一时间向生态环境部门反映，既有利于问题及时有效解决，又减少负面舆情产生。

（三）注重实效带动，营造全民参与氛围

志愿引领助力绿色发展。依托志愿服务平台，组织环保职工志愿者深入企业，开展环保体检行动，通过问题查找、精准指导，帮助企业规范环保管理、提升治理水平。引导污水处理、垃圾发电、汽车拆解以及钢铁、发电、建材等行业企业，积极向公众开放，主动接受社会监督，将绿色生产理念深度融入企业文化，努力做绿色发展的示范者、引领者、传播者。

多元活动激发全民参与。依托淮安大运河、洪泽湖、白马湖、铁山寺等丰富的自然资源，广泛开展生态环保宣传，深入普及生物多样性、垃圾分类、节能低碳等知识，增强公众环保意识，提升社会参与度。特别关注青少年群体，通过环保文化作品创作和传播，推动绿色理念融入青少年心灵，在家庭中生根发芽，形成“小手拉大手、绿

色一起走”的良好氛围，共同描绘“水懂我心、自然淮安”新篇章。

环保为民聚焦民生关切。坚持“以人民为中心”的思想，把解决人民群众身边的环境问题作为“六个同行”志愿行动的重要内容，切实增强广大人民群众生态环境保护的获得感。以组织志愿者开展室内空气质量免费检测为起点，进一步将志愿活动延伸到黑臭水体、油烟、噪声等领域，通过志愿监督、宣传引导、技术帮扶等，切实推动问题解决，用心、用情践行环保为民、环保惠民。

三、经验启示

淮安市“六个同行”生态环保志愿服务通过多种形式的实践探索，聚焦生态环境质量、生物多样性保护、人民群众身边问题等并取得了显著成效，推动社会各界参与环保行动，逐步构建全民参与的生态保护新格局。

（一）政府牵头不可或缺

淮安市成立“六个同行”生态环保志愿联盟，搭建交流互动平台，制定日常运行机制，推动了政府、企业、社会组织和公众的紧密合作。实践证明，生态环保志愿活动要积极发挥政府的主导作用，使生态环保志愿服务由分散走向集中，由无序走向有序，使环保志愿活动与国家倡导、民众意愿、社会需求、自然保护更加贴近。

（二）品牌活动至关重要

淮安市通过精心打造“六个同行”生态环保志愿服务品牌，在“六个同行”总品牌的引领下，各志愿团体结合自身实际，充分发挥主观能动性，相继打造了免费入户测甲醛、白马湖国际重要湿地观鸟爱鸟、关爱东方白鹳“小红伞”行动等品牌活动。实践证明，生态环保志愿服务要深耕品牌文化，积极推出切入点好、影响力大、受欢迎程度高的环保志愿活动，努力形成广泛的公众认同感和参与感。

（三）民生福祉尤需关注

淮安市“六个同行”生态环保志愿活动把人民群众身边的环境问题作为重点，通过志愿者行动，关注室内空气安全、油烟、噪声、黑臭水体等与人民群众日常生活密切相关的环境问题，以实际行动提升人民群众的环保获得感和满意度。实践证明，要将环境服务向民生实事和社会公益性服务延伸，做到“群众有所呼，志愿有所应”。

（淮安市生态环境局供稿）

厚植最美生态底色
书写“两山”转化新篇章

——丽水市点“绿”成金，探索高质量绿色发展之路

【引　言】2018年4月，习近平总书记在深入推动长江经济带发展座谈会上强调，要积极探索推广绿水青山转化为金山银山的路径，选择具备条件的地区开展生态产品价值实现机制试点，探索政府主导、企业和社会各界参与、市场化运作、可持续的生态产品价值实现路径。

【摘　要】浙江省丽水市地处浙西南山区，拥有丰沃的生态资源和优异的自然环境。为破解守着绿水青山过着穷日子的困境，丽水市立足生态优势，从“生态立市、绿色兴市”到“生态优先、绿色发展”，积极探索生态产品价值实现机制，构建严格的生态环境管控体系，高标准打好污染防治攻坚战，依托“山水工程”全面推进生态修复，建立生态产品总值（GEP）核算体系，以产业化和市场化推动生

态产品价值实现，开展绿色金融创新，推动古村复兴，创设区域公用品牌，探索出独具丽水特色的高质量绿色发展道路，有效激活了“绿水青山”的经济价值和社会效益。2018 年 4 月，习近平总书记在深入推动长江经济带发展座谈会上，充分肯定丽水市推进绿色发展、生态富民的实践和成果。2019 年 1 月，推动长江经济带发展领导小组办公室发文支持丽水市开展生态产品价值实现机制试点。

【关键词】生态产品价值实现机制；生态产品总值；“两山”转化

一、背景情况

丽水市地处浙江省西南部，市域面积 1.73 万平方千米，为浙江省陆域面积最大的地级市，是国家重点生态功能区，也是华东地区重要生态屏障和长三角生态“绿心”，是浙西南革命老区所在地。丽水的山是江浙之巅，水是六江之源。瓯江、钱塘江、闽江、飞云江、灵江和福安江的源头都在丽水，境内海拔 1 000 米以上的山峰有 3 573 座，森林覆盖率高达 79.9%，是中国 32 个陆地生物多样性保护优先区域之一，优质的自然环境造就了丽水市得天独厚的生态本底。

改革开放初期，丽水市是个政治、经济、文化、交通落后的偏僻山区，百业待兴，“穷在山上、困在路上，山重水复”成为丽水市发展的“拦路虎”，祖祖辈辈守护的绿水青山，财富和未来在哪里？习近平同志在浙江工作期间，提出了“绿水青山就是金山银山”的科学论断，勉励丽水“发挥老区人民的革命精神和新时期的浙江精神，不甘落后、奋力拼搏、迎难而上、争先创优，千方百计加快发展”。丽水市始终牢记嘱托，以“绿水青山就是金山银山”为指引，探索推进生态产品价值实现机制，把绿水青山蕴含的生态产品价值转化为金山银山，以“绿起来”带动“富起来”，进而加快实现“强起来”，通过点“绿”成金，让好山好水实现一次次华丽“变现”和“增值”，走出了一条“生态优先、绿色发展”的跨越发展和改革创新之路。

如今丽水市群众从物资匮乏、温饱不足到物阜民丰、全面小康，人民生活质量显著提高，幸福感和获得感明显增强。丽水市生态环境状况指数连续 20 年居全省首位，生态环境公众满意度连续 17 年居全省前列，地表水和空气质量常年居全国、全省前列。全市实现地区生产总值从 1978 年的 4.77 亿元增加到 2024 年的 2 181.2 亿元，其中 2000 年撤地设市以来年均增长 10.1%，实现了量与质的蜕变；城乡居民收入倍差从 1978 年的 2.31 缩小到 2023 年的 1.87；农村居民人均可支配收入由 1978 年的 131 元提升至 2024 年的 33 000 元，农村居民人均可支配收入增速连续 16 年保持全省第一。

二、主要做法

（一）护绿固本，推进“天生丽质”向“治理提质”转化

构建最严格的生态环境管控体系。丽水市整合美丽丽水建设、生态产品价值实现机制改革等工作领导小组，成立市生态文明委员会，强化对美丽丽水和生态文明建设的统筹协调。编制形成自然资源资产负债表，实施领导干部自然资源资产离任审计和生态环境保护责任终身追究制度。将全市 76.69% 的国土面积规划为生态环境管控优先保护单元，其中生态红线区占比达 30.34%。出台生态产业鼓励

培育类、限制发展类和禁止发展类项目清单，实施区域和项目的双重管控。钱江源—百山祖国家公园成功进入国家公园申报设立候选序列，初步建成以国家公园为主体的自然保护地体系。

高标准打好污染防治攻坚战。实行“水质类别＋水质指数＋水质自动站实时数据”的综合预警体系，实现涉水问题快速有效处置。实现重点工业园区“污水零直排区”全覆盖。所有县（市、区）创成省级“清新空气示范区”。2024年，市区细颗粒物（$PM_{2.5}$）浓度下降至20.9微克/立方米，空气质量指数（AQI）优良率提高到97.3%。开展全国地下水污染防治试验区建设，打造地表水—地下水协同治理“丽水模式”。深化“无废城市”建设，推动形成绿色发展方式和生活方式，持续推进固体废物减量化、资源化、无害化。2023年丽水市的水环境质量创历史最佳成绩，排名全国第二，2024年丽水市的水、气环境质量双双进入全国前十名。

开展生态环境保护系列工程。实施投资55.3亿元的瓯江源头区域山水林田湖草沙一体化保护和修复工程，以“基于自然的解决方案”理念对占市域面积76.9%的区域开展全要素、全流域、一体化保护修复。在联合国环境规划署2023年发布的“中国山水工程”微纪录片中，瓯江山水工程是实地取景点之一；丽水市青田稻鱼共生系统修复项目入选全国山水工程第二批典型案例。全面推进“全国生物多样性保护引领区”建设，从政策标准、保护修复、数字赋能、业态培育、公众参与等方面系统推进生物多样性保护和可持续利用工作，截至2024年底，共发现新物种44个；创成省级生物多样性体验地6个，撬动整体投资额约10亿元。

（二）点“绿”成金，推进生态颜值向经济价值转化

建立“度量化”核算体系，建立 GEP 核算机制。丽水市出台山区市 GEP 核算地方标准，开展市、县、乡、村四级核算，有序推进 GEP 进规划、进决策、进项目、进交易、进监测、进考核、进金融、进生态补偿、进生态环境损害赔偿等综合应用工作。省、市、县三级共同探索试行与 GEP 核算结果相挂钩的财政奖补机制和生态产品政府采购机制。依托卫星遥感、物联网等技术手段，建设“天眼守望”助力“两山”转化综合智治平台，建立生态产品信息数据资源库，制定调节服务类数据卫星遥感采集标准，实现任意区块 GEP 核算“一键式”计算，为生态产品调查监测提供技术支持和数据基础。

拓宽“产业化”实现通道，建设具有丽水特色的现代化生态经济体系。丽水市深入开展“生态产业化、产业生态化”变革性实践。在生态产业化上，充分利用“好山好水好空气”，重点培育农业、文化、旅游、林业、水经济等五大富民强市生态支柱产业。在产业生态化上，丽水不以牺牲环境资源优势为代价，实施严格的产业准入制度，推行工业企业进退场“验地、验水”制度，确保区域内污染场地及时修复、安全利用。重点打造半导体全链条、精密制造、健康医药、时尚产业、数字经济等五大主导产业。丽水经济技术开发区通过国家级循环化改造验收，培育出全省第二条半导体全产业链，成功列入全省“万亩千亿”新产业培育平台，2024 年，丽水市半导体全链条产业实现规模以上工业产值 158.12 亿元，同比增长 27.1%。

缙云仙都鼎湖峰——丽水培育发展生态旅游等支柱产业（许小峰 摄）

打通“市场化”实现路径，构建生态产品开发经营体系。丽水市依托国企构建市、县两级“1+9+N”的“两山合作社”运营体系，负责生态产品收储、开发及运营，成为分散生态资源收储的市场主体。2022 年，建立全市统一的生态产品交易中心，搭建全市统一的生态产品交易平台，实现收储、交易、招商、服务“四统一”，截至 2024 年底，累计开展各类生态资源和生态产品交易 1 548 笔，交易额 98.46 亿元。设立森林碳汇管理局，以“浙林碳汇”区域交易为实践，建立地方性林业碳汇方法学和碳汇交易平台，开发“浙林碳汇”项目，林农的收益分成占总收益的七成，即每年可额外增收 19 元 / 亩；截至 2024 年底，累计交易碳汇 3.89 万吨。

（三）革绿出新，推进产品直供向模式创新转化

建立“两山”金融服务体系，创新绿色金融。制定《基于生态产品价值实现的金融创新指南》，建立“生态信用”体系，将其作

为金融赋值的重要标准，推出“生态信用贷”金融服务，相继推出GEP未来收益权、取水权等15类绿色金融产品，实现生态产品可质押、可融资。建立个人生态信用“绿谷分”评价机制，从“生态保护、生态经营、绿色生活、生态文化、社会责任”5个维度，编制生态信用行为正负面清单，设置13类53项守信激励应用场景，按综合得分高低评定5个等级，差异化赋值授信额度和给予相应的信贷利率优惠。截至2024年底，全市“生态信用”贷款余额51.04亿元，“生态抵（质）押”贷款余额309.97亿元。

开展“拯救老屋”行动，推进古村复兴。促进共同富裕，最艰巨、最繁重的任务仍然在农村，丽水拥有中国传统村落268个，数量位居华东地区第一、全国第三，因其历史悠久、自然风光优美而被誉为“江南最后的秘境”。为保护传统村落原真的自然生态本底和独特的历史人文，丽水市秉承最少、最自然、最不经意的人工干预理念，通过人居环境整治、老屋修复等“微创”手段，推进传统民居的科学保护和改造利用。同时，建立“政府引导、集体参与、农民入股、工商资本运营”的混合所有制模式，形成共同参与、利益共享、风险共担机制，引入旅居康养、游学研学、运动休闲等新型业态，让农村的土地、劳动力、自然风光等要素活起来，促进古村、老屋重焕新生。截至2024年底，丽水市累计流转780余幢老屋发展农家乐，累计吸引7.2万名年轻农创客返乡创业，实现“一方水土养一方人”向“一方水土富一方人”转变。

雪漫松阳古村——丽水开展“拯救老屋”行动，推进古村复兴（何艺盈 摄）

打造区域公用品牌，拓宽实现路径。丽水市立足绿水青山，探索以政府打造“山”字系区域公用品牌牵引生态产业发展的创新路径。建立覆盖全区域、全品类、全产业的地级市农业区域公用品牌“丽水山耕”，解决困扰零散农业主体的标准化、产品营销、冷链加工、物流配送等难题，有效提升了产品质量，促进了生态溢价，“丽水山耕”跃居中国区域农业品牌影响力排行榜首位，销售额连续 3 年超百亿元，平均溢价率超过 30%。“丽水山泉”建成年产 15 万吨矿泉水生产线，研发推出桶装泡茶水、美容喷雾水等系列产品。打造了“丽水山居”“丽水山景”等“山”字系文旅品牌，“丽水山居”成为民宿行业风向标，2024 年接待游客 2 050 万人，营业总收入为 22.03 亿元；“丽水山景”推出 12 条特色精品线路。

三、经验启示

丽水市不断完善生态产品价值实现机制，在“绿水青山就是金山银山”的实践中解锁共富密码，生态“含金量”和发展“含绿量”同步提升，开启了新时代浙西南革命老区振兴发展、人与自然和谐共生的新画卷。

（一）保持生态优先、绿色发展的战略定力

从 2000 年撤地设市起，丽水市委、市政府将“生态立市”贯穿丽水市发展的全过程，2006 年把“绿水青山就是金山银山”确立为全市根本性和战略指导思想，一任接着一任干，不断深化绿色发展理念领悟，不断增强绿色发展战略定力，沿着“绿起来、富起来、强起来”的发展路径坚定不移地走下去。实践表明，生态优先、绿色发展的战略定力是经济社会可持续发展的基石。

（二）发挥政府在生态产品价值实现中的主导作用

丽水市在开展生态产品价值核算、生态产品开发经营以及绿色金融支持方面，始终坚持政府有为，围绕改革难点，整合各类政策资金，在推进生态产品价值实现机制中发挥了重大作用。实践表明，要充分发挥政府在生态产品价值实现中发挥统筹政策资金、开展基础设施建设等过程中的主导作用，“搭台唱戏”推动生态产品价值实现走深走实。

（三）发挥市场在生态产品价值实现中的主体作用

丽水市为解决生态产品交易规模小、品类少、转化价值低等问

题，建立了生态产品开发经营机制和生态产品价值交易制度体系，将政府主导的绿色金融、“山”字系区域公用品牌等回归于市场化运作，将生态产品价值实现项目化，使社会各类主体参与市场更加活跃，畅通政府主导、企业主体、社会参与、市场化运作、可持续发展的生态产品价值实现路径，推动形成“生态优化、产业兴旺、人民富裕”的良性互动。实践表明，建立健全生态产品价值实现机制要以人民群众的需求为导向，需要充分发挥市场在资源配置中的决定性作用。

（四）发挥生态在高质量发展中的基石作用

丽水市大力发展生态利用型、生态赋能型、生态影响型产业，构建起以“山”字系区域公用品牌为牵引的五大富民强市支柱产业和以创新驱动为显著特征的五大生态工业主导产业为主体的“5+5”现代化生态经济体系，引进一批生态敏感型企业，培育一批环境健康友好型企业，使绿水青山的自然财富、生态财富转变成社会财富、经济财富，更好地造福人民群众。实践表明，拥有较好的生态资源禀赋的后发地区要实现赶超发展，就要发挥自身在生态环境资源禀赋上的比较优势，坚持差异化策略，形成竞争优势，走高质量发展之路。

（丽水市生态文明委员会供稿）

环评造假入刑“第一案”

——山东锦华环保科技有限公司环评造假案

【引　言】2018年5月，习近平总书记在全国生态环境保护大会上指出，用最严格制度最严密法治保护生态环境，加快制度创新，强化制度执行，让制度成为刚性的约束和不可触碰的高压线。

【摘　要】环境影响评价（以下简称环评）制度是我国创立最早、最核心的环境管理制度之一，是在发展中守住“绿水青山”的第一道防线。山东锦华环保科技有限公司环评造假案是一起非法倒卖环评资质牟取暴利、涉及20多个省级行政区的全国性案件，严重扰乱了环评市场秩序，损害了环评制度公信力。中央领导同志对此作出重要批示，生态环境部和山东省委、省政府高度重视，专门作出部署安排。山东省生态环境部门担当作为，联合公安、检察、审判等机关，攻坚克难，全力以赴推动案件侦办。2023年5月25日，山东省青岛市即墨区人民法院对涉案4名犯罪嫌疑人依法作出判决，这标志着环评造假入刑司法实践取得历史性突破，该案成为我国运用刑法打击环评文件弄虚作假“第一案”，在我国环评发展史上具有里程碑意义。

【关键词】环评造假；环评质量；行刑衔接；法治保障

一、背景情况

环评被称为生态环境保护的第一道“关口”，是环境风险的过滤器、安全阀，是守住环境质量和避免环境风险的底线，对协同推进经济社会高质量发展和生态环境高水平保护具有重要作用。2018 年底，全国人民代表大会常务委员会对《中华人民共和国环境影响评价法》（以下简称《环评法》）作出修正，取消了建设项目环评资质行政许可事项，进一步激发了市场活力，推进了实体经济发展。但随着门槛降低，环评文件编制单位数量明显增多，逐渐出现恶性市场竞争，造成环评质量下降、市场秩序混乱等不良影响，严重损害了环评制度的公信力和权威性。

2021 年 2 月 25 日，据环保组织和媒体反映，山东锦华环保科技有限公司（以下简称锦华公司）环评工程师靳某在 4 个月内编制了 1 600 余份环评文件，成了“签字机器”，存在造假嫌疑，严重扰乱市场秩序，造成负面社会影响。生态环境部高度重视，例行新闻发布会就“高产环评师”一事作出明确回应，发出严惩重罚的鲜明信号，表示将依法依规严肃处理，坚决维护环评市场秩序。同时，迅即组织指导山东省生态环境部门依法开展调查工作。山东锦华环保科技有限公司环评造假案（以下简称锦华环评造假案）是环评制度建立起来后因造假入刑的第一案，该案行刑衔接，提升了监管执法效能，产生了很好的社会效果，起到了震慑和警示作用。

二、主要做法

（一）有法可循，破解“案件定性难”

运用刑法打击锦华环评造假案无案可鉴、无例可循，办案的每一步都需要摸索。林某、汪某、靳某等人涉嫌犯罪，犯的什么罪？应该适用什么罪名向公安机关移交？山东省生态环境部门犯了难。

案件办理初期，山东省生态环境部门初步研究确定了案件办理的两个方向：《中华人民共和国刑法》第二百八十条伪造、变造、买卖国家机关公文、证件、印章罪和第二百二十九条提供虚假证明文件罪。虽然《中华人民共和国刑法修正案（十一）》将“承担……环境影响评价……提供虚假证明文件……”明确列入第二百二十九条“提供虚假证明文件罪”，但因锦华环评造假案案发时间在 2021 年 3 月之前，不适用于《中华人民共和国刑法修正案（十一）》相关解释，该案件应该适用什么罪名需要进一步找寻解释支撑。

为加快推进案件立案，山东省生态环境部门反复查找资料，最终在《最高人民法院、最高人民检察院关于办理环境污染刑事案件适用法律若干问题的解释》（以下简称《解释》）（自 2017 年 1 月 1 日起施行）找到问题解决路径。《解释》第九条规定：“环境影响评价机构或其人员，故意提供虚假环境影响评价文件，情节严重的，或者严重不负责任，出具的环境影响评价文件存在重大失实，造成严重后果的，应当依照刑法第二百二十九条、第二百三十一条的规定，以提供虚假证明文件罪或者出具证明文件重大失实罪定罪处罚。”据此，2021 年

5 月，山东省生态环境部门收集整理了各地批复的锦华公司编制的环评文件，并出具相应的“虚假环境影响评价文件”行政认定意见，经与公安机关充分沟通，行政认定意见作为林某、汪某、靳某等人涉嫌犯“提供虚假证明文件罪”相关线索材料移交青岛市公安局即墨分局。

（二）达成共识，破解“部门协同难”

2017 年以来，生态环境部联合最高人民法院、最高人民检察院等多个部门，不断建立完善部门间职能联动机制，加强行政执法与刑事司法的衔接配合。但在当时，行刑衔接的实践相对较少，更没有运用刑法打击环评造假的先例，要保证涉及 20 多个省级行政区的锦华环评造假案能够及时移送、立案、侦查、起诉、审判，各级相关部门须统一思想、达成共识。

2021 年 5 月，由生态环境部会同最高人民法院、最高人民检察院、公安部研究后，根据属地管辖原则，明确由山东省生态环境厅指导青岛市具体负责调查锦华环评造假案，推进案件办理。各部门在关键环节凝聚共识，密切配合，山东省生态环境部门成立了省、市、区三级一体工作专班，专人专职、专注推进案件办理，全程做好专业释疑；公安机关将此案列为督办案件，组织成立了 30 多人的专案组；检察机关指派检察官提前介入侦查引导取证，同时在证据固定、法律适用、强制措施适用等关键问题上给予指导建议；审判机关组成 7 人合议庭，两次召开庭前会议，组织公诉人、被告人及其辩护人对证据进行展示，在充分保护被告人诉讼权利的情况下，使各审判环节在最短的时间内完成审理工作。

2021 年 6 月，在青岛市生态环境部门与公安机关充分沟通协调下，青岛市公安局即墨分局以“提供虚假证明文件罪”受理立案。2022 年 5 月，青岛市公安局即墨分局拘留了锦华公司实际控制人林某和法定代表人汪某；6 月，取保候审环评工程师靳某；11 月，青岛市公安局即墨分局将案件移送即墨区人民检察院审查起诉。为保证案件链条完整，2023 年 1 月，青岛市公安局即墨分局电话传讯环评中介人员谷某到案。2023 年 3 月，即墨区人民检察院向即墨区人民法院提起公诉。在生态环境部门和公检法机关的努力下，2023 年 5 月，即墨区人民法院公开审理并当庭宣判锦华环评造假案，4 名被告人当庭表示服从判决不上诉。

（三）反复论证，破解“立案标准难”

故意提供虚假环评文件，满足相应情形的，应按提供虚假证明文件罪或者出具证明文件重大失实罪定罪处罚。但是，什么样的环评文件属于虚假证明文件？仅签字造假的环评文件是否属于虚假证明文件？对此，公检法部门前期各持不同意见。

生态环境部门和公安机关认为，根据生态环境部《关于严惩弄虚作假提高环评质量的意见》所规定的环评领域典型弄虚作假情形，“环评单位、环评文件编制主持人、主要编制人员在环评文件中假冒、伪造他人签字签章的”可以认定为虚假证明文件，因此将案件以“违法所得数额在十万元以上的”作为构成刑事案件的立案追诉标准。但检法机关认为，虚假证明文件要求的是文件实体内容虚假，签字虚假属于形式虚假，在行政监管领域，形式虚假的标准不能直接套用到刑事领域实质性审查需要的“实质性虚假”上，环评文件实体内容如果不存在重大失实就不能认定为刑法上的“虚假证明文件”。如果这样，“违法所得十万元以上”的证据就不再适用。为了尽快确定侦办方向，2022 年 6 月，山东省委政法委组织有关部门单位召开案件协调会，经过与会部门单位讨论研究，确定按照“给国家、公众或者其他投资者造成直接经济损失数额在五十万元以上的”追诉标准进行侦查取证。

为此，山东省生态环境部门对以锦华公司名义编制的 900 余份环评文件进行了全面复核，最终确定 25 份环评报告书、报告表因存在遗漏环境保护目标、隐瞒生态保护区等质量问题被认定为存在严重质量问题，并根据检法机关的要求出具了行政认定意见，为案件高效侦办和依法判决提供了保障。

（四）密切协作，破解“跨省取证难”

锦华环评造假案涉及全国 20 多个省级行政区的 900 余个项目，这些项目存在多个中介人员，除对建设单位进行问询取证外，还需要对中介人员进行问询取证。而这些中介人员大多身处各地，通过网上论坛等方式进行联系交易，生态环境部门和公安机关需要多地奔波调查取证。

案件侦查阶段，公安机关先后三次向全国发送 1 206 份协查函，对 598 份涉案环评文件进行了笔迹鉴定。为积极协助公安机关做好调查取证工作，生态环境部门先后向公安机关移交有关证据资料 1 629 份，并多次派员协同公安机关奔赴广东、河南、内蒙古、重庆等多个省级行政区近 40 个县，克服了异地办案的各种艰难条件，累计行程 10 万多千米，开展调查取证、性质认定和后果评估工作。办案期间，在当地生态环境部门的帮助下，先后约见 200 余人次，为案件顺利移送审查起诉创造了有利条件。

（五）合力攻坚，破解“证据固定难”

经检察机关提前介入指导，公安机关仔细梳理了 25 个存在严重质量问题的环评文件的项目取证材料，部分项目存在证人证言前后不一致、缺少转账记录导致资金链条不完整等问题。同时，按照新确定的追诉标准，公安机关需要补充经济损失证据。

为加快案件办理，生态环境部门派人配合公安机关多个侦查小组同步侦查取证，按照公安机关侦查计划，与建设单位提前取得联系，为取证做好准备。同时，生态环境部门会同公检法部门在青岛设立案件专班，随时汇总分析多个侦查小组获取的证据材料，梳理证据链条，做好综合研判，避免因证据链条不齐形成无效证据，导致反复取证。25 份存在严重质量问题的环评文件批复依法撤销后，部分项目因此被责令停产停业，公安机关委托第三方评估公司对停产停业的项目进行了损失评估，认定直接经济损失 100 余万元。

（六）宽严相济，破解“法情抉择难”

本案中依法被追究刑事责任的既有“空壳”环评公司的实际控制人、法定代表人，也有“挂靠”的环评工程师，还有居间联络的中介“掮客”，覆盖了环评造假的主要链条。

案发时，锦华公司法定代表人汪某才 20 岁出头，他给大家留下的第一印象是法律意识淡薄，并未认识到自己的行为已经触犯了法律的红线，为了所谓的哥们义气主动把所有责任揽到自己身上，甚至一度误导了侦查方向。环评工程师靳某，作为高级技术人员和国企高管，为了蝇头小利放弃了职业荣誉，背离了作为环评工程师的初心，在临近退休的年龄受到了刑事处罚，审判时其声泪俱下，悔不当初。公司实际控制人林某是家中的小儿子，从小受到父母兄长的宠爱，案发时他刚结婚不久，原本幸福美满的家庭一夜间支离破碎，他的老父亲为了帮他退赃减轻刑罚，东拼西凑拿出十几万元。中介人员谷某，为了不让家里人担心和失望，从被采取刑事措施开始便拒绝办案人员联系其亲属，也不接受亲属为其委托的辩护人，最终法院只能为其安排法律援助。

涉案 4 名犯罪嫌疑人均认真悔过、反省。然而，法律之外没有特权。任何逾越法律底线的行为必将受到法律制裁。2023 年 5 月 25 日，随着法槌落下，山东省青岛市即墨区人民法院对锦华环评造假案 4 名犯罪嫌疑人依法公开审理并当庭作出判决。被告人林某指使被告人汪某注册成立锦华公司，用于出具虚假环评文件，牟取非法利益。被告人靳某通过他人居间介绍将其持有的环评工程师证“挂靠”在锦华公司并收取“挂靠费”3.5 万元。被告人谷某倒卖环评资质给无环评报告编制资格但又承揽了编制业务的人员牟取利益。2020 年 9 月—2021 年 2 月，林某等人以锦华公司名义故意提供虚假环评文件 900 余份，获利近 80 万元，给相关建设单位造成直接经济损失 100 余万元。法院以“提供虚假证明文件罪”分别判处被告人林某有期徒刑三年，并处罚金人民币 50 万元；被告人汪某有期徒刑一年六个月，并处罚金人民币 7 万元；被告人谷某有期徒刑一年二个月，并处罚金人民币 6 万元；被告人靳某有期徒刑一年，缓刑一年，并处罚金人民币 5 万元；没收 4 名被告人违法所得。

三、经验启示

锦华环评造假案是一起案情复杂、涉及面广、影响恶劣的案件，是我国环评造假入刑司法实践的重大突破，也是环境行政执法与刑事司法衔接机制的标志性成果，充分彰显了生态环境部门、刑事司法部门对环评弄虚作假“零容忍”的态度和依法严惩、绝不姑息的决心。

（一）要守住绿水青山第一道防线，必须确保环评质量这一“生命线”

“绿水青山就是金山银山”，这既是重要的发展理念，也是实现可持续发展的内在要求。环评作为防范环境污染的过滤器、安全阀，只有充分发挥其刚性约束作用，确保环评质量这一“生命线”，才能从源头上把住第一道关口、守住第一道防线。

（二）要推动绿色低碳高质量发展，必须强化环评服务这一“保障线”

加强生态文明建设和生态环境保护是绿色低碳高质量发展应有之义。环评服务重点项目已成为推动高质量发展的重要保障。只有全面系统做好“精心研究、精准指导、精细落实”的环评服务文章，才能在服务保障中有作为、在推动发展中见成效。

（三）要规范维护环评市场秩序，必须始终保持严惩弄虚作假这一“高压线”

环评市场秩序好坏，直接影响着环评制度的权威性和公信力。只有以法治“利剑”推动环评监管，规范维护环评市场秩序，才能使环评效力得到充分发挥，才能防止劣币驱逐良币，才能让环评从业者心存敬畏，真正做到不敢造假、不能造假、不想造假。

（山东省生态环境厅、青岛市生态环境局供稿）

以志愿服务推动美丽中国建设全民行动

——“美丽中国，我是行动者”绿色卫士下三湘系列主题实践活动为生态文明建设鼓与呼

【引　言】2018年5月，习近平总书记在全国生态环境保护大会上指出，要增强全民节约意识、环保意识、生态意识，培育生态道德和行为准则，开展全民绿色行动，动员全社会都以实际行动减少能源资源消耗和污染排放，为生态环境保护作出贡献。

【摘　要】自2018年起，湖南省策划开展“美丽中国，我是行动者”绿色卫士下三湘系列主题实践活动，以“绿色卫士”志愿者为载体开展生态环境志愿服务，引导公众践行绿色低碳生产生活方式，把对美好生态环境的向往进一步转化为行动自觉，为推动形成生态环境保护合力，为持续改善湖南省生态环境质量夯实了稳固的社会基础。近年来，该活动陆续走进全省42个县（市、区），公众参与人数达数百万。结合乡村振兴、党建工作、党课宣讲、漫画创作以

及主要环保节日等题材，以独具特色的访谈、歌舞、朗诵、合唱、倡议、讲述、音诗画等展示当地生态文明建设整体成就。整合省、市、县三级主流媒体，充分利用微博、微访谈、生态文学、融媒体直播等方式开展矩阵式线上宣传，为湖南省生态文明建设鼓与呼。

【关键词】绿色卫士；公众参与；生态环境志愿服务

一、背景情况

在生态环境治理进程中，湖南省积极探索构建生态环境治理全民行动体系。2013 年 9 月，湖南省人民政府启动湘江保护与治理“省一号重点工程”，持续推进 3 个“三年行动计划”，还湘江一江碧水。在此背景下，“绿色卫士”作为环保先锋力量应运而生。但随着环保事业的深入拓展，诸多挑战也接踵而至。在“绿色卫士”的发展初期，志愿者管理体系暴露出明显的短板——组织松散，没有制度约束，缺乏发展思路与规划。同时，全力打好污染防治攻坚战对“绿色卫士”提出了更高的要求与期望，原有的管理模式与有限的志愿者规模难以满足新形势的需求。如何突破管理瓶颈，构建长效机制、加强资金使用，成为亟待解决的问题。2018 年，湖南省委、省政府发出“省一号重点工程”向“一湖四水”延伸的号召，同年，以六五环境日国家主场活动在湖南举办为契机，湖南省生态环境厅决定开展以“美丽中国，我是行动者”绿色卫士下三湘为主题的系列志愿服务活动，“滴水成海，微光成炬”，经过不断探索与尝试，形成了湖南省在环境保护志愿服务领域的“一张亮丽名片”。

二、主要做法

（一）优化顶层设计，全面构建绿色行动新体系

强化制度建设，激发生态环境志愿服务内生动力。自2018年起，湖南省相继发布系列文件，从战略高度为生态环境志愿服务活动构建了坚实的制度框架。建立常态化资金支持机制，设置“绿色卫士”小额资助公益项目，单项引导资金0.5万～1.5万元，资助范围涵盖水资源保护、生态修复、能源节约、科学普及和文艺创作等众多领域，2020—2024年，连续5年资助146个项目，资助资金150.5万元，引导全省“绿色卫士”生态环境志愿服务队和社会组织开展“下三湘”主题实践活动。

因地制宜施策，凝聚各方绿色发展共识力量。系列活动走进常德临澧县，帮扶建设临澧县智慧环保平台，实现了生态环境状况的可视化管理，开展“百名专家下基层”活动，有效解决当地工业园区、企业发展中面临的生态环境难题；走进宁远县西湾村，公益美育教师结合西湾村的特色风景和特色产业，以荷花、兔子、九嶷山等元素为墙绘的主要创作内容，让西湾村的生态面貌焕然一新；走进湘江新区，联合湖南广播电台将“领航的旋律”新时代生态文明宣讲传播至“三湘四水”、深入千家万户。

创新活动设计，提升生态环境宣教传播效能。在怀化麻阳县，以“环保铁军”“绿色卫士”为原型创作的文艺节目，通过快板、音、诗、画等形式，生动地演绎了生态环保志愿服务者的动人事迹；在益阳沅江市，通过直播访谈洞庭湖生态环境保护的“绿色卫士”代表，广泛传播他们几十年如一日坚持环保公益、倾情守护“一湖四水”的

感人故事；在浏阳普迹镇中心小学，通过环保主题绘画系列活动，让青少年儿童在实践中领悟生态环境保护的意义。

（二）聚焦专业提升，打造生态志愿服务新特色

构筑一个综合交流平台。依托湖南省生态环境公众参与平台，开设绿色卫士、设施开放、教育基地、学习园地、环保科普、政策法规、环境教育等 7 个主栏目和多个特色板块，有效整合全省范围内的环保设施开放单位、生态环境科普和教育基地以及“绿色卫士”生态环境志愿者资源，构建一个与公众紧密互动、信息畅通的桥梁。平台自 2022 年 6 月上线至 2024 年底，上传各种报道 3 525 篇、视频文件 400 个、图片 21 000 余幅，集成了相关 VR 宣传视频，累计访问量超过 81 万人次。

打造一个志愿服务品牌。“绿色卫士下三湘”系列主题实践活动实施至今，吸引了数百万公众的积极参与，赢得了地方政府、社会各界及省部级相关部门的广泛赞誉，为凝聚生态环境保护合力、提升湖南生态环境质量奠定了坚实的社会基础。同时，该项活动还衍生出“绿色卫士”小额资助公益项目、“绿色小卫士”志愿服务项目等子品牌。其中，“绿色小卫士”志愿服务项目至今已开展志愿服务百余次，现场服务对象超 20 万余人，志愿服务总时长超 400 小时，开展公益讲座超 70 场，直播 20 余场，累计超 600 万人次观看参与。

培育一支志愿服务队伍。湖南省全面构建省、市、县三级的“绿色卫士”生态环境志愿服务体系，部分延伸至乡村一级，进一步完善了生态环境志愿者的组织架构，确保志愿服务能够深入基层，贴近民众。“绿色卫士下三湘”系列主题实践活动将行动范畴由城市延伸至乡村与校园，高效整合了基层的多元资源与力量。当前，“绿色

卫士”已组建起47个志愿者团队，成员500余人，主要是来自高校环保专业的教师、鸟类专家、艺术家、记者和社会公益组织项目负责人等。他们凭借精品项目的强力牵引与典型范例的示范引领，带动了数万名志愿者加入生态环境志愿服务的行列中，形成了良好的示范效应和社会氛围。

2023年“生态赋能　文化铸魂　乡村振兴‘美丽中国，我是行动者’绿色卫士下三湘”走进麻阳县兰里镇苍冲村主题实践活动，原创音诗画节目《守护》

（三）彰显价值引领，志愿服务塑造社会新风尚

凝聚志愿服务同心力，共同助力美丽湖南建设。“绿色卫士下三湘”系列主题实践活动广泛推选优秀志愿者、优秀志愿服务项目，激发志愿者的积极性和创造性，变“群众赞”到“群众干”，切实营造“人人争当志愿者、人人当好志愿者”的社会氛围。目前，“绿色卫士下三湘”系列主题实践活动成功培育了一批杰出的“绿色卫士”志愿者，积极培育践行监督、守望、记录、传播志愿精神。近百岁高龄

的退伍老兵长期扎根水源保护林种植工作，种下的树木覆盖面积达7 000余亩，数量逾百万株；益阳沅江的数学老师成为民间的鸟类专家，编纂的《湖南鸟类图鉴》荣获多项荣誉。

培育项目创新驱动力，积极践行生态文明理念。2022年开展的“绿动潇湘‘益’起闪耀——绿色卫士下三湘”走进湘江新区活动，正式成立了“绿动潇湘”生态文明公益传播联盟，启动了“领航的旋律”生态文明湖南首场主题宣讲，统筹运用线上传播和线下活动两种方式，将习近平生态文明思想宣讲到基层。2024年开展的“山清水秀 世界锑都——绿色卫士下三湘”走进冷水江锡矿山主题实践活动，首次尝试“生态+体育+文化”，百余名“绿色卫士”从锡矿山两山生态广场出发，用脚步丈量百年矿山的高质量发展之路，主题实践活动在倡导低碳环保生活方式的同时，呼吁参与者在行走中体验自然之美，增强生态环境保护的思想自觉和行动自觉。

强化宣传引导凝聚力，广泛传播生态文明理念。“绿色卫士下三湘”系列主题实践活动采取全渠道覆盖的方式，充分利用互联网、手机客户端等新媒体传播方式，以湖南省生态环境公众参与平台为宣传核心，整合省、市、县三级主流媒体，充分利用微博、微信、微访谈、微视频、微漫画、生态文学、融媒体直播等方式开展矩阵式线上宣传，广泛增强社会影响。2021年开展“万物共生，洞庭‘湘’聚——绿色卫士下三湘”走进洞庭湖系列活动，融媒体团队从省生态环境厅出发，重走习近平总书记考察长江湖南岳阳段的路线，沉浸式讲述“绿色卫士”守护环境的故事；以“洞庭动听”关键词首开生态音频宣传通道，通过多样化媒体直播，形成生态文明理念传播流量效应，带领广大网友亲身感受碧水清流，倾听飞鸟、麋鹿的天籁之声，让尊重自然、顺应自然、保护自然的理念深入人心。2020—

2024 年，线上 + 线下、户内 + 户外在“红网时刻”单平台传播流量超 2 000 万人次。

2024 年开展的“山清水秀　世界锑都——绿色卫士下三湘”
走进冷水江锡矿山主题实践活动

三、经验启示

“绿色卫士”遍布“三湘四水”，成为持续改善生态环境质量重要的社会基础，生动体现了生态文明建设没有局外人，建设美丽中国是全体人民的共同事业。

（一）理念领航，锚定生态文明建设大方向

“绿色卫士下三湘”系列主题实践活动始终坚持正确舆论导向与价值引领，将生态保护与地方经济发展、乡村振兴等关键任务紧密融合，全方位展示全省各地生态文明建设的生动实践和丰硕成果。实践证明，要集中力量开展丰富多元的主题实践活动，有利于推动绿

色发展理念深入人心，引导公众自发践行绿色低碳生产方式和生活方式。

（二）创新驱动，锻造活动品牌新质效

“绿色卫士下三湘”系列主题实践活动坚持创新驱动，积极运用新媒体矩阵，推行线上线下交互、室内室外联动的多元融合模式，借助多种亲民且体验感强的形式拓展活动覆盖面。同时，将生态保护与地方实际及风土人情深度交融，助力地方环保智慧平台搭建、生物多样性保护等。实践证明，以群众喜闻乐见为标杆，深度挖掘活动形式、内容与宣发路径的多元创新成果，才能够不断提升活动的品质和效果。

（三）协同聚力，激活资源整合新动能

“绿色卫士下三湘”系列主题实践活动搭建省、市、县三级联动体系，深度挖掘院校（科研机构）、企业、社会组织等行业资源潜力，发挥文艺群体特长，依托环保协会、青年志愿者协会等社会组织的动员能力，凝聚社会各方合力，共筑生态环境保护的坚固防线。实践证明，立足志愿服务的公益性，凝聚各方力量，探索和丰富生态环境志愿服务的模式、内涵，能够推动形成生态环境保护合力。

（湖南省生态环境事务中心供稿）

建设美丽广州 探索超大城市美丽建设路径

——广州市打造美丽中国城市样板

【引　言】2023年7月，习近平总书记在全国生态环境保护大会上强调，各地区特别是京津冀、长江经济带、粤港澳大湾区、长三角地区、黄河流域等区域，要根据高质量发展要求和自身特色，加强区域绿色发展协作，在实施区域重大战略中进一步谋划好、规划好、落实好生态环保工作，建设美丽中国先行区。坚持人民城市人民建、人民城市为人民，以绿色低碳、环境优美、生态宜居、安全健康、智慧高效为导向，建设新时代美丽城市。

【摘　要】广州市作为粤港澳大湾区核心引擎、国家中心城市，积极探索超大城市、美丽城市建设路径。为破解环境品质与国际一流城市差距较大、生态环境项目谋划能力及示范项目融资能力薄弱等难题，广州市坚持以打造美丽中国城市样板建设为统领，驱动经济社会发展全面绿色转型，衔接国家和省级重大战略，梳理区域内资源现状，建立督办机制等方式强化项目谋划能力；会同国家开发银行及广东省分行积极完善政银企对接工作机制和政策保障体系，搭建银企对接平台，全流程推动投融资项目落地实施。经过探索实践，广州市已明确“美丽广州—美丽区县—美丽单元—美丽细胞—美丽工程”的建设模式，将26个项目纳入打造美丽中国城市样板投融资建设项目库，推动两个美丽城市投融资试点首开项目落地实施。

【关键词】美丽城市样板；超大城市；绿色转型；项目谋划；示范项目投融资

一、背景情况

2023年12月，《中共中央 国务院关于全面推进美丽中国建设的意见》出台，2024年9月，广东省委、省政府印发《关于全面推进美丽广东建设的实施意见》，广州市紧紧抓住全面推进美丽中国建设的战略机遇，探索超大城市美丽建设路径，打造美丽中国城市样板。

一方面，广州市具备建设美丽广州的良好生态环境基础。连续5年在全省环境保护责任暨深入打好污染防治攻坚战成效考核中获评优秀。2024年，环境空气质量全面达标，细颗粒物（$PM_{2.5}$）平均浓度连续8年稳定达标并在国家中心城市中保持最优，国考、省考断面水质连续5年全面达标，147条黑臭水体全面消除黑臭并持续保持不黑不臭，污水、垃圾处理能力稳居全国前列。土壤环境质量总体稳定，重点建设用地安全利用得到有效保障。另一方面，广州具备探索区域性环保建设项目金融支持的雄厚经济基础。2024 年，工业投资连续三年实现两位数增长，高新技术产业营收突破 1 万亿元，新质生产力加速壮大；全市经营主体超过 360 万户，增量、增速均居大城市首位，南沙、中新广州知识城等重大平台集聚全球高端要素；12 个千亿级战略性产业集群、9 个千亿级服务行业凝聚发展动能，15 个战略性新兴产业加速蓄势。全市 84 家机构提供 590 个绿色金融产品，涵盖绿色贷款、绿色债券、绿色保险等，为绿色发展注入强大动力。

广州市充分发挥现有优势，积极探索建设途径，对标建设“具有经典魅力和时代活力的中心型世界城市”的目标愿景，坚持以生态环境高水平保护促进经济社会高质量发展，努力建设美丽广州。

二、主要做法

（一）以美丽中国城市样板建设带动超大城市生产生活方式转型

2024 年，广州市印发《广州市打造美丽中国城市样板工作方案》，明确了“美丽广州—美丽区县—美丽单元—美丽细胞—美丽工程”的建设模式。探索区域性环保建设项目金融支持模式，与国家开发银行广东省分行签订战略合作协议，推动投融资首开项目落地实施。推动产业集群高端化、绿色化发展，提升传统产业绿色转型成效，构建清洁低碳的能源体系，基本建成绿色便捷经济的综合交通运输体系。提升大气环境质量、改善水环境质量、消除城市黑臭水体，展现美丽花城新面貌。统筹生产、生活、生态空间布局，将城市更新与城市生态修复、城市功能修补有机融合，系统解决城市发展不平衡、不充分的问题。推动全方位高质量绿色发展，从山水林田湖草海一体化保护和系统治理到高标准推进华南国家植物园建设，持续推进海珠湿地、南沙湿地等湿地保护和生态修复。实施碳排放达峰行动，探索建立粤港澳大湾区碳普惠机制，推动气候适应型城市建设，统筹提升城市品质和居民生活质量。

增江（广州市段）（卞伟峰 摄）

（二）不断提高美丽城市建设项目谋划和实施能力

鼓励各区政府和相关企业结合区域资源特色及发展需求，聚焦绿色低碳、环境优美、生态宜居、安全健康、智慧高效五大导向共同谋划美丽广州建设项目，按照“美丽广州—美丽区县—美丽单元—美丽细胞—美丽工程”的创建思路申报项目，截至 2025 年 1 月，已筛选 26 个项目纳入项目库并深入实施。

衔接重大战略和重大规划，依托本区工作基础协同开展生态品质提升。环荔湾湖美丽单元建设项目，依托荔湾区发挥老城市新活力、建设历史文化名城的重要平台，面向第十五届全国运动会和残特奥会城市品质提升目标，持续开展历史文化街区保护提升相关工作，成功争取文化保护传承利用工程中央预算内投资及专项债等资金支持。在项目谋划过程中，结合区域特色生态资源及基础工作，充分利用区政府筹措资金，借助恩宁路等历史文化街区保护活化利用以及周边社区微改造系列工程，分类梯次构建以“生态社区、美丽场馆、美丽河湖、美丽生境、美丽园区”为载体的立体示范样板，推动生态建设与文化传承双轴线协同见效。

梳理区域生态、产业资源，结合企业产业建设需求有效导入生态项目。广州知识城—迳下美丽单元建设项目位于中新广州知识城中部核心地带，山水生态资源丰富且村容村貌良好，但存在环境治理水平欠缺、产业发展动力不足等问题，现有部分村集体用地通过一家区属国企统筹运营。在该项目谋划过程中，充分对接企业对乡村文旅、低碳农业等产业的发展计划及融资建设需求，在其储备的产业建设类项目内导入水系治理、林相改造、环境基础设施建设等生态提升类项目，推进二者一体融资、协同实施，实现区域生态价值与经济价值最大化。

广州知识城—迳下美丽单元建设项目

完善项目实施机制。编制美丽园区、美丽乡村、生态社区等美丽城市建设项目指引，形成项目入库审核标准，明确项目入库—融资—实施—验收流程，组织专业咨询团队为项目提供生态保护、环境治理、绿色低碳、融资核算等专业咨询。

（三）搭建“政银企”对接平台，保障项目融资落地

协调政府、银行、企业三方对接，全流程推动投融资项目落地实施。前期积极开展美丽中国投融资模式研究，结合广州市生态资源特色及主要环境问题，初步构建“生态＋产业园区”“生态＋基础设施”“生态＋乡村振兴”“生态＋特色景区”等投融资产品谱系，向生态环境部、国家开发银行争取政策支持，明确投融资产品支持方向、申报主体等相关要求。中期会同实施主体，按照投融资产品谱系开展项目策划，对接国家开发银行及广东省分行，针对具体项目进一步明确建设要求。项目策划完善后，向银行正式推介项目，银行与实施主体建立工作联系机制。后期实施主体按照国家开发银行广东省分行要求，编制项目可行性研究报告，修改完善项目建设内容与经济测算，最终与银行签订贷款协议。在美丽城市投融资首开示范项目签约落地后，市生态环境部门与国家开发银行广东省分行签订为期三年的《美丽中国城市样板建设战略合作协议》，针对开发性金融与绿美生态城市建设、绿色低碳发展、美丽细胞建设、生态智慧治理开展全方位合作，政府部门和银行双方将为企业开展美丽中国投融资项目策划、入库、实施提供全链条指导，并根据项目具体需求提供定制化金融产品与金融服务。

三、经验启示

广州市紧紧抓住全面推进美丽中国建设的战略机遇，探索超大城市美丽城市建设路径，全市生态环境质量持续改善，全面打造美丽中国城市样板。

（一）坚持“绿水青山就是金山银山”，在发展中保护、在保护中发展，坚定不移走生态优先、绿色发展之路

广州市以美丽城市建设项目为重要抓手，统筹生态资源与产业资源，全面推进降碳、减污、扩绿、增长工作，实现高质量发展与高水平保护的良性互动。充分依托山水林田湖草海等生态资源，精心谋划美丽广州建设项目，加快补齐生态环保等领域的短板，持续提供优质生态产品，为经济社会的可持续发展筑牢生态环境根基。积极利用区域产业资源优势，加大绿色产业投资力度，着力推动建立以产业生态化和生态产业化为主体的生态经济体系，为广州市加快全面绿色低碳转型和经济社会高质量发展注入强大动力。实践证明，只有将生态优势与产业优势有机结合，才能实现经济发展与生态保护的双赢，为城市的长远发展奠定坚实基础。

（二）坚持把建设美丽中国转化为全体人民自觉行动，将生态文明建设融入经济建设、政治建设、文化建设、社会建设各方面和全过程

广州市高度重视将美丽城市建设融入经济、政治、文化、社会建设的各个方面和全过程，主动对接相关重大战略部署，积极发动全社

会力量共同参与，形成了共建美丽中国、美丽广州的良好局面。实践证明，美丽城市建设并非孤立的单项工作，而是需要与经济社会发展的各个方面深度融合，通过多方协同、上下联动，充分调动各方积极性，形成强大合力，推动美丽城市建设不断取得新进展、新成效。

（广州市生态环境局供稿）

聚“绿”前行
环保志愿不“止”于此

——成都市“环保志愿者日”“环保志愿服务月”汇聚全民参与合力

【引　言】2018年5月，习近平总书记在全国生态环境保护大会上指出，生态文明是人民群众共同参与共同建设共同享有的事业，要把建设美丽中国转化为全体人民自觉行动。每个人都是生态环境的保护者、建设者、受益者，没有哪个人是旁观者、局外人、批评家，谁也不能只说不做、置身事外。

【摘　要】2019年，成都市加快推进探索现代化城市形态的新路径，环保志愿服务作为推进生态文明建设的重要抓手和有效途径，发展势头迅猛、作用日益凸显，但同时也出现一些新的问题，对此，成都市开展了一系列针对性工作。同年，成都市发起了一个环保志愿者的联合行动品牌——“成都环保志愿者日”和“成都环保志愿服务月”，通过汇聚合力、构建格局、打造阵地，推动形成了全民参与生态环境治理的行动体系。

【关键词】环保志愿者；环保志愿服务；全民参与；环境治理；美丽成都

一、背景情况

作为新形势下构建现代环境治理体系、推进生态文明建设的重要抓手和有效途径，生态环保志愿服务在促进公众参与积极性和主动性，推动健全生态环境现代治理全民行动体系方面的作用日益凸显。2019 年，在市文明办、市教育局、市总工会等市级部门的支持下，成都市生态环境局联动了一批关心和支持生态环保志愿服务事业的单位和组织，共同发起了一个环保志愿者联合行动品牌——“成都环保志愿者日”和“成都环保志愿服务月”，通过树立一个“节日”，以干事聚人，以成事树形，推动成都市生态环保志愿者和志愿服务组织数量逐年上升。截至 2024 年，“成都环保志愿者日”和“成都环保志愿服务月”联动了 100 余家机构、数万名志愿者开展了 2 万余场环保志愿服务主题活动，服务了近百万成都市民，也逐渐实现社会认同感和影响力的双重飞跃。

二、主要做法

（一）从“零散”到“整合”，汇聚同心同向的环保志愿服务合力

结合美丽成都建设的主要目标和重点任务，梳理并找到具有共同特征的人群画像。2019 年，结合《公民生态环境行为调查报告（2019 年）》《成都志愿者 2019 年度报告》等数据资料，梳理出成都市的环保志愿者具有“践行者、宣传者、监督者”这一鲜明的身份共通性，聚焦生态环境保护中心工作的行动需求，制定《成都市生态环境志愿服务清单》，发布《致全市环保志愿者的一封信》，将分散在各行业、各领域的环保志愿者凝聚在一起，并赋予“成都环保志愿者”的身份认证。

完善“成都环保志愿者”身份标识，强化环保志愿者的自我认同感。依托成都环保志愿服务特色，推出“成都环保志愿者”IP——“环环”和“小志”，作为环保宣传的重要载体，二者被开发制作为马甲、帽子、环保袋、笔记本等一系列形式多样、内涵丰富的 IP 应用活动工具包，在环保志愿者组织的各类活动中，走进大街小巷，走入千家万户。同时，作为“成都环保志愿者”的 IP，“环环”和“小志”还走进了 18 号线“生态成都号”主题列车、出演了《雪山下的成都》儿童情景剧、发布了《成都市绿色低碳生活指南》、制作了成都生态环境教育系列动画短片。通过这些生动、形象的方式，“环环”和“小志”逐渐深入人心，并成为“成都环保志愿者”的标志性符号。

发起联合行动品牌，为环保志愿者搭建风采展示的舞台。将“成都环保志愿者日”选定在每年的 3 月 1 日，“成都环保志愿服务月”选定在每年 3 月，并将每年的“成都环保志愿者日”作为“成

都环保志愿服务月”的开幕。通过多级层面的大联动，全市环保志愿者以“节日”庆典的形式参与经验交流分享、优秀典型树立、品牌活动发布、生态市集展览等，充分展示及宣传成都市生态文明建设成果。例如，环保行业知名人士通过“志愿 XIN 声”系列视频专栏，以交流访谈形式带公众了解环保志愿者背后的故事；“成都最美环保人”“成都优秀环保志愿者”等评选赛事推动 40 余名获奖志愿者广泛参与到环博会、世界环境日、大运会等重大活动中。

第六届“成都环保志愿者日”暨“成都环保志愿服务月”启动仪式外场
（成都环保志愿服务联合会供图）

推进形成环保志愿者持续参与生态环境保护及治理的长效机制，为全市环保志愿服务工作开展及品牌打造奠定坚实基础。2018 年底，成都市生态环境局推动成立成都环保志愿服务联合会，以环保志愿服务作为抓手，联动政府、社会组织、企业、学校、社区等多元主体，凝聚整合全市环保志愿服务力量，切实打造“全市环保志愿者之家”。2019 年上线“成都环保志愿服务平台”，充分发挥了环保志愿者及队伍信息注册、活动招募、后台管理、活动宣传、激励保障等功能，上线当日注册环保志愿者突破6万人。

（二）从“独唱”到“合唱”，构建多元共治的环保志愿服务格局

凝聚整合政府、高校、企业、社会组织等社会各界资源，唱响全民参与环保志愿服务成都之声。依托市生态环境局及各派出机构，构建成都环保志愿服务“总队—分队—小队”模式，联合会承担行政属性的“成都环保志愿服务总队”上下联动协调工作，截至2024年底已拓展至150余支队伍。成立成都高校生态环境大联盟，从公益项目申请到高校人才培育，再到高校环保组织及骨干人才网络建立，已拓展成都都市圈31所高校加入，支持200余场青年环保志愿活动落地实施。开发《成都市可预约参访环保设施和城市污水垃圾处理设施开放单位》电子地图，开拓除国家开放名单以外有意愿、有条件、有能力开放的环保设施，组成开放阵地资源，已有15家环保企业加入。组建成都环保社会组织联盟，通过近50场交流会、沙龙、工作坊等，打通信息共享和资源互补渠道，汇聚广大的社会公益力量。孵化“成都环保志愿服务合伙人”计划，为边缘团体或个体赋予“合伙人”的主体身份，通过可持续低碳访谈、合伙“趣”探等合伙项目，推动实现社会资源、公益需求与政府平台的有效匹配。

推动多元主体赋能，为环保志愿服务行动不断输入新鲜血液。开展环保志愿服务能力提升培训班，通过集中授课、分组讨论、案例分享等方式，进行成都市生态环境志愿服务及生态环境治理问题等方面的培训学习。启动“青E计划”生态环境保护主题营，通过集中培训、共学实践、访谈交流、参访学习等方式，引导来自不同学校、

不同年级、不同专业的20名联盟高校学子去“看见”环境现状、“发现”环境问题，并埋下愿意去解决环境问题的“种子”。打造“讲解员带您看环保”品牌讲师培育计划，从成都市到四川省，实现了全省的试点和覆盖，30余名环保志愿者以“讲解员”的身份带领近1 500名公众走进环保设施开放单位，引导公众化解因信息不对称而引发的“邻避效应”。组织“环保项目执行人36小时训练营”，为20余名社会组织骨干人员提供了项目策划、实施保障、后期评估等方面的专业指导，搭建起技能提升、经验交流与资源共享的桥梁。

开发规范化、系统化的行动模式，进一步发挥环保志愿服务促进公众参与的积极性和主动性的作用。发布“一个行动蓝图”——成都市环保志愿服务工作要点，按照“五个统一”（统一主题、统一目标、统一口号、统一标识、统一宣传），开展有计划、有系统、集成式、爆发式的环保志愿服务行动。深化“成都生态环保大讲堂”品牌活动，邀请来自新闻媒体、科研院所、高等院校等单位的近百名专家，以专业环保志愿者的身份走进企业、产业功能区、社区、学校开展线上线下宣讲200余场，服务市民1万余人。开展“日减一碳，‘益’树成林”公众参与低碳生活实践主题活动，引导参与者的绿色低碳意识从意愿到行动发生深刻转变，从简单的“低碳小实验”14天打卡到千家响应、万人参与的“每天至少坚持一个绿色低碳行动”，该活动已连续开展三届，打卡日记累计约1.5万篇。创立绿色“U”我联合公益行动，充分发挥示范效应，动员社会组织、企业、学校、个人等力量联合策划开展环保低碳研学、生物多样性宣传与保护、垃圾减量等多主题的公益活动。

打造交流协作平台，增强环保志愿服务的资源共享和协同行动。结合志愿服务、文明典范城市创建等内容，以“全市环保志愿服务工作推进会”“推动全民参与公园城市建设主题研讨会”等进行部门间的探讨；联动市文明办、市教育局、市总工会等部门及成都都市圈政府职能部门，通过“成都都市圈生态环保志愿服务项目大赛”“成都都市圈公众生态价值理念提升高峰论坛”等开展区域间的交流；围绕环保志愿服务、气候变化等工作，通过“社区生态环境志愿服务交流推进会”“社会组织应对气候变化行动交流会”“成都高校生态环境大联盟环保行动创享会”等促进各群体间的联动。

（三）从“无声”到“有声”，打造共建共享的环保志愿服务阵地

建立环保志愿服务实践基地。探索“生态文明 + 文明实践”建设新模式，构建“基地 + 志愿者 + 活动”环保志愿服务全链条，截至 2024 年，已建立 7 个新时代文明实践环保志愿服务基地。

搭建环保志愿服务宣传平台。成立成都环保志愿服务联合会新闻媒体工作委员会，聚合了 60 余位关心、支持生态环境保护志愿服务的专业新闻媒体从业人员，常态化策划“媒眼看环保”活动，通过短视频、微电影、直播、云打卡等丰富线上参与内容、创新传播方式方法，探索生态环保志愿服务与媒体传播相结合的新格局。

拓展环保志愿服务联合传播矩阵。一方面，充分发挥国家、省、市等主流媒体的宣传作用，展现报纸、广播、电台、微信、微博和抖音等全媒体平台优势；另一方面，聚集包括政府职能部门及各派出机构、企事业单位、环保社会组织在内的 100 余家机构组织为成都市环保志愿服务工作共同发声。六年来，亮点工作吸引了生态环境部微信公众号、《中国环境报》、人民网、新华网等宣传报道，总体曝光量超百万人次。

垃圾焚烧发电厂参访活动

（成都环保志愿服务联合会供图）

三、经验启示

“成都环保志愿者日”和“成都环保志愿服务月”的持续开展，拓宽了成都市环保志愿服务的行动路径和参与模式，助推了成都市环保志愿服务的高质量发展。

（一）强化环保志愿服务顶层设计，完善工作保障

成都市推动志愿服务纳入生态环境保护总体行动和专项行动，在行动规划或方案中增加全民行动或志愿服务相关工作内容，并予以配套政策、资金保障支持。实践证明，挖掘并培育一支或多支可以广泛连接社会的、具有公益属性的自组织、他组织，要强化规划设计，辅以资金、资源、宣传等多方协助，以推动其规范化、持续化发展。

（二）构建环保志愿服务机制模式，引导长效发展

成都市建立环保志愿服务管理体系，积极探索“平台搭建—组织识别—网络建立—深度行动—案例研究—成果产出—政策推动”的全链条、全方位环保志愿服务模式，形成人人关心、支持和参与生态环境保护工作的局面。实践证明，要把环保志愿服务制度化、规范化、项目化、品牌化作为发展方向，积极营造生态环境志愿服务文化氛围，助力美丽中国建设。

（三）激发环保志愿服务内生动力，助推全民参与

成都市充分挖掘并发挥志愿服务的“自愿性”，找到志愿者与环境保护的“强关联性”，撬动更多资源和主体主动参与，持续引导环保志愿者参与到“双碳”目标、无废城市建设、生物多样性保护、应对气候变化等主流工作，通过政府引导、社会支持、公众参与，实现环保志愿服务的可持续化运营。实践证明，环保志愿服务要坚持以更务实、更聚焦的工作方式，积极回应国家及区域长期关注、关心的生态环境保护议题，实现环保志愿服务可持续化运行。

（成都市生态环境局、成都环保志愿服务联合会供稿）

以司法协作为突破口 推动澜沧江流域生态环境协同治理

——普洱市建立一体化流域司法协作机制

【引　言】2018年5月，习近平总书记在全国生态环境保护大会上指出，要加快制度创新，增加制度供给，完善制度配套，强化制度执行，让制度成为刚性的约束和不可触碰的高压线。

【摘　要】澜沧江—湄公河发源于我国青藏高原，流经青海、西藏、云南3个省级行政区，由北向东南流穿迪庆、普洱等7个州（市），独特的地理优势和自然气候条件造就了澜沧江流域丰富的生态系统和生物多样性资源。守护好澜沧江流域的一江碧水，是普洱市责无旁贷的职责和使命。普洱市始终牢固树立和践行“绿水青山就是金山银山”理念，结合澜沧江流域自然环境的特殊性、复杂性，聚焦水生态、水环境、水资源、水安全等重点领域的突出矛盾，坚持协同治理理念，加强制度创新，建立一体化流域司法协作机制，打破属地限制，推动生态环境治理系统化、科学化、法治化，以系统性思维推动解决流域性问题，多措并举做好澜沧江流域生态环境保护，探索出一条以重点生物多样性资源保护带动区域性协同治理的工作思路。

【关键词】制度创新；流域环境；司法协作；协同治理

一、背景情况

普洱市位于云南省西南部，面积4.5万平方千米，与越南、老挝、缅甸接壤，国境线长约486千米。全市森林面积4 530万亩，森林覆盖率达68.23%，全国近1/3的物种在这里繁衍生息，是保护生物多样性、构筑西南生态安全屏障的核心区域。澜沧江在普洱市内的干流、支流流经9个县（区），流域面积4万平方千米，是普洱市名副其实的母亲河。

美丽中国 · 普洱市 · 一城山水

长期以来，由于生态环境治理体系不健全，“九龙治水”情况较为突出，协同治理格局尚未形成，面对经济社会高质量发展要求和人民日益增长的美好生活需要，澜沧江流域发展与保护的矛盾日益凸显，生态保护压力增大、任务艰巨，亟须建立健全一体化流域生态环境治理体系和司法协作机制，合力守护澜沧江流域生态环境。

普洱市深入践行“绿水青山就是金山银山”理念，以区域一体保护、资源信息共享、依法高效务实为原则，将司法审判同服务保障生态文明建设结合起来，秉持“尚法泽万物，溢绿满茶乡”的美好愿景，立足当地特色自然资源禀赋，创新打造“茶法绿网”生态司法保护品牌，构建“两屏三廊多点”生态司法保护体系，搭建协同共治工作平台。全市 90% 以上的生态系统类型和 80% 以上的珍稀濒危物种得到有效保护。全市生态环境状况指数（EI）连续评定为优，生态质量指数（EQI）达到一类标准，全市 34 个国控、省控断面优良水体比例为 97.1%，生态环境改善公众满意度连续多年提升。

二、主要做法

（一）坚持制度创新，建立健全生态环境治理体系

发挥制度的引领作用，推动生态环境治理从“被动”向“主动”转变。针对一些地方和部门领导干部抓生态环境保护工作的主动性、积极性不强，被动应付多，监管过程重形式走过场的问题，印发《普洱市加强河流管理保护工作的实施方案》等文件，建立“河（湖）长＋水文监测”协作机制、巡河问题清单制，健全“河（湖）长＋检察长”“河（湖）长＋警长”等机制，签订跨界河湖联防联控联治合作协议，推动河湖保护治理“同河同策、同库同策”。

发挥立法的规范作用，推动生态环境治理从“人治”向“法治”

转变。普洱市全力推进澜沧江流域生态环境保护地方立法工作，颁布实施《普洱市古茶树资源保护条例》《普洱市景迈山古茶林文化景观保护条例》《普洱市思茅城区河道管理条例》《普洱市河道采砂管理条例》等配套地方性法规，进一步细化完善相关法律法规，以高质量法治建设推动高水平生态环境保护。

发挥部门的联动作用，推动生态环境治理从“单干”向“协同”转变。制定《普洱市生态环境保护行政执法与刑事司法衔接工作实施细则》，要求具有生态环境保护职责的单位依法履职，积极支持生态环境部门履行执法监管职责。在日常监管过程中，发现环境污染和生态破坏行为的，应及时将案件移交给生态环境部门。生态环境部门在执法检查时，发现违法行为明显涉嫌犯罪的，及时向公安机关通报。

（二）加强司法审判，全面筑牢生态司法保护屏障

坚持最严密法治。注重发挥刑事审判的惩戒和威慑功能，依法惩处破坏环境资源犯罪行为，切实维护国家利益、社会公共利益和人民群众环境权益。2023—2024 年，全市审结环境资源民事一审案件 53 件、环境资源行政一审案件 29 件、环境资源刑事附带民事公益诉讼一审案件 29 件、破坏环境资源刑事案件 218 件。

坚持绿色发展。在司法裁判中充分体现绿色发展、节约资源的理念，坚持在林地承包经营纠纷处理中以节约资源、保护生态环境为重要遵循；在林业经营合同履行中，以避免资源浪费、环境污染和生态破坏为重要目标；在生态环境损害赔偿案件中，以严格追究环境污染、生态破坏侵权责任为基本要求，妥善化解涉环境资源民事纠纷。

司法守护绿水青山

坚持协同治理。积极促推环境资源行政执法与司法衔接配合，依法支持、监督行政机关充分履行生态环境保护职能职责。例如，景谷县人民法院在审理一起行政公益诉讼案件中，积极推动当地乡镇政府履行古村落保护职责，以司法之力守护绿意乡愁。

坚持系统保护。贯彻恢复性司法理念，坚持治罪与治理并重，充分运用宽严相济刑事政策、认罪认罚从宽制度的政策把握和裁量空间，在依法惩治破坏环境资源犯罪的同时，积极引导被告人修复受损生态环境将“补种复植”“增殖放流”等生态修复行为纳入被告人量刑情节予以考虑。

（三）立足资源禀赋，因地制宜打造生态司法保护品牌

因地制宜，系统构建生态司法保护体系。普洱市内群山叠嶂，江河纵横，形成以北部哀牢山—无量山、南部边境热带森林为骨架

的天然屏障，澜沧江、威远江和李仙江生态廊道贯穿其中。景东、镇沅法院分别成立“无量山—哀牢山生态环境与司法协同保护中心”等站点，澜沧、孟连、西盟三地法院建立“绿三角”环境资源和生态保护司法实践共建共享协作机制，普洱市中级人民法院与临沧市、西双版纳傣族自治州中级人民法院以及广西北海海事法院建立澜沧江流域生态环境司法保护协作机制，江城、墨江、宁洱三地法院建立李仙江流域生态保护司法协作机制，全面构建生态环境协同保护工作体系。

以点带面，搭建协同共治工作平台。以辖区无量山西黑冠长臂猿、景迈山古茶林等重点生态资源以及澜沧江糯扎渡库区、李仙江流域等重点生态系统保护为切入点，结合“枫桥式人民法庭”创建工作，将生态司法保护的触角延伸到基层一线，汇聚当地党委、政府和环境资源行政主管部门等多方力量，设立生态司法保护工作站点，以联席座谈、定期会商、巡回审判、普法宣传等多种形式，搭建环境资源协同治理工作平台，共同推进生态环境保护和诉源治理、多元解纷工作。

（四）强化协同治理，建立一体化流域协作机制

建立糯扎渡库区生态司法保护机制，实现库区协同治理。思茅、澜沧、景谷三地法院共同签署《澜沧江糯扎渡库区生物多样性暨生态环境保护协作协议》，定期召开环境资源审判协作联席会，对库区环境资源案件法律适用及司法协作进行研讨交流，明确证据审查标准，统一司法裁判尺度，推动糯扎渡库区生态环境问题综合治理。自协议签订以来，共开展联合普法宣传 4 次、增殖放流 5 次，累计向澜沧江流域放流鱼苗约 18 万尾。

建立澜沧江流域生态司法保护协作机制，实现跨区域协同治理。2023 年 8 月，普洱、临沧、西双版纳三地法院共同签署《澜沧江流域生态环境司法保护协作框架协议》，建立跨域立案全覆盖、生效判决委托或协助执行、诉源治理协调联动、矛盾纠纷联合调处以及重大案件会商研判等机制，构建地域管辖各司其职、全域问题协同配合的司法保护协作新格局。2024 年 3 月，普洱市中级人民法院与广西北海海事法院签订《澜沧江流域生态环境司法保护协作框架协议》，进一步丰富和拓展跨区域司法协作的内容和举措，相关单位开展巡航护江、增殖放流、联合普法宣传等系列活动。

拓展江河湿地司法协同保护治理格局，实现市域内重点流域协同治理。围绕李仙江、南垒河等重点江河流域生态保护，江城、墨江、宁洱三地法院共同签署《李仙江流域生态保护司法协作协议》，建立疑难案件通报会商、审判管理信息分析研判、联合宣传等各项工作机制；江城县人民法院、生态环境、自然资源、水务、林草等 10 家单位签署《饮用水水源地与边境生态屏障保护联动合作协议》，常态化开展边境生态屏障司法保护工作；孟连县人民法院设立湿地与南垒河流域保护法律服务点，与生态环境、林草、自然资源、森警大队等 13 家单位联合签订《湿地与南垒河流域生态司法保护合作协议书》，持续深化江河湿地协同保护综合治理工作机制。

（五）做好民生保障，助力实现人与自然和谐共生的现代化

全力服务发展，积极探索推进生态修复举措。坚持原地修复与替代修复相结合，全面推进生态环境损害赔偿工作。2019—2024 年，普洱市生态环境、自然资源等部门办理生态环境损害赔偿案件 60 余件，赔偿金额 430 余万元。印发《关于开展生态修复适用林业碳汇

赔偿机制的工作指引（试行）》，规范环境资源案件适用林业碳汇赔偿工作机制。2023 年以来，澜沧、思茅、景谷、宁洱四地法院相继在 6 件破坏林业资源刑事案件中引入适用林业“碳汇”赔偿。

发展新时代“枫桥经验”，谱写“人象和谐”新篇章。为妥善化解亚洲象“北上南归”的人象矛盾纠纷，思茅区人民法院依托思茅港人民法庭，联合检察院、司法局、林草局等多家单位，成立全国首家“人象和谐法律服务点”，制定《普洱市法院亚洲象致损纠纷诉源治理工作指引》，实现受损农户、保险公司和调解组织异地实时调解，推动野生动物肇事补偿公众责任险快速理赔。截至 2024 年底，“人象和谐法律服务点”累计帮助 1 800 余户农户及时兑现 440 余万元象损保险补偿款。

融合少数民族生态理念，倾心守护景迈山古茶林生态景观。布朗族、傣族等景迈山世居民族探索出林间开垦和林下种植方式，实现了“林茶共生、人地和谐”的独特生物多样性景观。普洱市充分挖掘少数民族尊重自然、顺应自然、保护自然的传统生态智慧，妥善办理景迈山涉茶地纠纷、茶叶买卖合同纠纷等多起案件。例如，在歪某非法占用农用地刑事附带民事诉讼一案中，针对被告人毁林种茶的行为，利用少数民族生态理念进行释法说理，对附带民事诉讼进行调解，通过“刑罚＋修复”的方式，全面发挥人民法院在景迈山申遗及旅游业发展中的服务和保障作用，为世界遗产的保护与传承贡献司法力量。

三、经验启示

普洱市坚持跨区域跨部门协同治理理念，在澜沧江流域建立一体化流域司法协作机制，推动生态环境治理系统化、科学化、法治化，澜沧江流域整体生态功能持续增强，优质生态产品供给能力持续上升，生态优先、绿色发展的理念切实为澜沧江流域的人民群众带来了红利。

（一）坚持严密法治，以建章立制提升治理能力和水平

普洱市结合自身实际，针对当地古茶林保护、河道采砂管理、非法狩猎、人象冲突等突出问题，及时开展地方立法，制定相关规范性文件，为生产经营活动划定行为底线和红线。同时，充分发挥环境资源审判职能作用，加强环境执法和司法的衔接配合，依法严厉惩处破坏环境资源的违法犯罪行为。实践证明，要加快制度创新，强化制度执行，让制度成为刚性约束和不可触碰的高压线，同时不断培育全社会生态文明法治意识，提升生态环境治理能力法治化、制度化水平。

（二）树牢全局观念，以司法协作带动流域协同治理

跨区域跨部门协同治理的做法并不罕见，关键在于建立一个各方认同、行之有效的机制，抓好贯彻落实。针对这一问题，普洱市在澜沧江流域环境治理上算大账、算总体账，建立一体化流域司法协作机制，通过该机制破解一个个阻碍澜沧江流域生态环境治理的难题，打通了跨区域跨部门生态环境治理的“最后一公里”，解决了人民群众反映强烈的突出环境问题。实践证明，制度的生命力在于强有力的执行，要打破省界和区县壁垒，有效化解环境资源司法保护中行政区划分割与生态系统整体间的矛盾。

（三）坚持人民至上，在发展中保障和改善民生

普洱市始终坚持以人民为中心的发展思想，牢固树立生态为民、生态惠民、生态利民的理念，妥善处理经济发展与生态环境保护的关系，健全生态产品价值实现机制；妥善化解人象矛盾纠纷，让保护野生动物、促进人与自然和谐共生成为人民群众的思想自觉和行动自觉，做到发展和生态“两条底线”一起守、绿水青山与金山银山“两山”一起建、生态美和百姓富“两个成果”一起收。实践证明，追求人与自然和谐共生，必然要坚持人与自然是生命共同体，超越人与自然二元对立的发展路径。

（普洱市生态环境局、普洱市中级人民法院供稿）

当好小卫士　守护大秦岭

——秦岭生态小卫士主题宣传教育系列活动凝聚生态文明合力

【引　言】2020 年 4 月，习近平总书记在陕西考察时强调，保护好秦岭生态环境，对确保中华民族长盛不衰、实现“两个一百年”奋斗目标、实现可持续发展具有十分重大而深远的意义。2023 年 5 月，习近平总书记在陕西考察时指出，要健全秦岭常态化长效化保护体制机制，完善监管体系，搞好动态排查整治，守护好我国中央水塔。

【摘　要】秦岭作为中国的重要山脉和生态屏障，是中国地理上的南北分界线，气候上的暖温带与亚热带分界线，还是水文上的黄河水系与长江水系的分界线，具有丰富的生物多样性和重要的生态功能。近年来，随着人口增长和经济发展，秦岭地区面临着乱砍滥伐、野生动物栖息地破坏等生态问题。在此背景下，提升公众特别是少年儿童的环保意识显得尤为重要。秦岭生态小卫士主题宣传教育系列活动应运而生，该活动旨在提升少年儿童的生态环境意识，树立

"绿水青山就是金山银山"理念，培养他们成为生态环境保护的践行者和倡导者，促进秦岭生态环境保护。

【关键词】秦岭；少年儿童；环境教育；生态文明

一、背景情况

秦岭是我国中部的一条东西走向的山脉，绵延 1 600 多千米，面积 40 万平方千米，平均海拔在 1 500 米以上。秦岭陕西境内涉及西安、宝鸡、渭南、汉中、安康、商洛 6 市的 39 个县（区），人口超过 489 万人，保护面积 5.82 万平方千米。秦岭生态功能突出，是我国重要的生态安全屏障和重要的生物基因库，多种矿产资源储量居全国前列，各类中药材资源丰富。秦岭还是汉江、丹江、嘉陵江和黄河部分重要支流的发源地，是南水北调中线工程重要水源涵养区。秦岭是许多古老和孑遗生物的避难所，也是中华文明的精神标识和中国地理的自然标识。

陕西省开展秦岭生态小卫士主题宣传教育系列活动，旨在通过多种方式向公众普及秦岭生态保护知识，培养公众特别是青少年的环保意识和责任感，倡导更多人加入秦岭保护行列，共同守护这片美丽的绿水青山。该系列活动自启动以来，在陕西省内多个城市举办，通过丰富多彩的活动形式，提升了青少年儿童、家庭、学校及社会各界对秦岭生态保护的认识与参与度。

二、主要做法

（一）活动迭代升级，建立长效机制

2019 年 12 月 5 日，陕西省首届“秦岭小卫士选拔赛”总决赛在西安市举行，100 余位少年儿童从陕西省 7 个地市分赛区、近 2 000 名选手中脱颖而出，入围总决赛。总决赛通过富有秦岭元素的原创生态服饰展示、秦岭古诗辞赋朗诵、个人才艺表演，最终评选出十强“秦岭小卫士”、全民票选十强小卫士以及最佳风采等5 个单项奖。赛后，获奖学生将秦岭保护的知识带回校园进行了宣讲，有效动员少年儿童以“小手拉大手”的形式，带动更多家庭关注并参与秦岭生态环境保护。2020 年、2021 年又接力举办了第二届、第三届“秦岭小卫士选拔赛”，吸引更多少年儿童参与其中，活动的持续开展让“秦岭小卫士选拔赛”在全省众多公众参与活动中脱颖而出，初具品牌价值。

2022 年，“秦岭小卫士选拔赛”活动升格为“秦岭生态小卫士”主题宣传教育系列活动。在原有选拔赛基础上，新增套餐式宣传项目，将艺术节、书画比赛、研学等活动纳入其中。活动以“守护绿水青山　当好秦岭生态卫士”为主题，以动员少年儿童及其家庭关注和参与秦岭生态环境保护、宣传普及保护知识为目的，从 2022 年 9 月开始至 2025 年 10 月，为期三年。

从“秦岭小卫士选拔赛”到“秦岭生态小卫士”主题宣传教育系列活动，累计有近 10 万名少年儿童报名参与，网上投票及相关活动资讯的网络总点击量达上亿次，在社会面达到“认识秦岭—保护秦岭—认识秦岭”的良性循环，持续推动青少年群体乃至整个社会对生态文明建设的理解和参与。

“秦岭生态小卫士”在“环保开学第一课”上创作环保手抄报

（二）艺术与生态融合，创意驱动少儿参与

“秦岭生态小卫士”的选拔通过多种形式综合考查选手对生态环境保护的认识和理解，一大亮点为环保服饰的制作及展示。参赛选手利用树木、动物、文化等元素进行时尚搭配，制作环保服饰，可爱俏皮，创意满满。比赛选拔出各地市级在本年度活动中表现最优秀的青少年组成“秦岭生态小卫士”宣讲团，激励孩子们以代言人的身份学习和传播生态环境保护知识。

2023 年 3 月 10 日，“秦岭生态小卫士”主题宣传教育系列活动之陕西省首届少儿环保艺术节在西咸新区沣西实验学校开幕，学生们带来了丰富多彩的绿色主题文艺演出，包括艺术体操、朗诵、陶笛合奏等，给现场观众留下深刻印象。本次艺术节从当年 3 月持续至 12 月，在此期间，艺术节通过环保宣传与艺术教育相结合的表现形式，融合环保科普、艺术展示、体育休闲、公益行动等特色活动于一体，普及低碳公益环保理念，鼓励小朋友们积极参与生态环境保护，也为小朋友们带来积极快乐的环保体验。通过艺术创作与展示，孩子们能够以更直观、感性的方式表达自己对生态环境保护的理解和愿景，这不仅提升了他们的生态环境保护意识，也促进了生态环保理念的社会传播。

“秦岭杯”双碳书画大赛鼓励少年儿童通过绘画、书法、手工等多种艺术形式，表达对秦岭生态环境保护的关注和支持。通过参与活动，少年儿童深入了解秦岭的文化内涵，增强对秦岭的热爱和保护意识。活动征集了上万幅风格各异的优秀作品，通过线上线下的展览、比赛和互动，不仅激发了孩子们的创造力和艺术才能，更重要的是培养他们成为“绿色低碳生活”的倡导者和实践者，促进环保理念在家庭和社会中的传播。截至 2024 年，“秦岭杯”双碳书画大赛已经成功举办了三届，均得到了热烈反响，成为推动环保教育和文化传承的有效平台。

“秦岭杯”双碳书画大赛现场孩子们展示自己的作品

（三）研学与实践融合，推动少儿环保知行合一

生态学习教育研学。2023 年 4 月 15 日，秦岭生态环境保护研学活动带领同学们走进秦岭野生动物园，让孩子和家长在大自然与野生动物的世界里，近距离地观察和认识各类野生动植物，真正做到游中有学、学中有得。

生态环保实践。2023 年 3 月 12 日，在全国第 45 个植树节来临之际，“秦岭生态小卫士”系列活动之千人植树活动走进秦岭国家植物园，当天，来自西安市 20 多所学校近千名师生和家长共同参加了植树活动。活动尾声，“秦岭生态小卫士”们聚集在秦岭山脚下的香草园，展开百米画布，共同谱写秦岭生态保护新篇章。

校园公益宣讲。2023 年 3 月 21 日，“秦岭生态小卫士”主题宣传教育系列活动之“小帅爸爸”环保公益课堂走进幼儿园，为小朋友们讲述了一个关于“秦岭童话王国”的奇幻故事，活动共有 200 位小朋友参与其中。活动中，小朋友们在科学引导下，领略“秦岭四宝”的珍奇魅力、了解关于生态环境的科普知识，让孩子们在活动中树立了绿色环保理念。

环保小记者，科普全记录。2024 年 6 月 5 日，“秦岭生态小卫士”主题宣传教育系列活动之环保小记者成团仪式在安康市举办，近百名少儿成为环保小记者。环保小记者团成立后，参与了“环保小记者实践之旅”系列活动，包括生态环境保护教育基地参观学习、动植物园采访、参观公众开放设施单位、“垃圾分类”社区联动、生态环境知识科普讲座、夏令营等活动。2024 年 8 月 28 日，来自西安市雁塔区的 10 余名“秦岭生态小卫士”环保小记者走进陕西省生态环境保护成果展厅参观学习。环保小记者们近距离了解水、土壤、空气等关于秦岭的生态环境保护知识，现场参与使他们对秦岭生态环境保护

有了不一样的认知。2024 年 12 月 18 日，来自秦岭国家植物园科普中心的专家为环保小记者们带来了生动的“秦岭的绿色珍宝”主题生态科普课。在活动现场，还展示了学生创意环保主题作品。他们以班级为单位进行环保主题创作，如黏土地球、森林王国、神奇的中草药、绿色环保等。

三、经验启示

“秦岭生态小卫士”主题宣传教育系列活动将重点放在少年儿童及其家庭，让环保理念成为“种子”种在孩子们心里，呼吁每个家庭用实际行动保护秦岭生态环境，让绿色理念转化为全体公民的自觉行动，为建设美丽中国营造良好社会氛围和坚实社会基础。

（一）生态文明宣传教育活动应持续开展，久久为功

从“秦岭小卫士选拔赛”到“秦岭生态小卫士”主题宣传教育系列活动，通过一系列面向少年儿童的活动，加深他们对生态保护的认识和责任感，从小培养他们成为环境保护的倡导者和实践者。鼓励家庭、学校及社会各界参与到秦岭生态保护行动中来，形成全社会共同关注和保护生态环境的良好氛围。实践证明，开展宣传教育活动不是一次性的宣传，而是长期的、持续性的系列宣传教育项目，要建立长效机制，持续深化公众尤其是少年儿童群体对生态文明建设的理解和参与，从娃娃抓起，从小事抓起，用实际行动守护绿水青山。

（二）积极动员多部门联合，跨地区联动

“秦岭生态小卫士”主题宣传教育系列活动的成功举办得益于多

部门的联合，包括教育部门、文旅部门及社会团体等，这种协同合作模式能够有效整合资源，增强活动的执行力和影响力。通过艺术、科技、体育、研学等多种形式，让生态环境教育变得生动有趣，尤其是对于少年儿童群体而言，更容易被接受。实践证明，开展主题宣教活动要根据不同地区的实际情况，充分整合各部门资源，通过多种方式开展活动并利用互联网平台，扩大宣传教育的覆盖面和影响力，使环保教育不受地域限制，更加贴近现代生活节奏。

（三）用好独一无二的生态资源，身临其境更能深入人心

“秦岭生态小卫士”主题宣传教育系列活动将环保知识与才艺相结合，既给孩子们提供展示自我的舞台，又培养他们的环保意识。同时，秦岭特殊的地位、独一无二的生态功能，也是成功打造“秦岭生态小卫士”IP的重要基础。实践证明，要用好独一无二的生态资源，充分发挥相关部门、社会各界的积极性和创造性，搭建宣传教育平台，整合优质宣传资源，广泛凝聚生态文明共识，形成生态文明宣传教育大格局。

（陕西省生态环境厅、陕西省环境保护宣传教育中心供稿）

开展生态保护补偿
促进流域长效治理

——南川河探索开展流域水环境质量生态保护补偿

【引　言】2021年5月，习近平总书记在中央全面深化改革委员会第十九次会议上强调，要围绕生态文明建设总体目标，加强同碳达峰、碳中和目标任务衔接，进一步推进生态保护补偿制度建设，发挥生态保护补偿的政策导向作用。2023年7月，习近平总书记在全国生态环境保护大会上强调，要建立健全以绿色发展为导向的科学考核评价体系，完善生态保护补偿制度和生态产品价值实现机制，真正让保护者、贡献者得到实惠。

【摘　要】南川河作为湟水河的一级支流，是西宁市水生态的重要组成部分，对保障湟水河生态流量和湟水流域生态安全具有至关重要的作用。为加快解决南川河突出的水生态环境问题，西宁市于2018年启动横向生态补偿试点工作，建立以县区级横向补偿为主的水质水量双关联横向补偿机制，科学界定生态环境保护者的权利和责任，建立合理的生态保护补偿标准、考核评价制度和沟通协调运行机制，促进南川河流域水环境的长效治理，实现生态效益、社会效益和经济效益的同步提升。

【关键词】生态补偿；南川河；水质水量；绿色发展

一、背景情况

南川河发源于拉脊山，经总寨乡至逯家寨东北流入西宁市，于市区长江路报社桥处注入湟水，属于湟水的一级支流湟水右岸支流，总河长48.7千米，流域面积398平方千米。南川河流域地貌类型复杂、生态系统类型丰富多样，具有重要的水源涵养、水土保持、生物多样性维护功能，是保障湟水河生态安全的关键河流。南川河曾一度因泥沙污染和大量垃圾侵蚀对西宁市生态环境造成威胁。自2009年起，西宁市启动南川河综合治理，断面水质逐步改善，但南川河枯水期缺水型污染明显，水质仍然存在不稳定达标问题，部分断面时有Ⅴ类水质出现。

为最大限度鼓励引导各县（区）改善辖区内水环境质量，加快解决南川河突出的水生态环境问题，2018年，西宁市印发并实施《南川河流域水环境生态补偿方案（2019—2020年）》，由市委绿色发展委员会牵头，市生态环境局、市水务局、市财政局具体负责，试点启动了南川河流域横向补偿工作。补偿主体涉及南川河流域的湟中区政府、南川园区管委会、城中区政府、城西区政府。生态补偿资金由市财政统一纳入预算予以保障。试点期间，南川河老幼堡等4个水质监测断面均达到目标水质，各断面3个监测因子、全年36个因子、4个断面合计144个因子全部达标，且有124个因子至少提升1个档次，全年大部分月份水质优于目标水质；2024年断面水质达到Ⅲ类，实现预期目标任务。大南川水库2019年、2020年分别向南川河供水681.22万立方米、700万立方米，达到协议量的3倍左右，使南川河水量得到充分保障，为改善河道生态环境质量发挥了重要作用（2020年以后，大南川水库再未对南川河进行补水）。

青海省西宁市南川河

二、主要做法

（一）建立水质水量双关联横向补偿机制

基于水质提升目标，建立水环境横向补偿机制。设置老幼堡断面、奉青桥断面、六一桥断面、七一桥断面4个水质监测断面，以各断面化学需氧量、氨氮和总磷3个监测因子每月达标情况作为补偿依据。由市生态环境局对各断面水质进行监测，市委绿色发展委员会根据补偿规定进行审核，市财政局向各监测断面责任县（区）拨付补偿金，各监测断面的补偿金主要用于本县（区）水环境治理相关工作。

基于保障水量目标，建立水库水量补偿制度。在开展水质横向补偿的基础上，围绕“三水统筹”，将水量纳入考核目标，通过激励和处罚的双向措施，使上游地区主动加强水源涵养和节水管理，实现开源节流并重、水质水量并举的可持续流域管理模式。依据水资源可利用条件，明确大南川水库供水基准水量为丰水期（5—9月）每月供水量40万立方米，平水期（4月、10月）每月供水量20万立方米，枯水期（1—3月、11—12月）按实际能力供水。补偿标准分为基本补偿和激励补偿，基准水量以内部分为基本补偿，超出基准水量后实行激励补偿。

（二）上下协同不断凝聚强大工作合力

通过明确南川河上下游各行政单元水功能区划和环境容量，匹配全流域的功能定位和各行政单元的责任义务。各县（区）落实第一责任人责任，健全县（区）、乡镇（街道）、村（社区）三级河（湖）长体系，构建党政主导、部门联动、责任明确、协调有序的组织领导体系，多措并举对南川河水环境进行综合治理，加强行政区域内排污整治和管理，认真落实生态保护补偿相关任务。西宁市、海北州、海东市3个市（州）和湖长制办公室签订湟水流域联防联控联治合作协议，建立协同管理机制，联防水环境污染。

市生态环境局作为南川河水质的“守护者”，每月月底在不固定时间段对各断面水质进行监测，建立工作台账，一旦发现异常现象及时采取有效措施，严查工业污水处理厂废水超标排放等违法行为。湟中区和市水务局协同配合，加强南川水库生态水量监测管理和计量设施监管，积极协调水量调度，建立严密的水量监控网，为生态补偿提供技术依据。

（三）切实强化生态补偿考核应用

将生态补偿考核与西宁市绿色发展年度目标任务挂钩，采取月度考核和年终考核相结合的方式，考核结果实施“一月一通报”。对水质监测断面达标的责任单位予以通报表彰，并按补偿标准奖励补偿金。对水质不达标、水环境治理不力，造成南川河水质污染加重的责任单位进行处罚和通报批评。对突发事件及不可抗力因素造成的影响，由市委绿色发展委员会牵头与各相关部门共同协商解决。

生态补偿资金主要由市财政统一纳入预算予以保障，按照“当年考核，次年补偿”的办法拨付，严格资金管理，专款专用，不得截留、挤占或挪用。市有关部门对生态补偿项目实施情况、效益情况和政策性补助资金兑现落实情况进行跟踪督查、审计，切实保障南川河流域水环境生态补偿政策措施落实到位。

充分发挥补偿资金撬动作用，严格按照“保护者获益、污染者受罚”的原则，各补偿主体全面完成水量水质考核要求后，核算生态补偿资金，专项用于各责任主体持续推进水环境治理，进一步激发各单位实施流域水环境治理的积极性。同时，组织湟中区人民政府、城中区人民政府、市水务局等相关单位申请中央和省级水污染防治专项资金共计约 2.18 亿元，谋划实施了西宁市南川河水生态文明建设工程（生态环境综合治理）、湟中区小南川河（湟中区段）田家寨镇上游及其支流水污染防治与水生态修复工程等项目。

三、经验启示

西宁市以横向生态补偿试点为抓手，逐步构建起以水质水量为关联双要素的跨界断面横向补偿机制，推动南川河流域生态环境质量明显改善。

（一）建立完善制度体系是基础保证

西宁市按照“建立市场化、多元化生态补偿机制”的要求，积极与相关单位进行沟通衔接，广泛征求建议意见，形成南川河生态补偿整体方案，确保生态保护补偿机制落实的科学性与可操作性。实践证明，生态文明建设要充分发挥政府主导作用，完善政策制度体系设计，将改革创新实践成果最大范围地制度化，全面释放改革效能。

（二）监督补偿资金落实是关键路径

西宁市按照“保护者获益、污染者受罚”的原则，各补偿主体全面完成水量水质考核要求，市财政局按时拨付生态补偿资金，专项用于各责任主体持续推进水环境治理。实践证明，要全过程和全环节监管生态补偿资金使用，科学评估资金使用成效和生态保护工程建设实施效果，在激发各单位实施流域水环境治理积极性的同时，推动生态保护补偿制度落地见效。

（三）平衡责任利益是核心所在

西宁市科学界定生态环境保护者的权利和责任，平衡各责任主体流域生态保护权益，特别是针对上游湟中区生态责任重大、资金投入大、大南川水库持续供水压力较大等问题，坚持“谁保护、谁受益，谁污染、谁受罚”的原则，协调上下游市场经济发展关系，构建了协调联动、协同发力、互惠共生、和谐多赢的良好局面。实践证明，作为生态文明体制改革的重要组成部分，生态保护补偿只有合理平衡生态保护者与受益者之间的利益关系，才能更加有效地推动落实生态保护责任、调动各方参与积极性。

（西宁市生态环境局、青海省生态环境厅供稿）

科技助力绿色智慧 加快推进数字生态文明建设

——宁夏回族自治区以体制机制优化和数字赋能为引领，推动生态环境领域改革与创新

【引　言】2023年7月，习近平总书记在全国生态环境保护大会上强调，深化人工智能等数字技术应用，构建美丽中国数字化治理体系，建设绿色智慧的数字生态文明。

【摘　要】宁夏回族自治区（以下简称宁夏）作为西北地区的重要生态安全屏障，承担着建设黄河流域生态保护和高质量发展先行区、维护西北乃至全国生态安全的重要使命。加速数字生态文明的建设对于塑造美丽新宁夏具有深远的战略意义，近年来，宁夏采取了一系列措施强化生态文明建设，通过加强领导组织保障，优化规划设计，并统筹部署一系列行动计划，有效弥补了生态文明建设在体制机制上的短板。通过生态环境领域各业务系统的集约化建设、互联互通及协同联动，显著提升环境信息的数字化和可视化水平。通过构

建生态环境专题数据库，提升重点排污单位的数据整合能力，加速了环境数据的开发利用和流通增值。通过拓宽执法、大气监测、噪声控制等典型应用场景，促进跨部门多场景的融合应用，极大地助力了环境监测评估、预测预警和考核目标管理的效率。这些举措不仅推动了生态环境领域的智慧治理，也为深入实施污染防治攻坚战提供了坚实的支撑。

【关键词】工作机制；共性支撑；应用场景；智慧治理

一、背景情况

面对新一轮科技革命和产业变革的迅猛迭代，数字技术作为新时代最具影响力的现代科技力量，正迅速成长为推进新时代生态文明建设的强大动力源和助推器，探索其在生态文明建设中的应用成为必然趋势。近年来，宁夏积极拥抱数字时代，加快数字技术在生态环境协同治理中的融合应用，统筹推动数据资源的整合与利用，创新生态文明管理决策机制，在生态环境治理改革创新方面取得了显著成效，助力宁夏建设黄河流域生态保护和高质量发展先行区。

二、主要做法

（一）构建系统全面、统筹协调的生态环境信息化顶层设计体系

宁夏党委明确将生态环境智慧治理作为赋能美丽宁夏建设的关

键内容。2023 年先后成立生态环境厅推进数字政府建设工作领导小组和网络安全及信息化工作领导小组，统筹全区生态环境领域的信息化建设及推广应用，推动网络安全和信息化建设的整体推进与协同发展。编制《自治区生态环境厅加强数字政府建设行动计划（2023—2025 年）》《宁夏回族自治区生态环境系统信息化项目建设管理办法（试行）》以及《宁夏回族自治区生态环境系统网络安全管理制度汇编（试行）》，对宁夏信息化建设进行了规划，明确了整体协同、集成集约、共享开放等要求。

（二）构建全面覆盖、智慧高效的生态环境信息化业务管理体系

全面提升生态环境业务信息化整体水平，建立了 49 个生态环境信息系统，基本覆盖了水、气、污染源、固体废物和执法等关键业务领域。全面构建基于生态信息感知系统的监测网络，包括大气、地表水、地下水、土壤、声环境、生态和农村等环境质量的自动监测，此外，所有纳入生态环境统计的工业企业实现污染源排放自动监测系统的全面覆盖。加油站油气在线监控系统的安装率达到 98.9%，联网比例为 84.7%，基本实现城市建成区全覆盖。

积极践行绿色低碳、节能优先的环保理念，建立绿色模块化数据中心机房，全面提升模块化数据中心的绿色节能水平，自投入使用以来，数据中心在灵活拓展、绿色节能以及高标准低耗能方面取得显著成效，其能耗值（PUE）稳定维持在 1.15 左右，耗电量占比从原来的 14% 降至 12%，网络不间断率接近 100%。

（三）构建汇聚集中、融合共享的生态环境信息化数据应用体系

在业务整合方面，精确掌握 49 个生态环境信息系统 60 余项关键信息，形成清晰明了的信息系统“一本账”；构建实时动态更新的重点排污单位全生命周期信息展示“一套数”，包括企业注册、审批、处罚及注销等关键环节。在数据汇集层面，打造了一个涵盖大气、水资源、环境评估、固体废物处理等基础业务以及市场监管、气象等重点领域的生态环境数据资源池。截至 2024 年底，该资源池包含约 5.11 亿条数据，每日新增数据近 40 万条，数据交换总量达 5.8 亿次。通过对数据资源池进行多维度（如数据类型、要素、业务领域等）的梳理，形成了 44 种库表模式，近 750 张表格，并分类为 15 大类、73 小类数据专题。在数据共享方面，建立了从“专题—子专题—数据库—字段”的四级目录体系，推出“正负面清单一览”，提供线上申请审批服务，对外提供了 223 个定制接口，并配套建立了从数据接入到应用、申请、审批、共享的全过程监控机制，确保数据对外共享的过程可追溯、可查询。

生态环境数字政府建设现场教学

（四）构建业务协同、精准科学的生态环境信息化系统开发体系

在打赢蓝天保卫战中，采取跨平台联动模式，通过每日的数据分析和空气质量预报预警，将大气环境精细化和应急指挥调度两大平台紧密联动，建立大气污染防治调度机制，将大气环境精细化平台发现的问题线索实时同步至应急指挥调度平台，形成任务清单下发至属地进行动态调度，实现问题线索的"发现—反馈—处置"闭环管理。同时，致力于减少执法监管对企业的干扰，加大问题查处的闭环督办力度，构建"线索识别—问题排查—调度督办—整改销号"的非现场监管体系，强化在线监控、指挥调度与移动执法多平台的协同处置能力，利用智能技术对重点排污单位污染物排放情况的各项参数进行关联性、逻辑性和合理性的综合研判。一旦发现异常数据，立即将其推送至指挥调度平台形成执法任务清单，并通过移动执法平台进行调度处理和整改反馈。

在制定水环境治理措施和资源分配等服务决策时，构建以"自动监测为主，手工监测为辅"的技术体系，导出个性化的水环境报表应用，通过内置的水质类别计算规则、年度考核目标等内容，系统能够自动融合排水沟断面的自动与手工监测数据，每月生成包括水质类别、同环比变化、考核目标达成情况在内的 14 张水环境质量报表以及 8 张水环境排名报表，快速评估水环境质量的现状和变化趋势。

持续推进政府职能的转变，助推政务服务的"云窗口"建设，制定 58 项生态环境领域行政许可事项的实施要素规范和 68 项政务服务事项清单，确保同一许可事项在相同要素管理下实现无差别受理、同

标准办理，精简优化审批流程，完善线上线下服务，推动办理时限较法定时限缩减 60% 以上，“一网通办”率达到 50% 以上。此外，“互联网 + 监管”实施清单和目录清单维护率达到 100%，生态环境政务服务事项办结率达到 100%，群众满意度达到 100%。增加 13 件即办事项，推行排污许可证、危险废物经营许可证、辐射安全许可证等 4 项电子证照，推行电子证照管理应用，提升电子证照制证、管证、用证等管理能力，打通企业的“最后一公里”。

（五）构建自主可控、安全可靠的生态环境信息化安全保障体系

常态化举办网络安全宣传周，采取播放宣传视频、开设宣传专栏、发放宣传手册、专家授课等多种方式，提升生态环保铁军的安全意识。持续开展全系统实战攻防演练，及时发现问题并查漏补缺，有效降低网络安全风险隐患和整改成本。近年来，网络安全状况趋于稳定，未发生重大网络安全事件。按照 3 年分批次推进计划，将已建成且部署至政务云的信息系统和新建的全部信息系统逐步向信创云迁移部署，系统等级保护定级测评率达到 100%。

以实现网络互通为目标，全面覆盖专网并线政务外网。自治区—市—县（区）生态环境部门实现了电子政务外网的全覆盖，建成生态环境部—自治区—市—县（区）四级生态环境业务专网，实现了视频会议四级全覆盖，“专网到桌面”办公区域的全覆盖和全连通常态化，确保各项业务应用和数据传输的连通率达到 100%。

三、经验启示

宁夏深化巩固生态环境信息化系统建设，推进生态环境数据汇聚共享与挖掘应用，构建生态环境信息安全管理体系。

（一）强化领导组织协调和建立健全政策制度，是提升生态文明建设数字化素养和能力的关键所在

宁夏以数智赋能美丽宁夏建设，成立工作领导小组，统筹网络安全与信息化建设整体推进、协同发展。充分考虑数字技术的发展趋势与生态环境保护的现实需求，制订数字化发展行动计划，建立管理制度。实践证明，建立健全组织领导机制和完善政策制度要同步推进，相互促进、相辅相成，才能更好地抓住生态环境信息化发展的重大历史机遇，开创数字生态文明建设新局面。

（二）加速数字化技术融合和大数据精细化分析，是提升生态文明建设高效治理和应用的关键措施

宁夏通过借助多样化的数字化技术手段，构建全方位、多层次的生态环境感知体系，加快实施生态环境信息化工程，为生态环境数据的深度获取提供了有效路径，也为海量数据的集中汇聚和分析奠定了坚实的基础。实践证明，加速数字化技术的融合与大数据的精细化分析，在提升生态文明建设高效治理和应用方面发挥着重要作用，要深入探索数字技术在生态文明建设中的应用，推动生态环境治理和服务更加精准、高效。

（三）推进跨部门协同联动和多部门齐抓共管，是加速生态文明建设统筹推进和发展的必然趋势

宁夏建立信息共享、联合处置、联合执法监管以及能力建设等多部门协同联动机制，完善相关工作运转规则，全面加强各领域环境风险的日常监管、会商研判、监测预警以及突发环境事件的联合应对与处理，形成工作合力。实践证明，要加快推进跨部门协同联动，实现多部门齐抓共管，汇聚起生态文明建设合力，不断提升生态环境治理能力现代化水平。

（宁夏回族自治区生态环境信息与应急中心、
宁夏回族自治区生态环境厅供稿）

后 记

为深入学习贯彻习近平生态文明思想，及时反映习近平生态文明思想在各地区、各部门、各单位的生动实践，在生态环境部办公厅、人事司、宣教司的指导下，生态环境部环境与经济政策研究中心组织编写了《新时代生态文明建设实践案例》，展现深学笃用习近平生态文明思想、守正创新做好新时代生态文明建设的经验做法。

本书案例由生态环境部各司（局）和省级生态环境部门提供选题建议，生态环境部环境与经济政策研究中心组织案例地区（单位）进行编写，经统一培训、集中审改、反复校核，完成了本书的编写工作。参与各案例联络和修改工作的人员主要有：第一部分由和夏冰负责，第二部分由王萌负责，第三部分由张蒙负责，第四部分由姜欢欢负责，第五部分由崔奇负责。在编写过程中，中国环境出版集团有限公司给予了大力支持。在此，谨向为本书付出辛劳、作出贡献的有关单位和个人致以诚挚谢意！

由于水平有限，书中难免有疏漏和不足之处，敬请广大读者提出宝贵意见。

编 者

2025 年 3 月